基金资助
国家自然科学基金项目（52168009、51808299）

内蒙古传统建筑装饰文化景观

李丽 著

Cultural Landscape of Traditional Architectural Decoration in Inner Mongolia

内蒙古地域建筑学理论体系丛书/张鹏举 主编

中国建筑工业出版社

图书在版编目（CIP）数据

内蒙古传统建筑装饰文化景观 = Cultural Landscape of Traditional Architectural Decoration in Inner Mongolia / 李丽著．—北京：中国建筑工业出版社，2023.12
（内蒙古地域建筑学理论体系丛书 / 张鹏举主编）
ISBN 978-7-112-29393-3

Ⅰ．①内… Ⅱ．①李… Ⅲ．①民族建筑—建筑装饰—研究—内蒙古 Ⅳ．①TU-092.812

中国国家版本馆CIP数据核字（2023）第241192号

本书从宏观、中观、微观相结合的多层次视野，深入展示和解读了位于我国内蒙古地区的珍贵文化遗产。全书分别从研究背景及研究方法入手，从内蒙古地区传统建筑装饰的时间演进、内蒙古地区传统建筑装饰的空间分布规律及特征、内蒙古地区传统建筑装饰的文化特质解读三个部分进行编写，并分章节进行详细阐述。本书将历史过程与典型案例相结合、文化现象与文化区域相结合、文化载体与区域环境相结合，呈现出内蒙古地区传统建筑装饰文化的全面信息，为未来的继续研究提供了扎实的基础。本书适用于高校建筑设计相关专业本科生、研究生以及从事建筑设计的从业者和相关专业兴趣爱好者阅读参考。

责任编辑：张　华　唐　旭
书籍设计：锋尚设计
责任校对：赵　力

内蒙古地域建筑学理论体系丛书
张鹏举　主编
内蒙古传统建筑装饰文化景观
Cultural Landscape of Traditional Architectural Decoration in Inner Mongolia
李丽　著
*
中国建筑工业出版社出版、发行（北京海淀三里河路9号）
各地新华书店、建筑书店经销
北京锋尚制版有限公司制版
天津裕同印刷有限公司印刷
*
开本：787毫米×1092毫米　1/16　印张：14¾　字数：260千字
2024年3月第一版　2024年3月第一次印刷
定价：**178.00**元
ISBN 978-7-112-29393-3
（42137）

序一

当今建筑学领域，技术日新月异，新发明和新创造层出不穷，为建筑学的发展带来了前所未有的可能性。我们一方面很容易被技术创新所吸引，另一方面也不自觉地忽略了那些根植于我们文化中的宝贵地域建筑遗产。事实上在这个高速发展的时代，地域建筑学的研究依旧扮演着至关重要的角色，在我国当下建筑发展由量到质的转变时期，重新审视地域建筑的价值依然十分重要。

内蒙古，这片广袤的土地上孕育了独特的自然景观和深厚的文化底蕴，其传统建筑因地制宜，蕴藏了丰富的建造智慧和美学价值。内蒙古工业大学建筑学院秉承对地域文化的尊重与理解，深耕于此数十年，不断探索与实践，将地域性、时代性、科技性有机结合，取得了令人瞩目的成果，成为中国地域建筑学教育、实践的重要基地之一。他们的成果不仅有对传统建筑文化的继承与弘扬，更有对现代建筑技术与理念的创新与应用；不仅有对国内外建筑学理论的学习与借鉴，更有对本土建筑的文脉、技艺、美学特质的深入研究与实践。可以说，内蒙古工业大学建筑学院在中国地域建筑学教育、学科建设、设计实践等方面已经树立了一个典范。“内蒙古地域建筑学理论体系丛书”的出版标志着内蒙古工业大学建筑学科建设又迈出了坚实的步伐。

“内蒙古地域建筑学理论体系丛书”涉及了内蒙古地域建筑学的多个方面，包括建筑文献史料、地域传统建筑研究以及当代地域建筑的创新实践，更有面对当下时代主题的地域性建筑绿色性能营造理论和实践，其中部分关于地域古建筑的研究还是抢救性研究。因此，这套丛书不仅有助于我们更全面地了解内蒙古地域建筑学的内涵和特点，也为进一步推动内蒙古地域建筑学的发展提供了重要的基础和支撑，同时还具有史料价值。首次的九本是对过去相关研究的一次总结，未来研究还将继续并不断出版。我相信，在内蒙古工业大学建筑学院的不断努力下，内蒙古地域建筑学一定会在未来的发展中取得更大成就。也相信，“内蒙古地域建筑学理论体系丛书”的出版，将丰富和完善中国地域建筑学的理论体系，激发更多的研究与探索，为地域建筑学的整体发展注入更多的活力与智慧。

作为在建筑学领域教学、实践和研究多年的同道，我为内蒙古工业大学建筑学学科建设不断取得的成绩感到钦佩和欣慰。“内蒙古地域建筑学理论体系丛书”这一成果标志着他们在推动我国地域建筑学发展上取得的又一个成就，无疑将成为我们今天研究地域建筑历史、理论、实践和教育的有益读本和参考。

最后，我向长期致力于地域建筑学研究和教学的所有老师和学者们表示最深的敬意，同时也祝愿这套丛书能够激发更多人对我国地域建筑学的兴趣和热情，促进我国建筑学科更加繁荣和发展。

庄惟敏

中国工程院院士

全国建筑学科评议组召集人

全国建筑学专业教学评估委员会主任

全国建筑学专业学位研究生教育指导委员会主任

序二

自从建筑学成为一门学科以来，“地域性”以及与之相关的讨论就一直是建筑基本属性中的关键问题。地域视角下的建筑学不仅是单一技术领域的研究，其更融合了建筑对环境的理解、对文化的敏感性和对社会需求的回应。这一过程使建筑学得以成为一门与自然环境、文化、历史、社会背景紧密相关的综合性学科，为当下建筑学与其他学科的交叉融合创造了条件。

地域建筑学的观念发展于20世纪中叶，肇始于建筑师和理论家对于现代主义建筑提倡的功能主义和国际风格的批判和反思。地域建筑学学科体系通常包括环境与气候适应、文化和历史文脉、地域风格与装饰系统方面的研究。随着可持续和环境保护意识的增强，这一领域的研究开始更多地关注如何通过当地建筑材料与传统建造技术的应用，以及生态友好的设计策略降低建筑对环境的影响。这一方面的内容包括可持续发展和生态设计、材料科学和建造技术以及城乡规划中地域性等相关问题的讨论。

内蒙古特有的地理气候条件和人文历史环境为该地区的建筑文化提供了丰富的资源，其中大量的生态建造智慧和文化价值需要进一步挖掘和研究。针对内蒙古地域建筑学研究起点较低以及学科体系发展不平衡的问题，内蒙古工业大学建筑学院的相关团队进行了一系列的积极探索。第一，通过实地研究的开展，建立了内蒙古地域的传统建筑文化基因谱系与传统建造智慧的数据库，为该地区传统建筑文化的研究和传承提供了丰富的基础资料。第二，通过将内蒙古民族文化背景下的建筑风格、建造手段、装饰艺术与现代设计理念的融合，发展出这一地区的地域建筑风貌体系以及建造文化保护的相关策略。第三，通过地域建筑遗产的保护、更新，以及当代地域性建筑的营建活动，积累了大量的地域建筑设计样本，并在此基础上形成了适应时代需求的内蒙古地区建筑设计方法，促进了理论与实践的结合。第四，在以上研究与实践工作过程中，针对不同的研究方向组建和培养了相应的师资团队，为地域建筑学科在教育和研究领域中的深度和广度提供了保障。以上内容从人文与技术两个维度出发，构建了内蒙古地区地域建筑学研究的理论框架，为该地区建筑学科的发展奠定了坚实的基础。

本丛书是对上述工作内容和成果的系统呈现和全面总结。内蒙古工业大学建筑学院团队通过对不同地理空间、不同时代背景、不同技术条件下的内蒙古建筑文化进行解析和转译，建构了内蒙古地域建筑学的学科体系，形成了内蒙古地域建筑创作的方法。这项工作填补了内蒙古地域建筑学的研究空白，对于内蒙古地区建筑文化的传承以及全面可持续发展的实现具有重要意义，也必将丰富整体建筑学学科的内涵。

内蒙古地域建筑学是一个开放且持续发展的研究课题。我们的目标不仅是对于现存内蒙古地区传统建筑文化遗产的记录与保护，更在于通过学术研究和实践创新，为内蒙古地域建筑的未来发展指明方向。在此诚挚欢迎同行学者的加入，为这一领域的研究带来新的视角和深入的洞见，共同塑造并见证内蒙古地域建筑的未来。

张鹏举

前言

我国悠久的历史创造了积淀深厚的华夏文化，建筑作为这份文化的结晶，从一个侧面承载了文化的历史积淀。建筑装饰与建筑相伴而生，是表达建筑文化、凸显建筑特征的重要方面。现存于内蒙古地区的传统建筑装饰是本地区历史文化发展的永久见证，也是我国珍贵的历史文化遗产。近几年，针对传统建筑装饰相关研究在建筑学、艺术学等学科领域展开，但大多基于各自学科关注点而将建筑装饰置于“一时一地”的具体研究范围，缺乏从全域视角对建筑装饰的整体性研究，针对内蒙古地区传统建筑装饰的系统性研究更是鲜有涉及。此外，内蒙古地区传统建筑装饰在诸多因素影响下正面临快速消失的窘境，加速了针对本地区传统建筑装饰研究的迫切性。基于此，本书从文化景观理论视角，以建筑装饰的生境基础为始，对内蒙古地区传统建筑装饰文化景观的类型性构成进行解析，探求建筑装饰在不同“向度”关系下的文化特征，以明晰建筑装饰的文化特质。具体研究内容包括：建筑装饰的文化载体解构、在时间进程与空间分布中的基本规律及特征阐释、在不同文化区域中的典型案例分析和以此为基础的文化特质探析，全书共分三个部分：

首先，从项目研究背景、目的、意义入手，对项目研究的必要性进行阐释，对研究的基础理论及整体构架进行适应性建构，站在交叉学科视角探讨适宜本研究的建筑装饰研究方法；对文化景观理论进行系统解构，探究文化景观理论中对于现象与本质间关系的理论认知，对文化景观理论的分析方法与认知视角进行分析，从文化变迁、文化区划理论中，找到适合本书的研究契合点；对项目的研究路径进行搭建，基于研究对象的实际特征，结合研究基础理论与方法，搭建出建筑装饰文化载体、文化变迁、文化区划的研究路径。

其次，以内蒙古地区不同类型建筑装饰的文化构成为基础，对传统建筑装饰的文化变迁过程与规律、建筑装饰文化区域分异现象与特征进行分析，研究内容包括：基于建筑载体类型的建筑装饰文化构成研究，以文化景观构成为基础，针对不同类型建筑装饰的文化特征，分别对内蒙古地区民居类、衙署类、宗教类建筑装饰的文化构成及其形式特征进行分析；在历时状态下对建筑装饰文化变迁进行分析，从时间向度厘清内蒙古地区传统建筑装饰的文化变迁特征及规律；在共时状态下对建筑装饰的文化空间分异特征进行分析，从空间向度解析内蒙古地区传统建筑装饰的文化现象。

最后，对内蒙古地区传统建筑装饰的文化特质进行解析，透过内蒙古地区传统建筑装饰的文化现象，提取出传统建筑装饰文化特别性质，即：装饰构成的理性契合、装饰文化的植入涵化、装饰艺术的审美蕴含及装饰技术的生态适宜四个方面。

全书在遵循从整体到局部、由表及里、自下而上、层层深入的逻辑构架下，研究内容涵盖了内蒙古地区传统建筑装饰的文化载体、时间、空间三个维度，以确保研究的全面性与科学性。以文化景观理论为基础，引入建筑符号学、建筑现象学、建筑形态学等理论，通过田野调研、文献考据、逻辑整合等研究方法，对内蒙古地区现存传统建筑装饰文化遗产进行了为期近三年，行程八千余千米，现存一千余座单体建筑的田野调研，获取了本书写作的一手资料。全书采用系统研究方法，建立了建筑装饰文化研究的层级系统，所进行的相关研究进一步充实、完善了内蒙古地区地域性建筑文化研究体系，对地域建筑文化的传承及可持续发展研究具有理论指导与实践意义。

目录

Contents

第三章 内蒙古地区传统建筑装饰文化历史变迁

第四章 内蒙古地区传统建筑装饰文化区域分异

第五章 内蒙古地区传统建筑装饰文化特质

第六章 结语

第一章

建筑装饰文化景观研究概述

第一节 研究缘起

一、文化传承与创新的需要

（一）地域文化传承的需要

源远流长的中华文化是由特色鲜明的各地域文化共同构筑而成。内蒙古地区的区域文化特征对于中华文化的完整性具有重要意义。随着我国经济的发展，文化内涵建设成为时代可持续发展的重要方面，中共中央办公厅 国务院办公厅印发的《关于加强文物保护利用改革的若干意见》中提出："统筹推进文物保护利用传承，切实增强中华优秀传统文化的生命力影响力"的重要指示，指明了保护文化遗产对提高我国文化自信及国家文化软实力的重要意义与任务。传统建筑是我国悠久历史文化的物质载体，同时也是文化多样性的重要组成。随着我国经济实力的增强，在文化建设成为时代强音的背景下，如何大力弘扬民族传统文化，发展少数民族地域文化；如何科学地保护地域建筑文化遗产，发掘其中的文化价值，促进地域建筑的可持续发展，成为学界关注的科学问题，也是当下文化遗产保护与传承的迫切需要。

内蒙古地区是我国蒙古族主要聚居区，区域特色民族文化——蒙古族文化，是我国文化多样性的重要组成部分。在这里，蒙古族人口数占我国蒙古族人口总数的 70% 以上，占全世界蒙古族人口总数的一半以上[1]。在长期的历史发展进程中，内蒙古地区形成了具有显著民族及地域特色的草原城镇与乡村聚落，承担民族文化特征表达的建筑装饰是内蒙古地区珍贵的建筑文化遗产，其形成与发展历程是本民族建筑文化与民族文化发展的有力见证，同时也是地域建筑文化遗产研究的重要内容。系统研究本地区建筑装饰文化是对内蒙古地区地域建筑文化研究的有益补充与大力传承。

（二）文化景观研究视角的全面性

1992 年召开的联合国教科文组织世界遗产委员会，将文化景观这一概念明确并纳入《世界遗产名录》，指明了文化景观内容中对于"文化、人、自然"三者之间在时空向度下的关系。

2020 年 8 月召开的中国风景园林学会文化景观专业委员会，将会议主题确定为"地方的风景"，年会围绕"地域性、文化性、人与自然之关联性"，对文化景观触及的地脉、文脉、人脉及其在彰显地域文化、突出区域差异等方面展开了学术讨论，将文化景观中关注的“文化、人、自然”相互关系的核心内容进行了“在地性”研讨，明确了文化景观理论视角研究地域文化的适用性与全面性。本书将文化景观的理论视角与研究方法引入建筑装饰研究领域，借以突破以往建筑装饰研究中的视野局限性，通过文化层面厘清建筑装饰生成、发展过程中的本质问题，在更广泛的视阈下发现新的研究路径与研究内容，同时也可以为建筑装饰领域开辟新的跨学科交叉研究范式。

（三）典型的地域特征与相关课题持续支撑

笔者自2013年以来一直从事内蒙古地区建筑装饰领域的相关研究工作，进行了不同尺度范围的系列研究工作，对内蒙古地区传统建筑装饰进行了普查、测绘及个案研究。从前期研究情况来看：一方面，本地区建筑装饰在体现建筑的民族性、地域性特征方面起到了显著作用，并呈现出自身形态特征；另一方面，通过前期研究发现，与内蒙古地域建筑研究的系统性相比较，针对本地区建筑装饰的相关研究还处于片断化的非逻辑性阶段，所呈现出对其研究相对匮乏的现状与本地区建筑装饰作为地域建筑文化研究中的重要地位是不相匹配的。基于此，笔者陆续开展深层次、广范围、微视角的后续研究工作。以上工作内容及在研究的相关课题，是本书的前置研究基础。

针对我国地域建筑装饰的研究相对匮乏、研究方法不够多元，进而导致研究深度、广度产生局限。本书选择具有典型地域及民族文化特征的内蒙古地区为研究区域范围，以文化景观理论为支撑，通过对不同类型建筑装饰文化景观构成要素、典型案例的深入分析，阐释内蒙古地区建筑装饰的变迁机制、不同区域中建筑装饰文化景观的形式差异及特征，结合其“时间”范畴的逻辑演变及“空间”范畴的空间差异特征，探究内蒙古地区传统建筑装饰的文化特质。

二、研究的必要性

1. 构建建筑装饰领域综合性研究理论构架

长久以来，针对建筑及其装饰的研究主要立足于建筑及艺术学科领域，与研究对象中所包含的有关地理学、民族学等研究范畴联系甚微，而从事地理学、文化学、民族学等相关研究的学者缺乏建筑学领域敏锐的研究视角，从而无法做到观念层面与物质现象研究层面的契合。本书通过自然科学与人文社会科学相结合的研究思路，以广泛、扎实的田野调研为基础，从表征环境出发，通过实证研究的方法，将影响建筑装饰形成的多方因素纳入统一体系，尝试以文化景观理论构建建筑装饰研究框架，借以全面、深入地解读建筑装饰文化特质。

2. 搜集内蒙古地区传统建筑装饰基础数据

本书是对内蒙古地区特定时间范畴内，现存传统建筑装饰现象的全面考察与系统分析。内蒙古地区传统建筑是我国传统建筑体系中特殊且重要的组成部分，是内蒙古地区城市历史发展的缩影，建筑装饰部分则是对地域、民族、历史等诸多文化内容的物质性体现。内蒙古地区传统建筑装饰在形成与发展过程中，既与本地区传统建筑相伴相生，形成了基于不同建筑类型的装饰形式，又依附于装饰艺术发展历程，呈现出扎根于地域文化的装饰艺术特色。因此，从建筑文化及装饰艺术历史发展的双重轨迹对内蒙古地区传统建筑装饰进行探讨，是十分必要的。而这一研究工作的首要前提是对内蒙古地区传统建筑装饰的全面普查，借此还原历史文化遗产的来龙去脉与真实面貌。

基础数据收集工作涵盖：厘清内蒙古地区传统建筑承载的文化过程与历史背景；全面普查内蒙古地区现存传统建筑及其装饰实际面貌；对普查信息的内业整理等工作。此项研究工作可为后续建筑文化遗产的保护提供丰富的基础数据，也是日后进行内蒙古地区建筑文化遗产研究的重要基础。

3. 探究内蒙古地区传统建筑文化遗产的深层内涵

内蒙古地区传统建筑具有典型的地域文化特征，备受学界关注。针对内蒙古地区建筑文化的现有研究主要集中在建筑类型、形制、空间、构造等层面，且成果颇丰，对于建筑装饰的研究尚停留在调研、普查层面，缺乏深入分析及系统梳理。内蒙古地区传统建筑装饰是人类发展史上集体智慧的结晶，本书对内蒙古地区传统建筑装饰的文化特质及其装饰形式、内涵进行系统研究，是深化对内蒙古地区文化认知的重要方面。而本地区建筑装饰所折射出的地域性文化特征，以及建筑装饰在历史发展进程中的继承与创新精神，是本地区建筑文化遗产的深层次内涵所在。本书的系统性研究势必成为探究这份深层次内涵的重要补充，同时也是拓展及充实我国传统建筑装饰领域研究的重要方面。

三、研究的丰富性

（一）丰富微观尺度地域建筑学科领域的理论与实践

“人居环境科学”的理论框架将人居环境分为宏观、中观、微观三个研究尺度[2]。学界针对宏观尺度（区域、城市）、中观尺度（村落、聚落）的相关研究较多，而处于微观尺度的关注大多集中在建筑形态、空间层面的研究，建筑装饰属于该尺度的研究内容，但却长期遭到忽略。在微观尺度视角下，应用文化景观理论进行建筑装饰领域的系统研究，对于丰富和完善微观尺度人居环境科学具有实际意义。

（二）丰富建筑装饰的研究视角

中国传统建筑装饰是我国传统建筑文化的重要内容，也是构成我国地域文化景观的内容之一，反映出不同历史时期的人地关系，具有鲜明的地域历史文化特征。本书从文化景观理论视角对传统建筑装饰进行研究，是对本地域建筑文化研究的重要组成部分，同时也是丰富地域建筑学的重要支撑。应用文化景观理论与方法，以建筑装饰的生境基础为始，对本地区建筑装饰文化景观的类型性构成、时间演进、空间分布等方面内容进行分析，探求内蒙古地区建筑装饰在不同“向度”关系下的文化景观特征，以期透过现象挖掘其文化本质。

（三）丰富文化多样性的实例支撑

内蒙古地区民族地域特征显著，在长期的历史发展进程中形成了独具蒙古族特色的草原城镇及乡村聚落，具有民族地域特色的建筑遍布在内蒙古各地。而内蒙古地区数量众多的传统建筑文化是丰富我国历史文化遗产的重要方面。从文化景观视角进行相关研究，对于全方面、多层次可持续发展与保护民族文化的多样性具有重大意义。内蒙古地区在有限的空间区域范围内集中了以蒙古族文化为主体的诸多民族文化，对此区域文化开展的相关研究对于保护民族文化多样性具有现实意义。

第二节　传统建筑装饰

“传统”，即世代相传且具有稳定特征的文化因素，如：文化、道德、思想、制度等在历史发展中的继承性的延续与表现。历史记载中曾有“世世传统”“守器传统，于斯为重”等说法。传统既有世代相传、相沿已久的延续性特征，又具有其时间向度中的“历时性”范畴。本书将研究对象界定为“传统建筑”，主要是基于内蒙古地区建筑文化发展在“时间”向度呈现的典型特征，同时也助于与现代建筑装饰相区别。

内蒙古地区的原始游牧文化形态，造就了游牧民族一直以“毡帐”为居的生活方式及其对应的建筑形式，因其建筑的临时性特征，历史上较为久远的“毡帐”建筑大多已消失，仅以岩画或壁画的方式记录并流传下来。内蒙古地区固定式建筑的大量出现且被完整保留下来，进而形成本地区典型的建筑装饰文化景观，主要包括建于明末清初的民居类建筑、衙署类建筑以及宗教类建筑，其建造技艺、建筑类型、装饰风格等延续至今（图 1-2-1）。

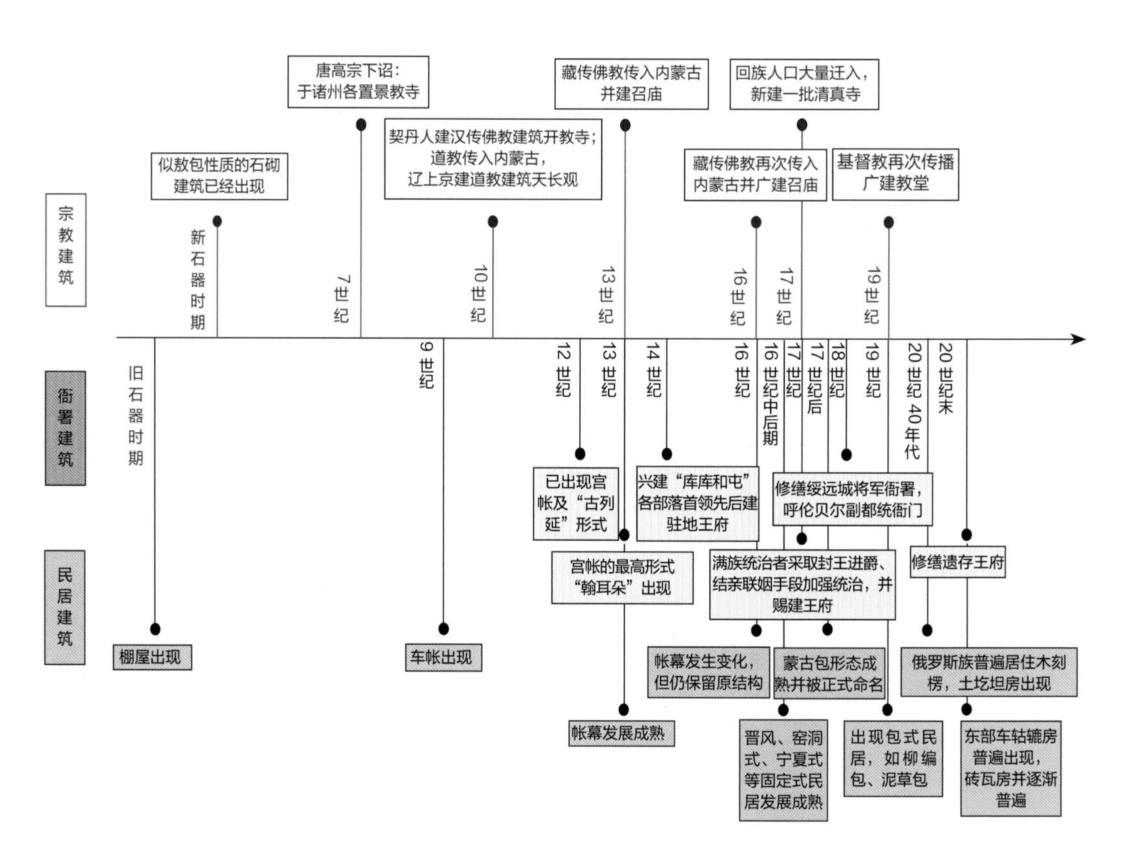

图 1-2-1　内蒙古地区传统建筑历史进程

第三节　文化景观

一、文化景观理论

文化景观理论中，将文化视为文化景观产生的“动因”，文化景观是文化演变的结果。文化是人类在适应、改造自然环境的过程中产生的，是以特定地域空间为基础，以人类活动为纽带，形成于特定地域空间中的“地域文化系统”，反映了系统中所涵盖的组成关系（图 1–3–1）[53]。

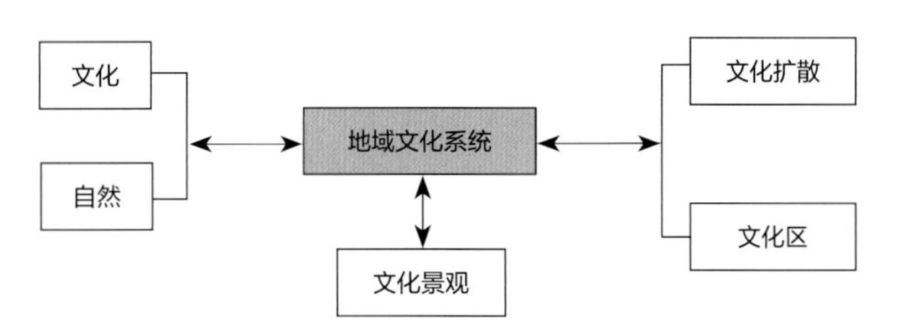

图 1–3–1　地域文化系统分析[53]

文化景观理论通过文化发展的视角看待时间和空间向度上人类创造的文化印记。我国许多城市文化景观既体现了时间发展进程中留下的传统文化更迭的历史烙印，又展现出空间地域范围的扩散、交融。大连城市建筑景观既有我国传统文化特色，又受日本文化的影响；青岛城市建筑文化景观有着典型的德国建筑文化特色；上海的城市建筑文化景观既有浦东的现代化建筑风貌，又有享有“万国建筑博览会”美誉的外滩。诸如这些景观现象都是人类文化演进过程中留下的文化景观。

文化景观是文化变迁过程中存留在空间范畴上的特定形态，是“特定空间”上的独特景象，体现“空间”范畴中文化的同一性与差异性，包括可见的物质文化景观、只能意会的非物质文化景观。每种文化景观都是特定文化在自然界中留下的印记，是人类从事创造活动的记录，这些印记既记录了人类文明的历史进程，也反映了景观背后蕴含的深层文化内涵。

文化景观理论一直都是文化地理、风景园林及建筑等领域的重要研究理论与方法，这是由于文化景观作为理论与方法涵盖对事物从认知、分析到解决的各个层面。

文化景观中内含的“时空观”为本书研究建筑装饰提供了思维格局与动态视角。“文化景观是文化集团在其居住地域上所创造的人文景观”[53]，强调了文化景观所反映出的时间与空间的文化特征。人类按照其文化标准对自然施加影响，并将其改变为文化景观的过程中，会形成每个历史时代的文化烙印，文化景观因此具有了时间特征；在特定地域空间中的人文现象表达，体现出文化的地域差异性，文化景观因此具有了客观存在的地域单元，进而形成空间特征。

康德曾提出，时间和空间范畴是先天的表象形式。狄尔泰则认为，时间与空间的组合式体验随着不同的文化形式而发生变化[54]。文化景观的时空特征既反映出文化景观形成过程中的时间经历，又强调了新的景观形成过程中，同一地区在不同时期形成的文化景观所具有的时间继承性。

建筑装饰在不同历史时期、特定空间环境下具有不同的审美特征，它们之间相互作用，形成某种情绪和气氛，造就出文化景观的“场所精神”。“场所”概念是借用和引申了物理学中“场（Field）”的概念，借助物理学术语表述文化景观环境中产生的动量、能量而形成的“场域”。本书中之所以提出文化景观“场所精神”，是由于建筑装饰的表达是建立在知觉尤其是视知觉的规律之上的，需要通过对建筑装饰艺术形式知觉来把握其整体性关系，建筑装饰通过形状、空间、色彩等状态实现受众者对建筑装饰乃至建筑的整体认知。将“场所”概念引入本书研究，试图为厘清建筑装饰中丰富的视觉现象以及它们之间的相互关系提供方法支撑，这也是文化景观具有一定的“话语体系”，能够直接反映景观内涵的重要方面。

作为物质形态而存在的建筑装饰，是特定文化思想的物化表现，在装饰和美化的表象下，蕴含着巨大的社会意义。文化景观的场所精神，引申至建筑装饰文化领域，可以将其概念转译为“审美场”，一种表现社会文化时空中影响或制约社会审美变化的空间氛围[55]。一方面，可以将建筑装饰中表现思想、文化等不可视部分通过可视的造型限定出范围；另一方面，可以将建立在有共同情感思想上的审美场所营造的“氛围”，对受众者进行影响，进而产生深层次的社会教化与熏陶作用。建筑装饰在物质表现形式下，因其所传达的文化内涵以及在“受众者”中产生的文化影响共识，而形成的“场所”精神，是基于文化、人与自然三者的互动而形成的“场域”，正如我们今天所看到的城市格局，反映了时间逻辑与空间范畴下人类在自然环境中对需求、思想、技术与组织的“场所”环境创造。

二、文化景观研究视角

科学、适合的研究方法是对科学研究理论思路与经验的总结，文化景观是基于文化地理学的理论分支，深入文化地理学领域探讨相关研究方法，可以确保研究的全面性。文化地理学以马克思主义自然辩证法、历史唯物主义为基础，探索复杂、动态的人文现象及其演化规律[53]，依据研究对象的动态变化及时空特性，结合文化景观现象背后深层次文化特质的形成因素，通过文化地理学理论中的文化变迁、文化区划、文化整合等研究方法，对传统建筑装饰进行系统研究。

（一）文化变迁

庄子说："物之生也，若骤若驰，无动而不变，无时而不移"①，自然界是这样，人类文化亦是如此。文化景观是在文化发展、演变过程中逐渐形成的，每个历史发展时期都对文化景观有所贡献，每个历史时期创造的文化景观都具有强烈的继承性[56]。文化变迁是文化景观历史演进的过程与结果。

文化变迁是西方近代文化史上应用十分广泛的概念，是指在文化内容的增加或减少中而引起文化的结构性变化，主要涉及特定文化环境中文化现象在不同层面所发生的变化，包括：文化特质、文化模式、文化风格等层面，究其根本是从文化内容变化开始，渐渐引起整个文化结构发生改变、积累最终形成的文化变化。

文化变迁可以依据人们认识视角的不同进行形式划分：按照变迁范围分为无限变迁、有限变迁；按照变迁意愿分为强制变迁、自愿变迁；按照事物发展特征分为文化渐变、文化突变。文化变迁过程中包括循序渐变与质的突变，文化渐变是缓慢的、循序渐进的变迁状态，依据其主观能动性分为无意识的积累或自然增长的自然变迁，有意识、有计划变迁。自然变迁与计划变迁是一个相对的概念，自然变迁中整体呈现出变迁的自然、规律、积累过程，但就其局部变化而言，又是有计划的改变。但从整体变化特征上讲，其局部计划性特征远不及整体的自然发展特征。文化突变是文化在历史和时代发展过程中质的飞跃，是整体性文化风格、文化模式的变化，体现在文化的物质与非物质层面的结构性变化。本书在对建筑装饰的文化变迁研究时，以马克思辩证唯物主义思

---

① 《庄子·秋水》。

想为理论指导，以辩证的眼光将建筑装饰的文化变迁整体特征和个别特征相联系，力争做到全面、客观。

文化扩散是文化变迁的重要方式，是以横向空间范围内的文化传播为主要特征，与纵向时间范畴内的文化变迁形成明显的差异，一般将纵向范畴的文化变迁称为文化传承。二者存在的向度不同，但又都是指文化传播的过程，书中所指为空间向度的文化扩散。

C.O. 索尔提出文化扩散概念，用于解释文化通过人的学习而得到传播的现象，是文化现象在空间范围的移动过程和时间范围的发展过程及其特征[53]。文化景观是在文化扩散过程中，形成文化的融合、变异、发展等诸多文化变化，在时间和空间范畴中形成的景观现象。

文化扩散的过程是不同文化因子、文化群或更大的文化系统间相互接触、交流的过程，直至一段时间后形成了文化间的彼此采借、适应，以致同化、消失。文化扩散的本质是文化的交流，在文化系统的各层级中都有文化扩散的表现。文化扩散包括扩展扩散与迁移扩散，扩展扩散是一种具有连续性的扩散行为，扩散过程是从扩散原地逐渐向外延伸和扩大；迁移扩散是文化现象由具有该文化的人携带，随着人群的移动而发生的扩散，表现为扩散速度快、扩散地域空间不具有连续性以及扩散文化现象原貌保留较完整的特征。此外，文化扩散过程中会受到自然环境因素与人类文化因素的影响和阻滞。

（二）文化区

文化区指某种文化特征或属于某一文化系统的人在空间上的分布，是具有特定文化体系的居民聚居区[57]，文化区域范围内有其自身的文化传统，并且形成文化由源地向四周扩散的区域范围[58]，文化区属于文化地理学的核心概念。

文化地理学领域将文化区分为形式文化区、职能文化区与乡土文化区[56]。本书主要从形式文化区作分析研究，故职能文化区与乡土文化区不作详细阐述。形式文化区是以某种特定形式因子为主导特征形成的区域范围，因此，形式文化区的形成与研究者设定的区划指标具有直接关系。形式文化区中的文化特征最显著的区域称为核心文化区，随着距离核心文化区渐远，核心文化特征逐渐减弱，随之形成了边缘文化区。形式文化区的边界在现实中是模糊的，在实际区划设定中可以依据指标进行确定。形式文化区即通称的文化区，实际上是一种通过积淀形成的特征文化区[56]。建筑装饰文化区是由构成建筑装饰的诸文化因子及体现建筑装饰特征的文化物化表现形式在地理空间范畴中的分布，属于形式文化区。

形式文化区中典型的文化因子是区分各文化区的主要依据，也是进行文化区划的主要因子，包括可见的物质文化内容与不可见的非物质文化内容，这也是形式文化区特征的体现。从文化的地域差异性入手分析文化现象，是区域性文化研究的重要方法。此外，在以历史文化为基础的区划研究中，需要将历史上诸如因人口流动而形成的文化扩散，原生地域文化的地缘色彩等因素纳入研究范畴。

（三）文化整合

文化整合是指多种文化在相互交流、碰撞中，发生相互间的吸收、融合、涵化，在内容和形式上发生改变，直至新的文化体系形成[59]。

文化整合的过程是将原本渊源、性质、价值取向不同的文化，由传播而发生接触，接触后发生碰撞，在此过程中进行优选汰劣，不断被修正，直至调试整合融为一体，形成新的文化体系的过程，是社会发展的必然结果，同时也是文化变迁的产物。文化整合过程并不是多种文化机械地组合，而是通过相互吸收、融合、持续更新，继而保持文化生命力的旺盛。构成建筑装饰的多种文化内容，自身或整体不断整合、更新，是建筑装饰可持续发展的内生动力。

（四）建筑装饰文化景观

文化景观概念的正式提出是在 1992 年联合国教科文组织世界遗产委员会第 16 届大会上[60]，这也是对历史文化遗产保护观念的深化，是对文化遗产众多形式表现中呈现出来的复杂现象的补充与完善。文化景观概念将文化与自然资源囊括其中，将人物、事件、活动等联系起来[61]。文化景观概念的正式提出是世界遗产保护过程中的实际需要，概念中所蕴含的意义重点包含自然和人文关系的遗产类型，强调人与环境之间的精神联系。建筑装饰无论从自身形成过程还是形式特点等方面，都是人对自然的文化改造。因此，建筑装饰属于文化景观的范畴，但也有其自身特征。在此，对文化景观理论进行基于建筑装饰本体的理论认知拓展。

本书将建筑装饰的研究置于文化景观范畴，是基于对文化景观相关范畴的深入解读，文化景观与农业景观、工业景观等相对应，是以文化对自然的影响为概念[9]。文化景观的研究范畴较为广泛，人类文化在自然景观中的留存都属于其研究范畴，但在景观内涵中以文化内涵为指引。建筑是传统文化的重要内容与表现，从建筑装饰的产生、发展来看，属于建筑文化景观体系，是建筑的重要内容，体现在物质功能方面，建筑装饰的出现是基于建筑构件、材料的需要，体现在精神功能方面，建筑装饰是建筑文化性、地域性及民族性的外在体现。

建筑装饰的形成与其所处的自然、社会环境关系紧密，是人类在建筑建造过程中对精神层面文化的建筑化表达，是所处地域社会文化、宗教文化、风土人情、历史传统的反映。将建筑装饰研究置于文化景观的视角展开，既是对建筑文化景观领域研究的重要补充，也是全面、系统研究建筑装饰的有力途径。

三、建筑装饰文化载体解构

建筑装饰是以建筑为载体的文化表达，脱离建筑载体的装饰将会失去其功能意义，因此，从载体层面展开相关研究是建筑装饰研究的重要方面。建筑装饰系统中，建筑载体是整个系统构成中的一个元素，载体维度下的文化研究需要将其置于文化景观构成系统下进行分析。

（一）文化载体构成

1. 物质构成

建筑装饰是呈现在建筑中的人造实物景观，借助于实际的建筑材料，依托建筑构件，以可视的具体形态、色彩表现出来。《营造法式》从建筑材料的物质性特征对建筑构造进行分类，分为大木作、小木作、石作、瓦作、砖作、泥作，建筑装饰则在此基础上对建筑构件进行实用性与艺术性美化。基于此，建筑上的屋顶装饰、梁枋装饰、门窗装饰、台基装饰等，构成了建筑装饰的物质组成。

建筑材料是客观的自然存在，其本身并不是文化景观。然而，这些材料依据建筑的实际情况，构建出我们所看到的千差万别的建筑个体，既渗透着人类的劳动和创造，也体现了建筑的地域、民族等文化特征，此时依据建筑材料建造出来的建筑及其装饰形态就形成了文化景观。因此，建筑装饰依托建筑及材料的物质实体所表达出来的文化景观就具有了物质性特征。抬梁式结构是中国传统木构梁架结构的主要形式，既是建筑屋架结构体系，又具备装饰性，由柱子、斗栱及梁枋构成，斗栱将重量从屋顶上部传递给柱子，再由柱子落实到地面，形成我国传统木构建筑受力体系，同时也将中国传统木构建筑的结构美体现了出来。

2. 非物质构成

建筑在满足基本使用功能的前提下，承载着丰富的文化内涵，并且通过建筑装饰形式进行表达：不同地域的建筑表现出典型的地域装饰特色，不同民族也有各自的装饰语言在建筑中的进行表达，从而形成丰富的文化景观，这类文化景观最大的特点是其可视的物质文化表征背后存在不可视的精神文化内涵，需要借助于既往知识和经验对其进行加工，通过形象思维，将建筑装饰可视景观背后的深层次内涵构建出来，是文化内涵方面的体现，因此界定为非物质文化景观的范畴。

我国传统建筑受到封建等级思想的影响与制约，在建筑装饰中体现出明显的等级关系，封建等级思想是不可见的，但通过传统建筑形态、装饰内容、色彩等传达不可见的文化范畴。

文化载体的物质构成与非物质构成互为支撑，通过“可视性”的标准比较简单地将二者进行区分。本书认为物质构成要素是非物质构成要素的载体，而非物质构成要素是物质构成要素的文化内涵，从文化景观构成视角探讨基于建筑载体的建筑装饰文化，可以形成较为全面的研究视角。

（二）研究路径

本书从文化景观构成视角出发，结合建筑类型，对不同类型建筑装饰的文化构成要素进行解构，阐释不同类型建筑中建筑装饰的文化构成、装饰特征及建筑装饰文化结构，研究路径如图 1-3-2 所示。

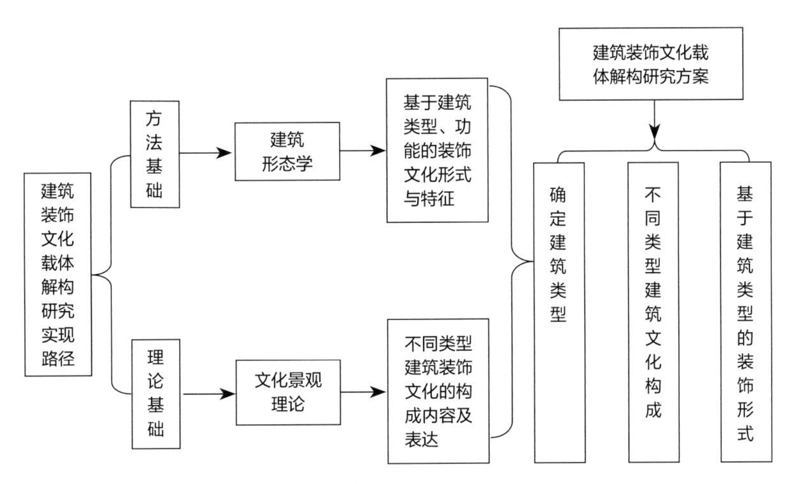

图 1-3-2 建筑装饰文化载体研究路径

四、建筑装饰文化历时性变迁

建筑装饰以构筑物、建筑单体、建筑群落为依托呈现，但建筑装饰也是装饰艺术的一个分支，是脱离建筑、自成一体的自身存在系统，在地域文化环境历时性变迁的进程中，建筑装饰进行了囊括多因素的复合型演进，经历了以装饰符号形式与内涵演化为主，其他因素为辅的演化路径。

（一）符号内涵历时性演化

符号内涵历时性演化是以符号学理论为基础建立的“符号内涵历时性还原方法”[67]。符号内涵历时性还原法是指原始初民创造出的重要文化符号，在后期发展中，因不同历史时期对符号内涵阐释的不同，进而将特定历史时期的文化积淀保留在符号内涵中。在历史发展时序状态下，只要符号形式不消失，符号形式下就会积累越来越多的文化内涵。在历史进程中，有些符号内涵消失了，但其符号内涵曾经存在于符号之中，有些符号样式变形了，但其变形是基于前期样式而存在的，进而会在符号中留下历史发展的时间印记。今天看来，一些符号的内涵逻辑表现出不相兼容，甚至有些凌乱的特征，但一些重要的文化符号，可以反映出中国历史文化长期发展的进程及特征。符号内涵历时性还原方法可以作为建筑装饰符号形式在历时状态下的演化过程及特征研究的方法指导。

内蒙古地区传统建筑装饰形式中，“龙”纹出现较多，而龙纹也是中国传统装饰纹样的重要符号。“龙”形符号到底是什么？究竟来源于哪里？在建筑装饰中出现的装饰意义是什么？这些问题是一个历史性发展问题，需要借助符号内涵历时性还原方法进行分析。从宋代罗愿的《尔雅翼·释鱼》中“龙”目下引王符言“龙形九似”，其中，九为虚数，意为奇多，“似”为像，将生活场景中许多形象归于一身，从水陆空三栖动物到云雨雷电自然天象，龙的内涵也出现过质的飞跃，而这些现象背后，是不同历史时期，不同地域环境影响下对“龙”的阐释。

当然，建筑装饰的历史演进过程中，建筑载体的历史性阶段变化也是影响建筑装饰历时演进的重要方面。内蒙古地区建筑装饰的文化历史演进过程中，本地区原生型建筑为适应游牧民族生活方式的“毡帐类”建筑形式，是一种非固定式且由于材料因素实物历时较为短暂的建筑形式，而在内蒙古地区大量出现固定式建筑时期，已经是中原汉地建筑形式较为成熟时期，固定式建筑通过文化迁徙从中原来到“内蒙古地区”，建筑装饰也一并迁入，形成了基于建筑载体的建筑装饰演变，但值得关注的是，这一文化迁徙活动并没有消融内蒙古地区装饰艺术历史发展过程中的深厚积累，而是进行了适应性融合。

（二）研究路径

内蒙古地区传统建筑装饰的文化变迁研究是基于装饰艺术历史演进与建筑历史演进，以及两者在本地域相互融合后的共同历史演进展开，按照符号内涵历时性还原方法以及建筑历史理论与方法，同时结合内蒙古地区建筑发展历史，本书提出建筑装饰文化历时性变迁研究路径（图 1-3-3）。

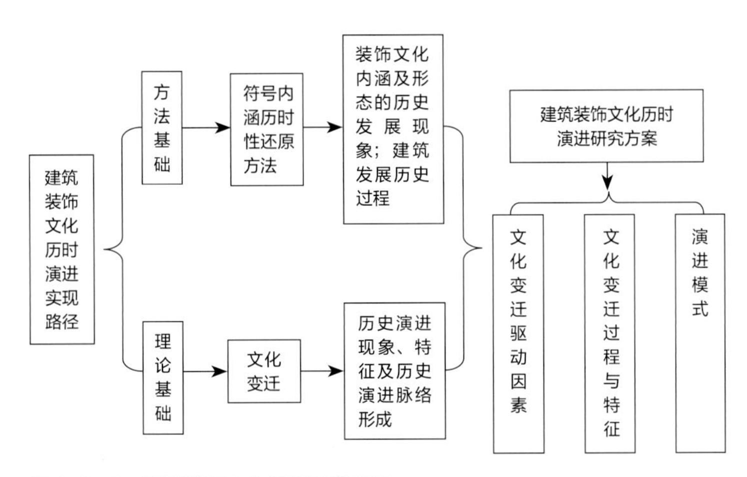

图 1-3-3　建筑装饰文化变迁研究路径

五、建筑装饰文化区域分异

内蒙古地区传统建筑装饰的文化现象，是在特定文化区域中，以区域地理环境及社会文化为基础的景观现象。因此，本书对内蒙古地区传统建筑装饰文化现象的研究，以文化区划为基础展开，在特征性区域环境中，解读建筑装饰文化现象，厘清其现象特征。

（一）区域分异基础

1. 人地关系

人地关系理论是关注人与地理环境相互间关系的基础性理论，通过理性思维认识“人”与“地”之间的相互关系[56]。

人地关系理论的研究对象是“人”与“地”，二者相互作用，构成相互协调的内部因素。其中，“人”是在特定区域空间、生产方式下从事生产或社会活动的社会性的人。人类在从事生产活动或社会活动中，与地域空间进行物质、能量、信息的交流，在自然地域空间中留下人类的活动印记。“地”指地理空间上具有地域差异性特征，包括与人类活动关系紧密的自然空间环境，与人类作用下发生改变或受到影响的地理环境（或称文化环境）。地理环境受到地域分异及人类文化的影响而呈现出地域上的差异性，是构成文化区划的前提与基础。

2. 区域分异规律

文化区划的影响因子存在地域上的分异，以地形地貌、气候条件等自然环境为基础依托的文化景观受地域性规律的制约，建筑在空间组合方式、建筑材料、建筑体型以及建筑视觉感受方面都与所处地域空间经度、纬度的差异而产生地域分异，而这些差异又成为建筑装饰文化区划特征的立足点。因此，文化的地域分异以自然地域分异规律为基础。

地域分异规律是指地理环境的整体或部分在某个方面保持特征的一致性，而在另一个确定方向上表现出差异性，进而揭示出地理环境系统形成差异性和整体性的原因及其本质，具体指出自然环境条件因受到南北纬向与东西经向差异而形成显著的分异特征。地域分异规律为自然环境区划研究提供理论基础[68]。

纬向分异是由纬度规律性变化而引起太阳高度角在南北之间的递变规律，形成在南北地带因热量而产生的热力特征。经向分异是由自然地理要素沿经线方向延伸，表现为由海洋向大陆按经度发生东西向有规律的分化，表现特征为自然地理环境的干湿程度差异，通过干湿差异而影响其他因素分异[68]。内蒙古地区由东北向西南横跨经度28°52′，由南至北纵跨纬度15°59′。本地区的自然环境受到经向与纬向地域分异的影响，呈现出由东向西差异显著的环境特征，构成文化分区的重要基础。

（二）研究路径

建筑装饰文化区划是以建筑文化区划为核心的文化区划研究。在建筑装饰文化区划研究中，区划划分以构成自然地域所存在的相似性与差异性的地域分异规律为基础，建筑在不同地域环境中表现出对自然地理的回应，因而受地域分异规律的影响形成明显的地域差异性，具体表现为建筑材料、建造技艺、建筑空间、建筑体型的地域差异，建筑装饰是建筑的有机组成，与建筑的地域性特征具有一致性。

同时，建筑装饰文化区划以构成文化景观的基本要素为基础，并且作为区划研究的评价因子。因此，不仅要将构成文化景观的自然物质要素作为文化区划的基础，还要依循建筑装饰文化景观基本分布规律，反映文化区域的差异性指标来确定区划，建筑装饰文化构成要素形成了对研究对象具有重要影响的差异指标。此外，文化区划要以人地关系理论为基础，研究社会关系中人的社会属性，及其在自然环境中的活动而形成的景观烙印和具有的非物质性文化因素。

在空间上形成明显差异的文化景观，在不同地域中通过不同文化因子组成各自的文化景观系统。以地域分异规律理论与人地关系理论为基础，建筑装饰文化区划包括思想基础和理论基础两个层面，以人地关系论为思想基础，主要阐述建筑装饰与民族、历史、艺术、宗教等文化要素的基本关系；以自然地域分异关系理论为理论基础，阐述自然环境、气候、地貌及其影响下所形成的建筑物质形式，是构成文化区划实现的物质基础。综合以上理论，本书提出建筑装饰文化区划研究路径（图1-3-4）。

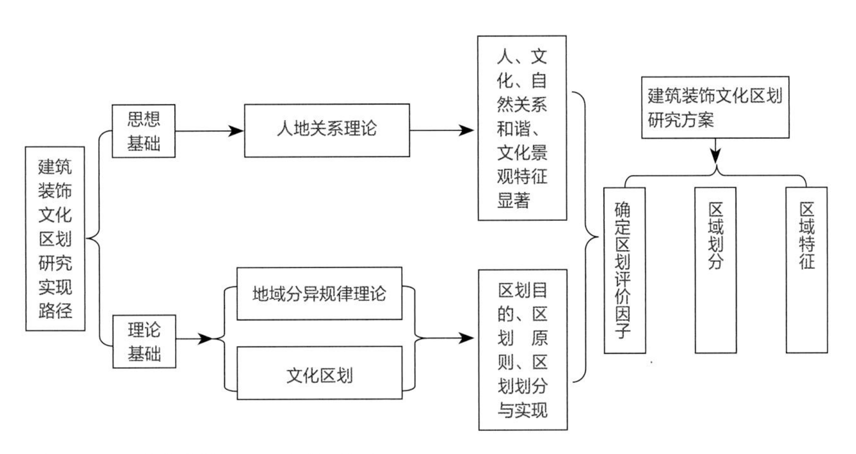

图1-3-4　建筑装饰文化区划研究路径

本章从理论认知、方法辨析层面，搭建了建筑装饰研究的理论构架与研究路径。首先，对本书研究中的核心概念进行分解、阐释，对基础理论及研究整体构架进行分析与建构；其次，对文化景观理论进行解读，通过文化景观理论的系统解构，将文化景观分解为景观与文化两个层次，找到文化景观理论中现象与本质的关系，通过对文化景观的分析方法与认知视角的相关分析，从文化变迁、文化区划理论中，找到本书研究的契合点。

本书从建筑装饰语义与内涵、建筑装饰特性及地域建筑装饰方面，对建筑装饰文化进行解析。在对建筑装饰语义深入剖析的基础上，本书从属性、本质、功能三个方面对建筑装饰进行定义，明晰了建筑装饰涵盖范畴具有从宏观到微观的整体性特征，进而指向了建筑装饰所具有的建筑性、艺术性与文化性三方面特性。

建筑装饰包含装饰形式、装饰内容、精神内涵三个层面的内容，对其进行全面的文化解读，需要从装饰符号本体的形式、内涵，建筑载体的形态、特征及其物态现象背后的文化蕴涵等方面进行解析。因此，本书引入文化景观理论，构架整体性研究思路，引入建筑符号学、建筑现象学、建筑及形态学，进行建筑装饰形态分析与内涵解析研究，具体通过载体特征、文化变迁、文化现象三个方面展开。

对载体的研究是全面研究建筑装饰的重要方面。在建筑装饰文化系统中，建筑载体是整个系统构成中的一个元素，对建筑载体的分析需要将其置于建筑装饰文化系统下进行分析。本书从文化景观构成特性出发，对不同类型建筑装饰文化景观构成要素进行分析，阐释不同建筑类型中的建筑装饰文化景观形式及特征；内蒙古地区传统建筑装饰文化变迁研究是基于装饰艺术历史演进与建筑历史演进，以及两者在本地域相互融合后的共同历史演进展开，按照符号内涵历时性还原方法以及建筑历史理论与方法，同时结合内蒙古地区建筑发展历史，形成建筑装饰的文化变迁研究路径；内蒙古地区传统建筑装饰的文化现象，是在特定区域中以区域地理环境及文化环境为基础形成的景观现象，因此，对现象的阐释应以文化景观区划为依据。按照地域文化系统理论，以地域分异规律理论与人地关系理论为基础，阐述建筑装饰与民族、历史等文化要素的基本关系；以自然地域分异关系理论为基础，阐述自然环境、气候、地貌及其影响下所形成的建筑物质形式，综合以上形成建筑装饰文化区域分异研究路径。

本书搭建的研究路径以建筑装饰研究为根本出发点，通过实地调研、文献补充，在全面认知研究对象的基础上，应用文化景观理论及建筑装饰领域相关研究方法，进行系统的研究分析，以期达到既体现建筑装饰整体共性，又关照个体差异的研究范式。

建筑的功能类型构成了本功能类型建筑不同于其他类型建筑的文化特质，进而形成相应的文化景观特征。中国传统木构建筑，从平面布局到建筑造型，其配置形式都以“中间置大屋，两旁置均质旁屋”的原型展开，即便建筑功能类型有所差别，但其形式相近[48，69]。这是否意味着我国各类传统建筑不存在各自特征呢？答案是否定的，我国传统建筑虽然在外形及布局方面表现出较为一致性的特征，但各类型建筑基于不同类型的建筑装饰（包含装修、装饰、陈设等），构成应有的“性格”及其建筑场所的文化内涵，形成基于建筑类型的建筑装饰文化景观。

第二章

内蒙古地区传统建筑装饰文化载体解构

在长期的历史发展进程中，内蒙古地区形成了满足各种功能需求的传统建筑类型，这些建筑虽处于不同时间及空间范畴，但其基于类型的功能一致性使其形成相近的景观特征。本章从建筑装饰的载体维度，对内蒙古地区传统建筑主要类型：宗教类建筑、衙署类建筑、民居类建筑装饰的文化构成、装饰细部及装饰文化结构进行详析，探讨不同类型建筑装饰的文化构成特征及其表现形式，形成从装饰现象表征探讨装饰文化结构的研究路径，从文化景观研究视角揭示建筑装饰文化载体的物化形式内涵，进而通过建筑装饰文化系统各个层次间的联系，明晰不同类型建筑装饰文化结构。

第一节　建筑装饰文化构成

前期研究中[70]对建筑装饰构成进行相关分析，形成建筑装饰构成体系（图2-1-1），并明确了建筑装饰构成要素（表2-1-1）。

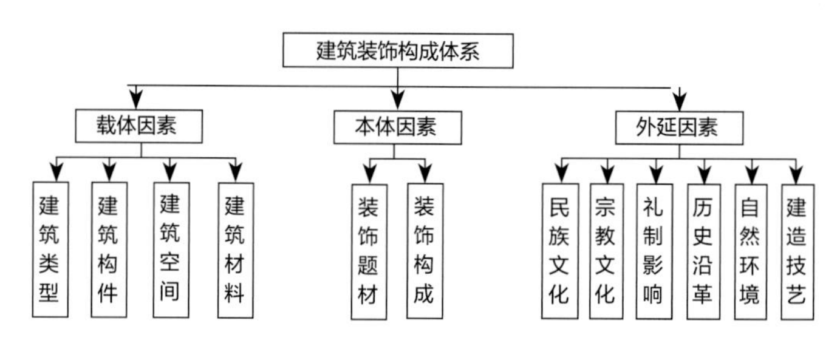

图2-1-1　建筑装饰构成体系

建筑装饰构成要素　表2-1-1

建筑装饰构成体系		内蒙古地区建筑装饰构成因素
建筑装饰构成因素	关键要素	
载体因素	建筑类型	内蒙古地区主要建筑类型包括宗教类建筑（其中以藏传佛教建筑居多）、衙署类建筑（现存较为典型的有8座）、民族类建筑（蒙古包、固定建筑）
	建筑构件	建筑中各装饰构件
	建筑空间	依据建筑内外空间包括：内檐空间、外檐空间。内蒙古地区的藏传佛教建筑布局形式依据建筑在整体建筑群中的关系包括：主体建筑空间、附属建筑空间
	建筑材料	内蒙古地区建造材料包括：木材、砖、石材、黏土

续表

建筑装饰构成体系		内蒙古地区建筑装饰构成因素
建筑装饰构成因素	关键要素	
本体因素	装饰题材	装饰图案题材，主要依据装饰图案类型划分
	装饰构成	依据装饰图案构成的组合形式，装饰构成包括：二方连续、角隅纹样、适合纹样等
外延因素	民族文化	蒙古族文化、汉族文化、满族文化、伊斯兰文化等
	宗教文化	藏传佛教、汉传佛教、伊斯兰教等
	礼制影响	传统礼制、宗教礼制、蒙古族礼教
	历史沿革	蒙古族传统装饰历史发展沿革、藏传佛教建筑在内蒙古地区的历史发展沿革、衙署类建筑在内蒙古地区的历史发展、民居类建筑的历史发展与演变
	自然环境	内蒙古地区的气候、地理环境特征以及区位特征
	建造技艺	不同建造材料的建造技艺，蒙古族工匠传统建造技艺、文化交流、融合过程中引入的工匠技艺

基于前文对文化景观概念相关阐释，将文化景观的形成指向了产生的主体、发生的载体、发展的动因三方面因素及其相互关系，指明文化景观是在特定时间范畴内、一定空间范围中形成的具有相应特征的自然和文化的复合体，是人类在特定环境空间中，以具体物质内容为载体，创造的表现相应文化内涵的景观现象，包括物质、文化两方面的景观内容[56, 13, 8]。此外，基于特定社会观念、政治模式、宗教文化而形成的场所“气氛”，是一种凌驾于物质、文化因素之上，可以感觉到但不能直接表现的景观形式。

本章从文化景观构成视角出发，结合建筑装饰构成体系，应用演绎法对建筑装饰文化景观构成进行更新，对构成内容进行细化，形成建筑装饰文化景观构成要素，构成要素共同构成建筑装饰的形成基础，但又有其各自差异。文化要素与制度要素是建筑装饰表达的文化内核，环境要素与载体要素是建筑装饰的物质基础（图 2-1-2）。

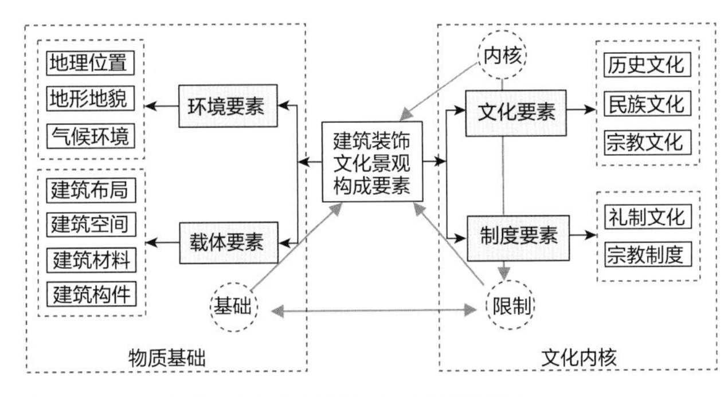

图 2-1-2　建筑装饰文化景观构成要素及相互关系

第二节　民居类建筑装饰

内蒙古地区是一个游牧文明与农耕文明交流、融合的典型地区，本地区历史发展进程中主要以游牧文明影响下的移动式住居方式为主导，居住建筑以可移动毡帐式建筑为主体，经历了长时间的进化、演变过程后，建筑形态逐渐完善且固定下来。至明清时期，在社会文化、生产生活方式的交流、促动下，衍生出形式多样的固定式民居，包括：晋陕式民居、俄罗斯族木刻楞、宁夏式民居、藏式民居等。多样的民居建筑形式，创造了本地区丰富且特有的民居装饰样式，而内蒙古地区多元的自然环境与悠久的人文底蕴，是本地区民居类建筑装饰形成的重要基础。

一、民居类建筑装饰文化构成

（一）环境要素

自然生态环境是传统民居装饰文化形成的基础条件，也是人类发挥主观能动性的物质基础。内蒙古地区面积广阔，是我国版图上经度跨度最大的区域，区域范围内森林、草原、荒漠等多种地貌均有分布，降水与气温存在较大差异。

内蒙古东部大兴安岭山脉贯穿其中，森林面积较大，木材资源丰富，东部区域民居建筑建造材料中木材使用频率较高。此外，东部地区有着辽阔的草原，游牧文化历史悠久且典型，蒙古包广泛分布；中部地区自然环境面貌丰富，草原、平原地形皆有，加之这里的常住民由游牧生活向定居生活转变后的生存需求，当地居民大多利用易获得的生土及烧制砖瓦建造民居，民居装饰形式也转向基于材料特征的拼砖、贴砖、砌砖等形式；西部地区荒漠化面积大，阿拉善沙漠、腾格里沙漠是本区域的重要地貌环境，因此区域范围内早晚温差大、风沙频发，这里的固定式民居大多墙体厚重，建筑肌理粗糙。内蒙古地区多种地形地貌及气候差异反映在民居装饰中体现出鲜明的地域性差异。

（二）文化要素

内蒙古地区传统民居建筑装饰中，蕴含着本地区的人居文化内核。建筑装饰内容与形式强调以人为核心，突出人的主观能动性，具体包括人类发展进程中经济、社会、文化、美学各方面的内容，具有复杂性与综合性的特点。内蒙古地区草原辽阔，游牧文化历史悠久，先民们过着“逐水草而居”的生活，形成了追求自由的游牧居住方式，内蒙古地区先民们崇尚自然的观念在对自然的改造与适应中得以保留，形成了一种人与自然和谐相处的精神内核，体现在民居建筑及其装饰中则具有形式朴素、就地取材等特点。

随着汉族、回族、俄罗斯族等民族人口的迁入，不同民族文化长期的交流接触使北方游牧民族较为单一的民居文化逐渐多元化，出现了民居建筑装饰中民族文化杂糅的现状。传统民居建筑装饰文化形成过程中，与之相伴的是一系列具有标志性的历史事件，基于历史文化与环境的互动，传统民居建筑装饰文化也被赋予历史文化内涵。此外，内蒙古地区作为人口迁移活动历史事件频发区，在建筑装饰文化中同样被打上了各时期移民文化的印记，因此人口迁移活动是其十分重要的历史文化组成部分，各地移民带来的民居装饰文化以移民为载体从迁徙原地迁移扩散至迁徙地，与迁徙地自然、人文环境相适应，形成不同地域具有不同特色的移民乡土文化。

宗教文化是社会文化的重要组成部分，反映在内蒙古地区民居建筑装饰中，形成了具有宗教元素的传统民居建筑装饰文化景观形式。内蒙古地区是一个多种宗教文化并存的地区，从原始的崇尚自然、图腾崇拜开始，内蒙古地区出现过萨满教、佛教、伊斯兰教、基督教等多种宗教，其传达的宗教信仰观念与其受众人群的民居不可避免地产生交集，从而使得不同民居建筑装饰中呈现出具有不同宗教元素的装饰文化。

二、民居类建筑装饰形式

（一）“原生”蒙古民居装饰形式

1. 毡帐式蒙古包

毡帐式蒙古包是蒙古族传统住居形式，由木架构、包毡、绳索三部分构成，木架构包括哈那、天窗、乌尼、门等部分。蒙古包材质的选择与内蒙古地区历史文化、自然环境息息相关，制作材料取自日常。首先，传统畜牧业生产提供了蒙古包制作中所需的包毡、绳索材料；其次，草原上与生俱来的柳树、榆树等丰富的材料资源，成为蒙古包搭建所需的支撑材料。蒙古包是蒙古族人民精神世界的反映，自然、淳朴的审美观在蒙古包的制作工艺、材料选择、装饰内容中得到体现。

白色包毡上施以象征繁荣昌盛的蓝色边饰，如：哈木尔纹、回字纹、丁字纹、圆寿纹等，与绿色的草原相映成趣（图 2-2-1）。蒙古包门的体量不大，却是蒙古包的视觉焦点，门饰也是蒙古包上最复杂且丰富的部位，通过彩画、木雕的手法，再饰以回纹、卷草纹、盘肠纹、哈木尔纹等组合图案进行装饰，装饰图案被赋予吉祥寓意，而蒙古族的传统文化被提炼、表达在蒙古包的装饰图案中（图 2-2-2）。

蒙古包内部装饰热烈、大方，蒙古包的支撑构架哈那是内部装饰的重要元素，选用木材本色或使用土壤颜料逐层上色，上面绘制本民族吉祥图案，可视为结构性装饰。蒙古包内摆放的生活起居用具包括：家具、毡帘、毡垫，在材质、色彩、装饰图案等方面，都应用蒙古族传统元素进行装饰，与蒙古包的结构性装饰相互融合，文化特征鲜明（图 2-2-3）。

（a）蒙古包外围装饰正面　　（b）蒙古包外围装饰侧面

图 2-2-1　蒙古包外围装饰

图 2-2-2　蒙古包门装饰

(a) 室内家居陈设

(b) 哈那墙装饰

(c) 室内色彩

图 2-2-3 蒙古包内部装饰

2. 芦苇包

芦苇包是内蒙古地区游牧生活中常见的民居形式，牧民们生活、栖息地常见的芦苇材料韧性强，适于作为“包体”编织材料。牧民们将芦苇编织成芦苇帘代替传统包毡。芦苇包结构类似于毡包结构，围护结构材料用芦苇帘代替了毡帘。因此，芦苇包上的外围装饰没有了白色与蓝色相间构成的外围装饰形式，取而代之以芦苇帘自身的色彩与细部肌理。芦苇包天然植物的覆盖物产生特殊质感与规律条纹，深褐色的柳条帘与较之浅黄的芦苇帘构成微妙变化的色彩关系，给人以清新舒适、原生态的感受。与传统蒙古包相比，芦苇包可以通过芦苇间隙投射进的阳光，形成更为通透的室内采光效果，使室内光线始终保持一种柔和的氛围（图 2-2-4～图 2-2-6）。

图 2-2-4 呼伦贝尔地区芦苇包

图 2-2-5 芦苇包内部空间

图 2-2-6 制作芦苇包的芦苇帘

（二）晋风民居装饰形式

大规模的山西移民将晋地民居文化一并带入内蒙古地区，与本地区自然、人文环境相融合，形成了独具地方特色的晋风民居形式。迁入内蒙古的山西人既有晋商，也有农民。因此，在本地区落地的晋风民居依据迁入人口类别，分为商宅与农宅两种形式，商宅装饰精美考究，农宅更注重实用性（图 2-2-7）。

商宅普遍采用土、木、砖、石等材料建造，以硬山双坡屋顶为主，屋顶正脊装饰寓意美好的动物、植物题材图案，砖雕工艺，屋脊两侧鸱吻翘起，但对鸱吻形式进行了简化。顶面布瓦，瓦当滴水齐备，椽头、飞子施彩绘装饰。墙面墀头是装饰的重点部位，砖雕精美动物、植物、人物故事等具有生活教化意义的图案。门窗采用木质格栅样式，既满足采光要求，又极具美感，窗格栅上用彩绘纸、窗花作装饰，延续了山西地区文化内容的呈现（图 2-2-8、图 2-2-9）。相较于商宅，农宅较为朴实，没有华丽的墀头、精美的砖雕等装饰元素，多用土坯建造，青砖勾边，有的采用磨砖对缝的砌砖工艺，通过白灰砂浆进行粘和。

隆盛庄是内蒙古地区典型的晋风民居聚集区，位于内蒙古自治区乌兰察布市丰镇市东北部，其行政区隶属于内蒙古自治区，地理位置关系上处于内蒙古

图 2-2-7　内蒙古地区晋风民居

图 2-2-8　内蒙古地区晋风民居屋顶装饰

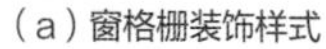

（a）窗格栅装饰样式

（b）墀头装饰样式

图 2-2-9　内蒙古地区晋风民居窗、墀头装饰

与山西的交界处，因其所处的地理区位环境，隆盛庄自古便是中原与蒙古地区贸易往来的交通要塞，素有内蒙古“南大门”之称。清乾隆三十三年（1768年），清廷在隆盛庄地区实行招民垦荒政策，山西、陕西地区大量无地农民、商人陆续迁入此地，隆盛庄地区居住人口数量倍增，形成庄子，当地“抚民府”以兴隆昌盛的吉祥寓意为此庄取名为“隆盛庄”，民国前期发展迅速，挂牌营业的商号多达300余家，出现了大量建筑考究的商铺、住宅。其中，民居建筑遗存数量较多，建筑形式丰富、装饰精美。隆盛庄是将中原农耕文化、草原游牧文化以及晋地商贸文化汇集于一体的典型实例，是我国北部地区多文化融合的重要区域。

隆盛庄地区民居在建筑布局方面，承袭了中原地区建筑布局形式，布局规整、方正，呈三合院或四合院形式。民居建筑屋顶形式以硬山顶、卷棚顶居多，屋顶略向外出挑，布灰瓦。隆盛庄民居的门楼样式精美，门楼类型有金柱大门、如意门、中西式墙门3种（表2-2-1）。门楼装饰主要位于墀头、梁枋以及门板等建筑构件上，通过实地调研、统计，装饰纹样包括动物题材、植物题材、吉祥题材，应用数量较多的是植物题材，尤以莲花图案、竹子图案最多，体现了山西地区文化气质的带入性。院落入口处大多设置砖、石制影壁，影壁中心和四角处雕饰吉祥寓意的装饰图案，影壁上部装筒瓦，用砖砌成歇山式、硬山式盖顶。

院落门楼形式　　表2-2-1

金柱大门		如意门		中西式墙门	
样式	大南街76号院门楼	样式	小南街1号院门楼	样式	杨树巷5号院门楼

（三）窑洞式民居装饰形式

内蒙古地区的窑洞式民居主要分布在邻近山西、陕西地区的沿线地带，较近的距离为文化影响提供了可能，相似的自然环境则提供了必要的基础。内蒙古鄂尔多斯、呼和浩特邻近山西、陕西地区，山西、陕西地区的窑洞式民居在这里分布广泛，但由于当地土壤类型、黄土覆盖等条件的差异，加之社会、经济、文化、气候等多种因素的影响，内蒙古地区的窑洞式民居与山西、陕西地区窑洞建筑相比呈现出分布零散、建造的区域规律性较弱、装饰形式更为简洁的地域性特征。

内蒙古地区常见的窑洞形式有：靠崖式窑洞，在黄土崖壁上开凿而成，由于其建筑整体与自然山体融为一体，因此装饰主要集中在窑脸、门窗、外檐部分，通过丰富的木窗格栅装饰形式，与自然黄土材质形成鲜明的对比，是这一类型窑洞建筑的典型装饰形式；独立式窑洞，独立于山体建造，装饰更加灵活丰富，具体装饰形式受建筑材质影响较大（图 2-2-10、表 2-2-2、表 2-2-3）。在窑洞式民居装饰中，不仅有与建筑构件相结合的装饰形式，独立于建筑构件之外的装饰，也是此类民居的重要装饰内容与特色，例如：剪纸、围炕画、门帘等装饰内容，将本地域文化特色的装饰色彩与图案融入其中，为建筑装饰注入更多地域文化元素。

（a）　（b）　（c）

图 2-2-10　窑洞装饰样式

杜家峁村靠崖式窑洞民居形式　　表 2-2-2

现 状	屋顶装饰	屋面装饰	
		墙面	门窗

老牛湾村独立式窑洞民居形式　　表 2-2-3

现状	屋顶装饰	屋面装饰	
		墙面	门窗

（四）宁夏式民居装饰形式

宁夏式民居主要分布在内蒙古阿拉善地区，是基于近地域、历史行政区域管辖交替以及人口迁徙等因素下，在内蒙古地区形成的民居形式。阿拉善地区干旱少雨，因此采用了宁夏地区无瓦平顶民居建筑形式，合院式院落布局，院落南北向长，呈窄条状。民居建造材料多就地取材，使用生土做坯，或混入当地砂石以增加材料强度。民居装饰最为精美的部位多集中在宅门、建筑额枋及檐下部位，木雕、砖雕、彩绘等艺术手法都有出现。较为富裕的人家房前常置檐廊，上压 2～3 层砖做女儿墙，有的民居还使用木质垂花吊柱出挑，吊柱形式有光滑简洁的圆柱、复杂精致的多边形柱。建筑外立面置如意形支撑构件，既增加建筑结构的稳定性，也极具装饰作用。正房立面的木质格栅门窗体量较大，格栅样式精美，格心形式多样，体现出劳动人民的创造性和朴实的审美。门窗、额枋等处的边角部位，采用木质装饰条通过油漆彩绘与雕刻的方式进行装饰，装饰内容以植物题材为主（图 2-2-11）。

图 2-2-11　宁夏式民居装饰

（五）藏式民居装饰形式

内蒙古地区留存部分藏式民居，主要分布在藏传佛教建筑附近。究其形成原因，首先，基于藏传佛教再次传入内蒙古地区后，藏式召庙建筑在本地区广泛兴建，许多蒙古族信徒选择在召庙附近模仿召庙建筑形式建造房屋；其次，近现代以来，部分藏传佛教建筑中的僧舍逐渐改为当地民众使用，因此其功能也转变为民居。

藏式召庙建筑附近的民居多采用平顶或缓坡的屋顶形式，大多以当地石材砌筑，内部和外部均以生土夯实，形成土石混合墙体，墙面肌理粗犷豪放。部分遗留僧房保留藏式传统建筑中常用的“元宝木”托木形式，上方多层椽子外露，营造出具有休闲功能的前廊空间。大多数藏式民居则是在保留原有建筑体量的基础上将前廊空间进行封闭，既可以增加房屋面积，也具备了保温功能。藏式召庙的红色边玛墙是藏式民居最典型的装饰内容，但是内蒙古地区藏式民居的边玛墙被当地石材、木材所代替，甚至简化为红色墙面上涂刷白色连续圆点，更为简单的则仅在墙体之上划分出高 1 米左右的区域稍作表示（图 2-2-12）。

（a）藏式平顶民居

（b）带有“元宝木”托木僧房

（c）简化边玛墙藏式民居

图 2-2-12　藏式民居装饰

人类的生产生活方式与建筑物、构筑物关系密切，民居作为反映地域聚落生产生活特征的物质载体，与特定的物质构成和人类活动相关联。民居建筑中的装饰内容，既迎合了内蒙古地区民居建筑造型、尺度、材质的特征，也将地域文化蕴含其中。

三、民居类建筑装饰文化结构

基于以上分析，内蒙古地区民居类建筑装饰文化系统中，各层次文化对于装饰内容的形成具有不同的意义与作用，形成了文化间核心、主导、补充的文化结构关系，具体呈现出原生型装饰文化为核心、多文化融合装饰文化为主导、宗教信仰构筑性装饰文化为补充的文化结构。

（一）原生型装饰文化为核心

内蒙古地区以游牧文明为基础而形成的以蒙古族文化占主导的传统民居装饰文化可视为原生型装饰文化。北方游牧民族在内蒙古地区的广泛分布，形成了以蒙古族为主体的民居建筑聚居区在内蒙古地区的大量存在，因此扎根于内蒙古地域的原生型民居装饰文化景观较为常见且具有显著的民族文化特征。此类文化内容包括蒙古包各种装饰、固定式民居中以蒙古族装饰内容为主的装饰形式、以本地区材料为主形成的各种传统民居装饰等方面。

作为内蒙古地区最具代表性的民居形式——蒙古包，在建造技艺、材料、空间秩序及装饰样式等方面，体现了蒙古族民族文化特质的原真性。就其装饰形式而言，蒙古包外部由白色毡毯包裹，白色的选择是蒙古族精神与环境双重作用的结果。在蒙古包顶部或绘蓝色蒙古族传统纹样，在茫茫的绿色草原上十分显眼且美观；或绘金色装饰纹样，体现出蒙古“黄金家族”的民族地位。蒙古包内部，作为蒙古包主体结构的哈那，既是建筑的承重结构，又成为蒙古包内部空间的特有装饰形式，是功能与形式的完美结合。此外，具有“坚强”寓意象征的回纹、兰萨纹、犄角纹、哈木尔纹等在蒙古民族中都被赋予民族文化内涵，是蒙古包外围毛毡、内部陈设的主要装饰内容。固定式民居中，蒙古族传统装饰内容或与建筑构件相结合，或以家居陈设的形式，被广泛应用在民居建筑装饰中，进而将内蒙古地区的原生型文化融汇到民居建筑的不同层面，形成形式各异的民居建筑文化核心。

（二）多文化融合装饰文化为主导

内蒙古地区在地理位置上虽地处我国北部边疆，但其东西向狭长形区域分布状态，促使内蒙古地区与我国多省市相邻。与邻近省市文化之间的相互传播与文化输入，对内蒙古地区民居类建筑文化产生了重要影响，形成了诸如东北地区、山西、陕西、宁夏等邻近省区多地域文化特色的民居形式。

内蒙古地区历史上经历了近300年的数次人口迁移，为地处北部边疆的内蒙古地区带来了中原汉地先进的建造技术与艺术文化，也伴随人口迁移带来了其他地区文化所形成的装饰文化形式，在民居建筑装饰中更为凸显。此类文化包括：具有明显汉式风格的各类民居装饰，具有明显俄罗斯族风格的各类民居装饰，内蒙古东部因邻近东北、华北地区而形成的各类民居装饰等。发生在内蒙古地区的移民活动以“走西口”的汉族人口迁入最为典型，在空间分布上，“走西口”迁移活动在内蒙古中部地区形成了典型的装饰文化形式。以晋风民居、窑洞式民居为主体，尤其是晋风民居以砖雕手法的利用为典型，多集中于影壁、门楼、墀头等部位。装饰题材多选用具有吉祥寓意的图案，如福禄寿喜、祥禽瑞兽、人物故事等。建筑色彩以当地用材为本色，青灰色的条砖、黄褐色的生土、棕褐色的木材都反映了该类民居自然、朴素的建筑风格。

此外，阿拉善地区也有部分迁入人口带去汉族民居及装饰形式；锡林郭勒盟朱日和镇，则留存有俄式“石头房”民居建筑群体，其装饰带有典型俄式风格，均属于基于“人口迁徙”而形成的民居装饰文化内容，共同构成内蒙古地区民居类建筑装饰文化内容。

（三）宗教文化为补充

除前文提到的核心文化与主导文化，内蒙古地区形成的宗教类建筑对其周边民居聚落、建筑形式及其装饰形式具有重要影响，构成民居类建筑装饰文化的重要补充。在宗教文化影响下形成的传统聚落，从聚落选址、空间布局、建筑形式、装饰内容等方面形成了稳定且鲜明的文化特征，包括：为突出文化信仰而进行的装饰陈设等。

据普查调研，内蒙古地区依庙形成的民居建筑多保留了绕庙而生的特点，在聚落布局形式方面，形成以召庙为中心的发散式布局形式（表2-2-4）。建筑及其装饰形式与召庙建筑形式具有相似性，藏式召庙旁的民居多为藏式平顶建筑，外墙涂白色，上部有红色边玛墙且配有一圈圆形装饰。汉式召庙旁的民居则多为汉式民居，采用汉式建筑及装饰手法，如双斜坡屋顶、椽子出檐、青砖外墙、木质格栅窗等。

依庙而生的民居形式　　表2-2-4

地点	赤峰市	赤峰市	赤峰市	兴安盟	锡林郭勒盟
召庙	龙泉寺 大雄宝殿 	巴拉奇如德庙 沙布腾拉杭殿 	根培庙 玛尼殿 	巴音和硕庙 天王殿 	杨都庙 显宗殿 

续表

地点	赤峰市	赤峰市	赤峰市	兴安盟	锡林郭勒盟
附近民居形式					
相似装饰样式提取	格栅窗、布瓦、正脊形式	边玛墙、托木、藏式平顶形式	色彩、边玛墙、藏式平顶	布瓦、过龙脊形式	砖雕、椽子、青砖
地点	乌兰察布市	呼和浩特市	包头市	巴彦淖尔市	鄂尔多斯市
召庙	阿贵庙山门	大召庇佑殿	美岱召 大雄宝殿	阿贵庙 时轮金刚殿	乌审召 德格都苏莫殿
附近民居形式					
相似装饰样式提取	色彩、硬山顶形式	正脊垂脊雕饰，瓦当、椽子等	布瓦、滴水、格栅窗	边玛墙、藏式平顶形式	正脊鸱吻、布瓦、青砖

第三节　衙署类建筑装饰

内蒙古地区分布着一定数量的衙署类建筑，属于官式建筑类型。衙署类建筑发源于中原汉地，因此，中国传统建筑的布局、功能及主流审美是内蒙古地区衙署类建筑的“原型”。内蒙古地区的地理区位及游牧文化历史，使得本地区衙署类建筑与中原汉地官式建筑有所差别，构成本地区特有的建筑及其装饰文化内容。

内蒙古地区保存较完好的衙署类建筑均为清代所建。清王朝入关之前，为了加强对蒙古地区的统治，以下嫁公主和赐封王公等方式笼络蒙古贵族，在蒙古地区为地位较高的蒙古贵族建造府邸，为下嫁公主建造公主府邸。据史料记载，清代蒙古地区建有王府48座。清朝历史下嫁蒙古的公主有400余人，但只为地位最高的公主建造府邸，因此公主府邸数量很少，较为有名的是位于今呼和浩特市的公主府，是康熙皇帝为其第六女和硕恪靖公主所建。清廷为了巩固边疆地区安宁，在蒙古地区建造了衙署建筑，以呼和浩特市将军衙署为代表。此外，在盟旗对其权力进行分治政策下，形成了王爷府邸的建筑类型，在建筑使用功能方面，三种类型的衙署类建筑经常是重合的（图2-3-1）。

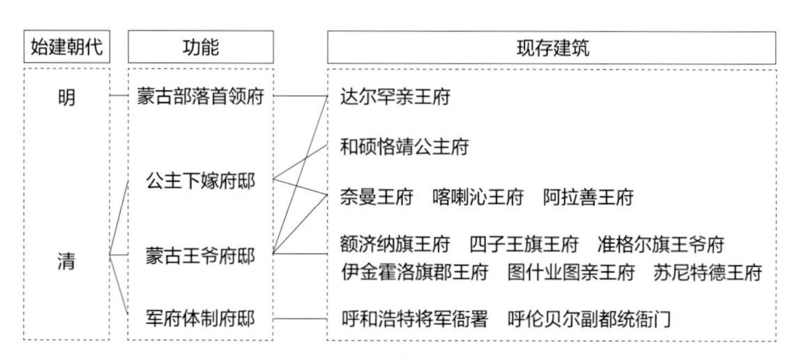

图2-3-1　内蒙古地区现存衙署建筑功能示意图

一、衙署类建筑装饰文化构成

（一）环境要素

自然环境为建筑的生成提供了必要的基础条件。内蒙古地处蒙古高原腹地，温带大陆性气候，常年降水偏少，地域范围广阔，加之区域范围内经度、纬度跨度大，地区间气候条件差异显著，具体表现为气温、降水、地理环境等方面的显著差异。通过对内蒙古地区目前遗存衙署类建筑的地图定位、分析、实地调研发现，依山、傍水是本地区衙署类建筑布局的基础，建筑选址的近水性特征更为显著。内蒙古现存衙署类建筑选址与水系关系如表2-3-1所示，在比例尺不小于1：1000的情况下，衙署类建筑及水系的关系可分为五种类型，辅以史料分析，内蒙古地区衙署类建筑选址时是否临近水源是十分重要的参考因素，进而呈现出近水性的分布与布局特征。

此外，中国的堪舆理论对衙署类建筑布局影响显著，结合地理环境影响因素，达到环境与精神双重契合的效果。如鄂尔多斯市准格尔旗王府、呼伦贝尔市副都统衙门、图什业图王府、阿拉善盟王府等选址中都可以找到堪舆观影响其选址。史料记载：1731年，和硕特蒙古王爷入住阿拉善定远营，参将衙署成为阿拉善王府，因此，阿拉善王府的选址与定远营最初的选址需求具有一致性。定远营靠近贺兰山余脉，地势北高南低、东高西低，起伏的山体营建出天然的军事防御屏障[71]，阿拉善王府依山地走势而建，自南向北逐渐升高，地势差异成为影响王府建筑装饰布局的重要因素。位于赤峰市的喀喇沁王府建于锡伯河北岸，坐北面南，依马鬃砬子山等山峦为屏障，两侧山包相依，形成环抱态势，锡伯河流经此地，形成了“前有罩，后有靠，中间玉带水缠绕”的布局形式[72]。

内蒙古地区现存衙署类建筑选址与水系关系示意　　表 2-3-1

类型	示意简图	地形图	代表性衙署
两河环抱	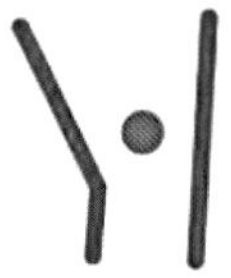		额济纳旗王府 呼和浩特将军衙署
一河沿岸			四子王旗王府 奈曼王府 喀喇沁王府 准格尔旗王府 和硕恪靖公主府
散状湖泊	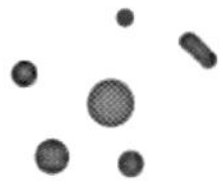		阿拉善王府
河湖相间	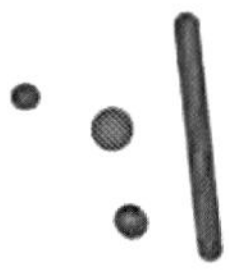	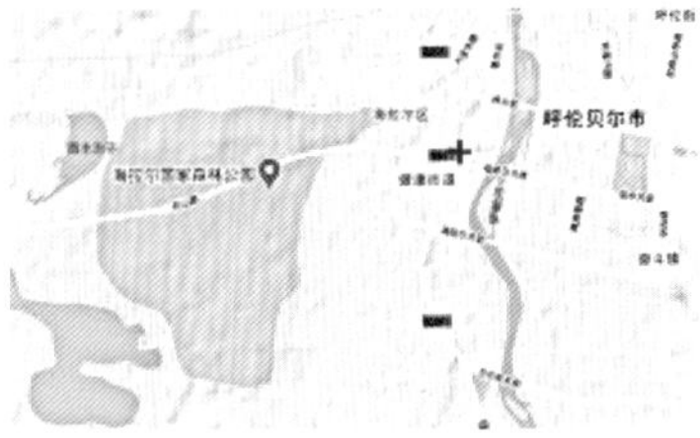	呼伦贝尔副都统衙门 伊金霍洛旗郡王府
水系较少		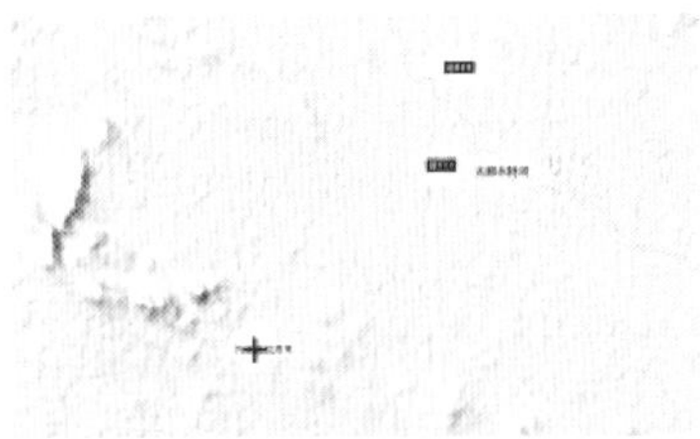	达尔罕亲王府 图什业图亲王府 苏尼特德王府

（二）文化要素

1. 礼制文化

建筑是特定时期历史文化的物化表现，内蒙古地区衙署类建筑正是清廷为安定北部边疆，对漠南蒙古地区①采取统治政策下的产物。1616年，努尔哈赤建立金国，为了统一蒙古地区，采取联姻修好的办法，清天命九年（1624年）与科尔沁部长奥巴结盟。皇太极继位后，扎鲁特、巴林、敖汉、奈曼诸部也相继投附后金。清兵入关前，漠南蒙古的绝大部分部族大多纳入清朝统治，清朝将蒙古各部分编为旗，向蒙古王公封爵、置地，以安抚民心[73]。依据清王府建筑规制，按照《大清会典》②的规定进行宅邸的建造，分别按照亲王府制、郡王府制、贝勒府制、贝子府制等对王府建筑的等级进行规制要求，对王公府第建筑规模与形制规定进行重新修订，特别是王府的形制，需严格遵守“前朝后寝”的规定建造[74]，在《清实录》与《乾隆钦定大清会典》中可以看到对崇德年间的王府制度规定：亲王府制“正屋一座，厢房两座，台高十尺，内门一重。”郡王府制；“大门一重，正屋一座，厢房两座，台高八尺，内门一重”[75]。对比不同等级的衙署类建筑布局，蒙古王爷等人与朝廷的亲疏有别、实权大小的不同以及各自财力的状况不一，在建筑空间规划、布局、装饰各方面与中原汉地官式建筑又存在一定的差别[76]。

对于公主府第的建筑规制，清代的典章制度没有明确规定。因此，公主府第建筑基本依据公主的品级封号，参照品级对等的王公府第建筑制度进行建造。并依据建筑在空间序列中的等级关系，搭配不同的建筑装饰，从而形成一种秩序严谨的建筑装饰布局形式。

衙署类建筑中鲜明等级制度，是历代统治阶级把握皇权、增强统治力的一种重要体现，其装饰形式也受礼制文化的严格限制。《大清会典》中将蒙古封爵制度划分为八个级别，并且详细规定了每个级别府邸的建筑形制，如《钦定大清律例》中规定：“三品至五品，厅房五间七架，许用兽吻，梁栋、斗栱、檐桷青碧绘饰，正门三间三架，门用黑油，兽面摆锡环”[72]。目前内蒙古地

---

① 漠南蒙古地区：漠南，或莫南一词最早出现于《汉书》，后历代沿用，至清代正式形成地理区域概念。漠南蒙古，除包括今日内蒙古自治区行政辖区外，另包括：黑龙江省杜尔伯特蒙古族自治县、大庆市等7个旗县全部或部分区域，吉林省白城、农安县等7个市县全部或部分区域，辽宁省朝阳市、建平县等8个市县全部或部分区域，河北省承德、张北等5个市县全部或部分区域，并与山西省偏关县、河曲县，陕西省，宁夏回族自治区，甘肃省威武、张掖等地为邻。

② 《大清会典》，是康熙、雍正、乾隆、嘉庆、光绪五个时期所修会典的总称，又称《大清五朝会典》。

区所遗存的衙署类建筑装饰文化都可以看出礼制文化的多方面影响。

清朝时期，对各级王府建筑的设置，从建筑布局到内部结构，都因其等第、级别、职能的不同而有很大差别。在建筑装饰方面也有具体的等级要求，如屋脊吻兽形式、屋顶瓦盖颜色、形式、门柱漆饰颜色、梁柱彩画样式、门钉个数等都有明确规定。呼和浩特的将军衙署，受礼制文化的影响十分显著[77]。

2. 民族文化

不同的地理环境、区位条件诞生了不同的民族文化，从而形成不同的文化观念、审美情趣。随着时代的发展，不同民族文化之间交流融合，产生互动。内蒙古地区典型的蒙古族聚居区文化特征，以游牧文化为主体的蒙古族文化在这里占据十分重要的地位。虽然目前所遗存的衙署类建筑多为清朝“礼制”制度的产物，建造初始许多汉地工匠直接参与建造，因此受满、汉文化影响显著。但其居住群体仍以蒙古贵族为主，且位于地区特色鲜明的地理环境中，不可避免地兼具蒙古族审美、信仰等文化特征。不同民族文化体现在衙署类建筑中，往往通过建筑装饰题材、色彩、形式等方面得以展现。

二、衙署类建筑装饰形式

内蒙古地区衙署类建筑装饰形式：首先，建筑载体由于建筑功能、构件材质的差异，同时兼顾受众视觉中心的影响，装饰形式会呈现复杂与简单、粗犷与细致的差异性；其次，内蒙古地区衙署类建筑装饰是以我国传统建筑形式为依托，装饰部位主要包括：屋顶装饰、梁枋彩画、柱饰、门窗装饰以及墙面装饰等方面。

（一）屋顶装饰

内蒙古地区衙署府第类建筑依据等级，屋顶形制分为三种，大多数为硬山式屋顶，部分出现悬山式屋顶、卷棚屋顶，建筑屋顶铺瓦均为青灰色筒瓦。

屋顶装饰主要位于正脊和垂脊部位，正脊处雕刻龙纹（图 2-3-2）、植物纹（图 2-3-3）。图什业图王府和伊金霍洛旗郡王府的正脊雕刻龙纹，四子王旗王府正殿以及将军衙署西跨院建筑屋顶设置脊刹（图 2-3-4）。

图 2-3-2　龙纹脊饰

图 2-3-3　植物纹脊饰

图 2-3-4　中间置脊刹与莲花纹雕饰

内蒙古地区衙署府第类建筑正吻形态各异，通过实地调研、数据归类，正吻形式归类为：张口望兽、鱼龙吻和具有地方性的正吻样式。其中，张口望兽也分为具有明显中原汉地官式等级的望兽形式，如和硕恪靖公主府厢房的望兽形式。另一种在正吻中不多见，其形态与大多建筑的垂兽形态相似。鱼龙吻主要有卷尾和鱼尾两种形式。此外，官式吻兽形式大多出现在与清廷关系密切的建筑中，如和硕恪靖公主府中轴建筑中的正吻形式。地方吻兽形式具有明显的独特性和单一性，一般只存在于个别建筑之中，鲜有与其他建筑交集的现象（表 2-3-2）。此外，屋顶中脊兽样式受到礼制文化的影响与制约，位于中轴线上的建筑及主体建筑正吻寓意的形制高于厢房、配殿正吻形制。

屋顶吻兽样式　　表 2-3-2

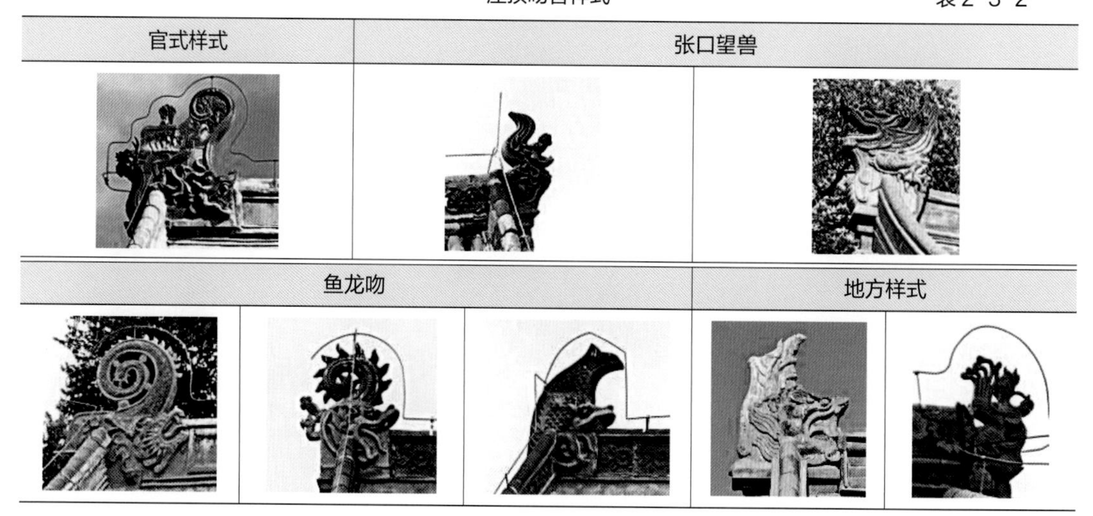

建筑屋顶的垂兽主要有两种形式：一种为官式或类官式样式；另一种为张口望兽样式，但仅在部分建筑中出现，并且正吻与垂兽同时出现（表 2-3-3）。

屋顶垂兽样式 表 2-3-3

官式、类官式样式		张口望兽	

垂脊走兽的设置数量根据建筑的等级来确定，排列形式为前方设置骑鸟仙官，其后跟随对应数量的走兽，部分建筑做法会取消骑鸟仙官的设置，而每只走兽的样式与排列顺序相对固定。阿拉善王府出现不同于传统走兽的动物样式，苏尼特德王府则均为端坐的马形走兽（表 2-3-4）。

垂脊走兽 表 2-3-4

骑鸟仙官 + 传统走兽	传统走兽	地方走兽	马形走兽

建筑屋顶瓦当滴水做法与中原汉地基本相同，但在装饰样式上有所差异。瓦当多用兽头或莲花纹装饰，滴水大多为植物纹装饰，其中以瓦当为兽头、滴水为莲花纹的组合最为常见（表 2-3-5）。

瓦当滴水 表 2-3-5

龙纹瓦当与凤纹滴水	兽头瓦当与叶脉纹滴水

兽头瓦当与莲花纹滴水 1	兽头瓦当与莲花纹滴水 2

续表

莲花瓦当与莲花纹滴水	兽头瓦当与莲花纹滴水 3 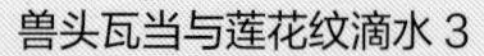

（二）梁枋彩画

内蒙古地区衙署府第类建筑是中原汉地官式建筑的类型性植入，衙署府第类建筑梁枋装饰与中国传统建筑梁枋装饰极为类似，主要表现在梁枋彩画装饰方面，彩画类型延续传统建筑彩画，以和玺彩画、旋子彩画、苏式彩画三种形式为主，旋子彩画居多，和玺彩画的运用较为稀少，仅在阿拉善王府迎恩堂、图什业图王府福安堂、喀喇沁亲王府文庙和武庙建筑中出现，苏式彩画主要运用于内院或室外长廊之中，表达浓郁的生活气息。

和玺彩画的枋心为龙纹，藻头绘制凤纹或卷草纹，盒子内绘制龙纹或凤纹，部分彩画则没有盒子；旋子彩画的枋心有龙纹、凤纹、锦纹、卷草纹等，其中对龙纹和锦纹相结合的龙锦枋心的使用最为普遍，为适应藻头部位的长短不同，会适当采用一整两破、加一路、加两路、喜相逢、勾丝咬等构图形式，盒子多绘卷草、植物、龙、凤等纹样，部分彩画无盒子；苏式彩画主要以枋心式、包袱式、海漫式为主。包袱式苏式彩画以植物题材和山水题材为主，包袱边为烟云包袱五色粉退晕，端头设软、硬卡子；枋心式苏式彩画主要绘制植物题材和山水题材纹样，端头设软、硬卡子，但也有特例，四子王旗王府的枋心式苏式彩画出现龙凤纹样；海漫式苏式彩画以瓜果等植物题材为主（表 2-3-6）。

梁枋彩画　　表 2-3-6

彩画类型	彩画样式
和玺彩画	

续表

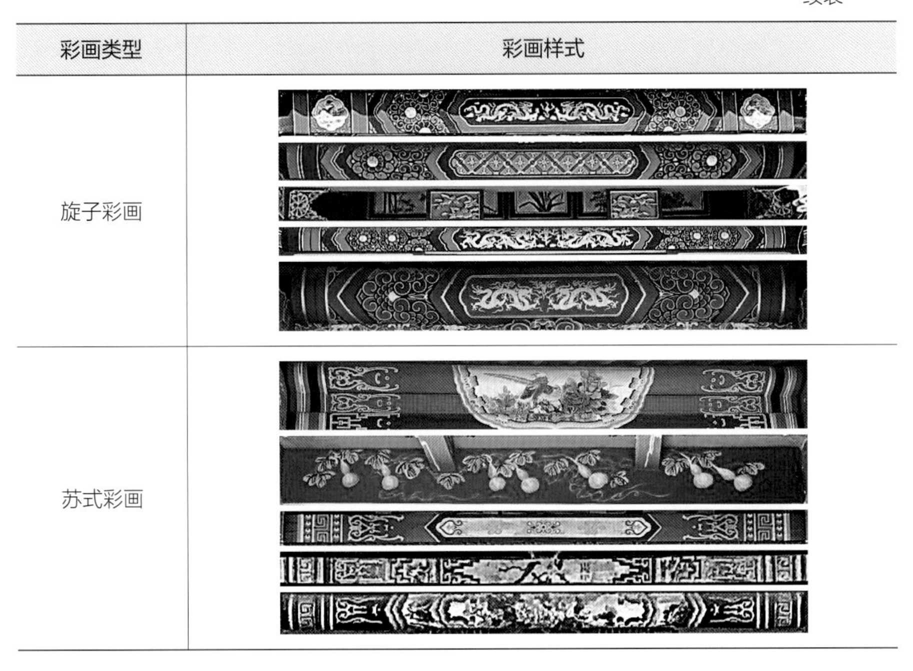

彩画类型	彩画样式
旋子彩画	
苏式彩画	

檐部的椽头包括飞子、椽子两部分，飞子大多绘制万字纹，少量绘制亚字纹。椽子以虎眼纹为主，也会运用栀花、花草、福寿等装饰纹样。和硕恪靖公主府中轴线上建筑椽子的虎眼图案做点金处理，与建筑主人身份、地位直接相关（表2-3-7）。

椽头装饰　　表2-3-7

椽头装饰样式	椽头装饰示例
万字纹 + 虎眼纹	
万字纹 + 栀花纹	
万字纹 + 福字纹	
万字纹 + 寿字纹	
亚字纹 + 虎眼纹	
亚字纹 + 花草纹	

（三）柱饰、雀替

内蒙古地区衙署府第类建筑柱子形式较为统一，由柱头、柱身、柱础三部分组成。柱身大多施绘红色，没有装饰内容，柱饰主要位于柱头部分。柱头装饰主要绘制栀花或条状箍头线，部分建筑柱头装饰出现如意头、卷草纹、回纹等纹样（表 2–3–8）。柱础为石质柱础，有方形、圆形、鼓形，大多没有装饰（表 2–3–9）。

柱头装饰　　表 2–3–8

栀花纹	回纹	条纹	卷草纹	如意纹

柱础装饰　　表 2–3–9

方形柱础	圆形柱础	鼓形柱础

雀替装饰以卷草纹、牡丹、菊花等植物纹样为主，部分雀替饰有金色边框，图什业图王府建筑雀替采用盘肠纹进行装饰，是地域文化的体现（表 2–3–10）。

雀替　　表 2–3–10

卷草纹	牡丹纹	盘肠纹	竹石纹

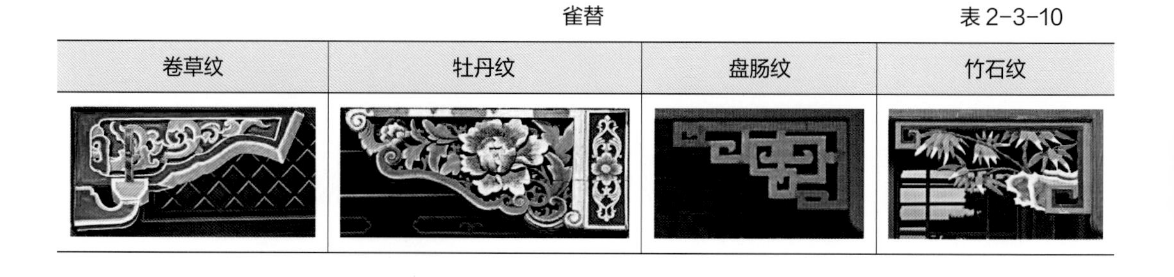

（四）门、窗装饰

我国传统建筑院落大门同样受礼制文化约束，具有等级象征意义，体现在色彩、门钉数量等方面。内蒙古地区衙署府第类建筑院落大门主要施红色，只有将军衙署府门为黑色，这与将军衙署建筑功能有着直接关系。大门上置鎏金铺首，同时依据主人的官阶品级设置相应数量的门钉，亲王府为纵七横九共六十三颗，郡王府为纵七横七共四十九颗，和硕恪靖公主府品级等同郡王府（表2-3-11）。

院落大门　　表2-3-11

“纵七横七”门钉布列		“纵七横九”门钉布列	
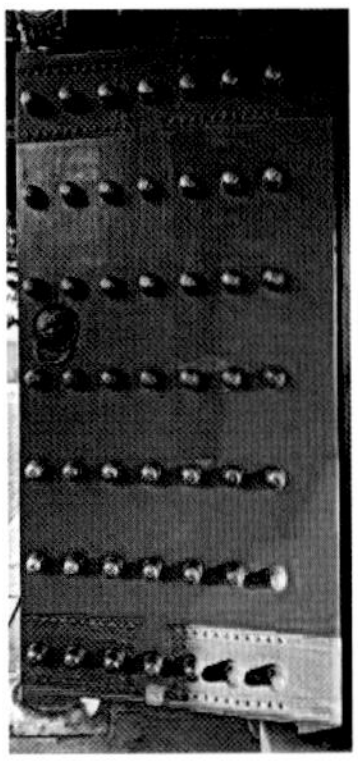	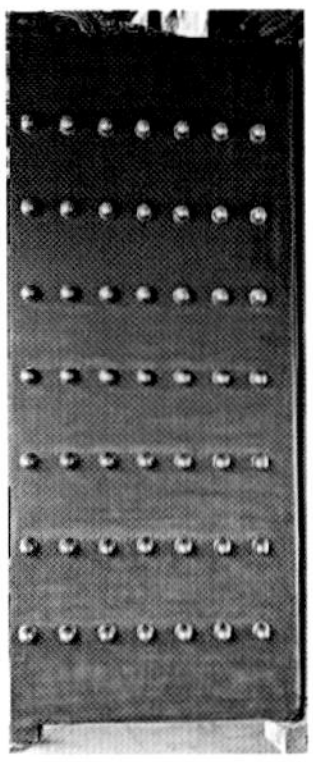		

建筑中门、格栅窗样式基本保持一致，格心样式同样受建筑等级限制，主要有正方格格心，包括正置和45°斜置两种形式，多置于形制高的建筑及中轴线建筑中。步步锦、灯笼纹、万字纹、套方等传统格心样式在其他建筑中都有出现，也有民族文化特色的盘肠纹格心出现在衙署类建筑中，奈曼王府仪门采用了钱币纹格心样式，算是孤例（图2-3-5、图2-3-6）。格栅门裙板装饰以如意头纹样居多，偶有出现团花、寿字等装饰纹样（表2-3-12）。

格栅门格心与裙板　　表2-3-12

格心	正方格	正方格	套方	灯笼纹	三交六椀菱花	正搭斜交	步步锦	灯笼纹
裙板	如意纹	如意纹	如意纹	寿字纹	团花纹	如意纹	如意纹	无纹饰
格栅门样式								

图 2-3-5 盘肠纹、万字纹格心

图 2-3-6 钱币纹格心

（五）墙面装饰

内蒙古地区衙署类建筑墙面装饰主要集中于墀头和影壁、廊心墙部位。硬山式建筑中，墀头是装饰的重点部位，通过浮雕、透雕的工艺做法，将吉祥寓意的图案雕刻在盘头部位。内蒙古地区衙署府第类建筑墀头做法主要有两种：一种是盘头下方层层外挑，与上端砖板相连的清式做法，装饰内容主要集中在盘头部位；另一种是出现在山西晋商大院的地方做法，盘头下方紧接须弥座，须弥座分上、下枋和中部束腰部分，装饰内容集中于束腰处。墀头的装饰题材以吉祥寓意题材为主，代表美好心愿，包括龙、鹤、鹿等动物题材以及莲藕、桃子、卷草等植物题材（图 2-3-7、图 2-3-8）。

图 2-3-7 清式做法墀头样式

图 2-3-8 山西地方做法墀头样式

衙署府第类建筑墙面装饰主要位于影壁、廊心墙以及立面墙，以砖雕形式出现。位于内蒙古鄂尔多斯市伊金霍洛旗郡王府墙面装饰最为典型，其他建筑鲜有出现，墙面装饰题材包括：动物、植物、几何、宗教等题材纹样（表2-3-13）。

墙面装饰　　表2-3-13

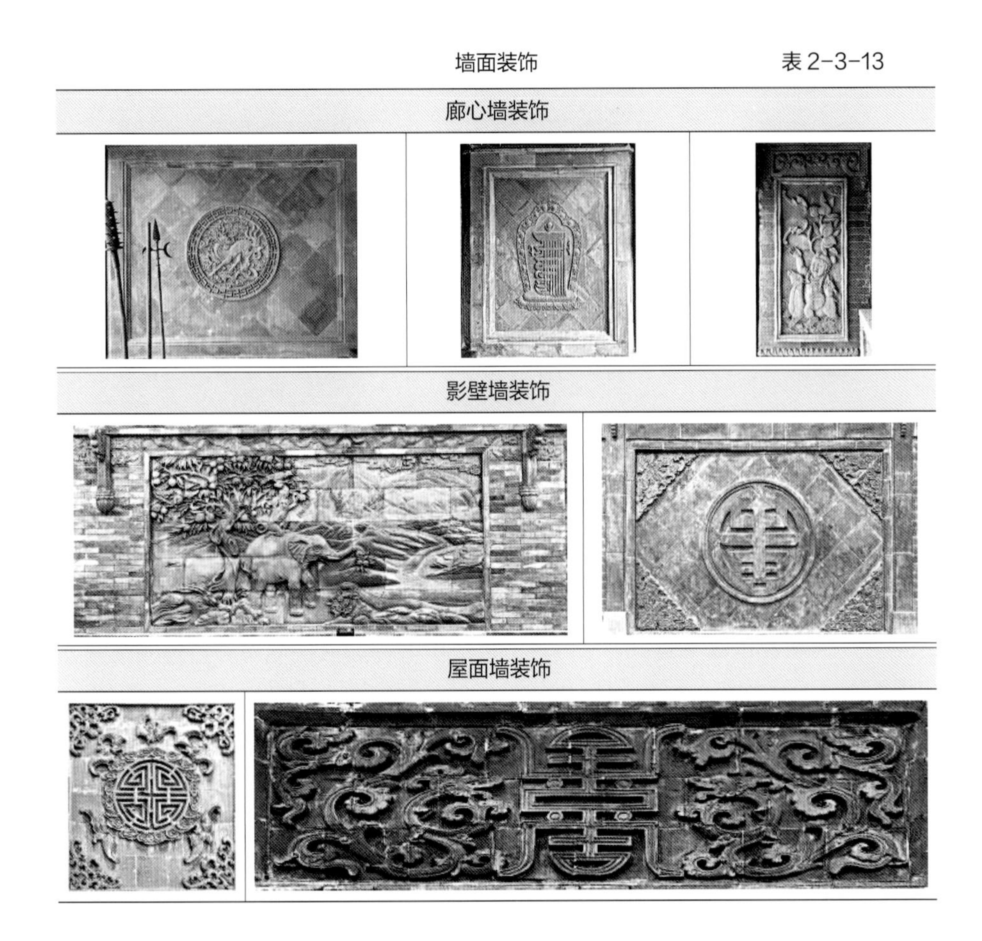

三、衙署类建筑装饰文化结构

基于以上分析，衙署类建筑装饰文化整体系统中，各层次文化对于装饰内容的形成具有不同的意义与作用，形成了文化间基础、核心、点缀的文化结构关系。

（一）泛等级制度文化为基础

泛等级制度，源于“泛制度化倾向”，认为众多现象源于制度或体制[①]。本书借用“泛等级”一词借以表述封建社会时期，社会文化制度影响的广泛与彻

① 华凤. 对泛制度化倾向的几个认识[N/OL]. 北京日报，2013-5-13［2020-07-01］.

底。内蒙古地区的衙署类建筑多为集行政办公、居住生活为一体的建筑群，受统治者颁布的严格等级法令影响，无论是建筑装饰的形式、用色还是题材，都是等级制度下的产物，并作用于内蒙古地区大部分衙署类建筑，建筑装饰中呈现出形式统一的装饰特征。

对比阿拉善盟额济纳旗王府与赤峰市喀喇沁王府，两处建筑地处不同区域，相距较远，地理环境及人文环境差异显著，但却因等级文化因素而呈现出建筑装饰的等级文化同一性特征。喀喇沁王府建筑规模大、规格等级高，其中等级最高的建筑议事厅是一座面阔七间的硬山式建筑，建筑屋顶正脊两侧为口吞形吻兽，尾上翘、背插剑靶、后面加背兽造型（图2-3-9），垂脊上五对走兽，是王府等级及地位的象征。王府府门饰纵七横九数量的金色门钉装饰，与亲王府规制相一致。位于内蒙古阿拉善盟额济纳旗王府，正堂为三开间建筑，屋面布灰瓦，屋脊砖雕装饰，屋顶走兽置三对，整个建筑简洁。额济纳旗王爷府在建筑及装饰形制上，体现了礼制文化内容，但值得注意的是，额济纳旗王府院落二进门的一殿一卷式垂花门样式，丰富了建筑群落的整体文化氛围，增加了建筑韵律中的变化，而垂花门的大式做法，更是等级文化的形式表达（图2-3-10）。

图2-3-9 喀喇沁王府正脊鸱吻

图2-3-10 额济纳旗王府垂花门造型

（二）植入型汉地装饰文化为核心

清廷采取的封爵与联姻制度，促就了蒙古贵族、满族公主频繁往来于北京与蒙古地区，大量的汉族工匠被下嫁的公主带入此地，成为衙署建筑的主要建造者。此外，考虑到地理位置因素，大多数衙署类建筑位于蒙古族、汉族居住区的交界处，也是汉族人口迁入的主要地区，大量的汉族文化被带入内蒙古地区，许多汉族装饰题材被广泛应用在内蒙古地区的衙署府第建筑装饰中。以上所述因素都促进了汉族文化与蒙古族文化的交流融合，并且这种交流融合在衙署建筑装饰中得以体现，如汉族文化中带有美好寓意的蝙蝠纹、牡丹纹、荷花纹、龙纹、凤纹等装饰纹样在建筑装饰中十分常见。

位于乌兰察布四子王旗王府是典型的中原汉地建筑风格。王府呈中轴对称式布局，正厅为硬山式建筑，屋顶前后坡布灰瓦，瓦当滴水绘制形似“猫头”造型的装饰，每当雨水从屋檐流下时，就会形成“猫头滴水”的奇异景观。王府窗格栅为汉族常见的铜钱图案，窗隔板应用福、禄、寿、喜题材作装饰，将我国传统建筑文化通过建筑形制与装饰内容一并进行表达[78]。

建筑彩画是官式建筑装饰文化的重要组成内容，也是体现建筑文化相关内容的重要方面。内蒙古地区的衙署类建筑彩画形式以我国官式彩画为蓝本，加入地方式装饰题材、色彩，融合为地方彩画表现形式。依据旋子彩画构图规制，将体现蒙古王爷身份、民族的装饰内容，带有吉祥意义的花草图案等置于构图形式中，充分体现出汉族文化对其产生的深刻影响[79]。

（三）原生蒙古族装饰文化为点缀

原生蒙古族文化在内蒙古地区衙署类建筑装饰中的影响虽不及汉族、满族装饰元素显著，但受到内蒙古地区源远流长的游牧文化、蒙古族民族素养的追求等多方面的影响，使得蒙古族装饰题材、内容、手法在衙署类建筑装饰文化中占据重要地位。衙署类建筑装饰在蒙古族传统图案的使用、常用色彩的搭配等方面，体现出蒙古族人民豪迈、豁达的性格。位于鄂尔多斯市伊金霍洛旗郡王府，建筑装饰形式通过砖雕做法进行表现，将蒙古族传统纹样与砖雕工艺相结合，将装饰纹样表现为豪放的视觉效果。蒙古族人民崇尚自然，敬仰“长生天”，对“圆形”的崇尚表达“原始信仰”内容，具体装饰形式中将装饰图案适合于“圆形”规制内，出现了如圆形团寿纹等样式（图 2-3-11）。此外，藏传佛教文化在蒙古族民众中的重要地位，反映在衙署府第类建筑装饰中表现为相应文化题材装饰元素的应用，如代表藏传佛教文化的吉祥八宝图案、六字梵文图案、“堆经”装饰样式等（图 2-3-12）。

图 2-3-11　圆形团寿纹

图 2-3-12　砖雕堆经

第四节 宗教类建筑装饰

内蒙古地区宗教类建筑无论从数量还是影响方面，藏传佛教建筑都占有重要的地位，具有突出的地域性特征，同时也是内蒙古地区建筑装饰发展水平的集中体现。因此，本书以内蒙古地区藏传佛教建筑装饰为例进行研究。

内蒙古地区藏传佛教建筑是本地区重要的历史文化遗产。藏传佛教自13世纪传入蒙古草原，经过历史的发展延续，自明末始至清代，成为西藏地区以外藏传佛教建筑分布最广、数量最多的区域。藏传佛教建筑在草原地区的传播、定型，客观上促进了草原游牧生活向定居生活的转变，是区域内城市、聚落格局和固定式建筑"原型"生成的文化印证。学界对藏传佛教建筑进行了包括历史考古学、建筑遗产、营造技艺与建筑文化等领域的研究工作[80-81]。针对内蒙古地区藏传佛教建筑相关研究包括系统调研、测绘及建筑形态演变研究[82]，藏传佛教殿堂空间形制演变及比较研究[81]，建筑范式文化特质研究[83]。藏传佛教作为一种宗教文化，与宗教活动实践相联系，成为实体化行为方式[84]。作为承担宗教文化活动物质载体的藏传佛教建筑，仅依靠建筑布局、外形本身进行文化的表达是远远不够的，建筑系统中的装饰内容是构成建筑文化性格的重要方面[85]。内蒙古地区在较短的历史时期，集中完成大量藏传佛教建筑的植入和定型，同时形成基于不同建筑形式的装饰体系，装饰内容与形式在传达宗教文化、塑造宗教建筑空间氛围等方面发挥着重要的作用，是宗教文化空间叙事的媒介。

公元7世纪，佛教传入我国西藏地区，公元10世纪中叶后期形成藏传佛教①[86]。17世纪上半叶，清廷对内蒙古地区采取"以黄教柔顺蒙古"的统治政策，在蒙古地区（主要为今内蒙古地区）极力推广藏传佛教[87]。多方因素推动下，内蒙古地区出现了大量的藏传佛教寺庙。据文献考证[88-93]，至17世纪，内蒙古地区藏传佛教寺庙近3000座。藏传佛教在内蒙古地区发展过程中建立了庞大的寺庙集团，作为宣扬教义文化的空间场所，形成了具有宗教文化氛围的景观空间。

---

① 藏传佛教：或称藏语系佛教，又称喇嘛教，是指传入西藏的佛教分支，主要流传于我国西藏、青海、内蒙古等地区。

一、宗教类建筑装饰文化构成

（一）环境要素

内蒙古地区的自然地理空间环境及基于狭长形区域形态形成的地理区位关系是本地区藏传佛教建筑装饰文化景观形成的环境基础。

1. 自然地理空间环境

自然地理空间环境是宗教文化景观产生、发展的基本物质条件[94]。作为佛教文化景观系统中的物化形式——佛教建筑，建筑空间布局与自然空间环境之间存在必然联系。内蒙古地区位于蒙古高原，平均海拔约1000米，区域范围内自然地理空间环境以高原、丘陵、平原空间形态为主，据此生成开敞的平坝、平原空间，较为开敞的平顶空间，依山体走势的错落空间等自然空间环境，建筑与自然空间环境之间生成平坝、居顶、依山三种空间叠加关系，为内蒙古地区藏传佛教建筑装饰景观布局提供了生境基础（图2-4-1）。

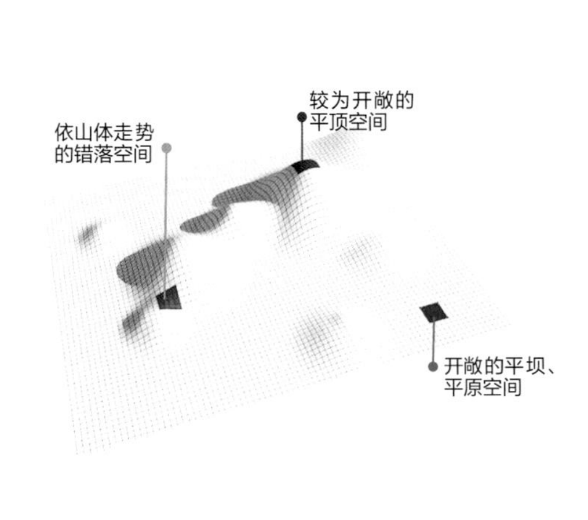

（a）自然空间环境

（b）依平原空间布局

（c）依平顶空间布局

（d）依山体走势布局

图2-4-1　自然空间叠加与建筑布局形式

2. 近地域性环境辐射

从地理位置、宗教文化源地以及文化传播等因素分析，内蒙古地区属于藏传佛教文化边缘区，表现出渐弱的宗教文化特征，这一文化现象既符合文化传播理论的“距离衰减规律”，也因其主体文化的渐弱性而较易受到近地域文化的辐射性影响。因此，内蒙古地区藏传佛教建筑除了受到西藏、甘肃、青海地区以及北京、承德地区藏传佛教建筑文化的直接影响外，更有来自邻近汉地建筑文化对其产生的辐射性影响，近地域性特征凸显[28，68]。

内蒙古鄂尔多斯地处内蒙古、山西、陕西交汇处，区域内建筑及装饰形式受到周边区域文化影响，鄂尔多斯地区召庙建筑形式及装饰样式呈现出山西、陕西两地建筑的整体及细部特征：位于鄂尔多斯市准格尔旗准格尔召建筑形式为汉藏结合式，但建筑山墙处墀头上身与盘头连接处采用了砖雕形式进行装饰，殿堂内梁枋彩画在构图、色彩、纹样方面吸纳了山西地方彩画元素；海流图庙位于鄂尔多斯市乌审旗，与陕西相邻，海流图庙的释迦牟尼殿为窑洞式建筑，是西藏地区所没有的建筑景观形式。

（二）文化要素

1. 宗教文化

宗教文化在影响人们心理、行为的同时对建筑文化景观有着潜移默化的作用，装饰作为建筑的文化表达媒介，其形式必然与宗教文化相关联。藏传佛教文化主要体现在寺庙僧伽组织、佛教仪轨等方面。不同佛教仪轨形式所需空间不同，进而形成了以佛教仪轨文化为依托的各类宗教空间，这一点对于藏传佛教建筑形式及建筑艺术影响很大。图案是符号化的宗教文化，具有指向性意义。“莲花”具有佛教中说法的寓意，“象”谐音“降”，寓意降生。佛教建筑通过图案符号意义的所指表达佛事、教义相关宗教文化内容。藏传佛教文化体系中，色彩也被制度化，例如黄色在藏传佛教中代表格鲁派，象征着尊贵和神圣，是宗教权利和地位的体现[95]。

此外，内蒙古地区藏传佛教文化一方面继承了来自藏传佛教文化核心区的文化思想，另一方面也有内蒙古地区原始宗教文化与蒙古民族祭祀文化活动的保留与杂糅。宗教活动除讲经、灌顶、法会、绕行外，敖包祭祀、祖先祭拜等民族文化活动融合为内蒙古地区的藏传佛教佛事内容。活动塑造空间，形成了经堂、佛殿、转经道、敖包、祭祀等宗教文化空间，空间承载的文化功能通过装饰介体的具体符号文化内涵进行表达。

2. 民族文化

民族文化是一个民族在地理环境、历史文化、风土人情、传统习俗、生活方式等方面的文化积淀，是文化景观中地域性文化特征的体现[82]。内蒙古地区藏传佛教建筑装饰，反映出因民族文化差异所创造的地域性文化景观特征。

在蒙古族文化中占有重要地位的“苏力德”（蒙古语音译）崇拜被引入到

本地区藏传佛教文化中，蒙古族将苏力德视为长生天赐予成吉思汗的神矛，被蒙古民族当作象征精神力量的战旗。藏传佛教传入内蒙古地区之后，苏力德作为蒙古族广大民众的精神崇拜象征以建筑装饰的形式融入藏传佛教建筑景观，成为内蒙古地区藏传佛教建筑中草原游牧民族文化的精神象征。在文化景观塑造中，按照苏力德的组织排列形式、规制大小、位置关系，组织形成具有民族文化意义的景观空间（图 2-4-2）。

图 2-4-2　民族文化意义的空间场所

3. 历史文化

文化景观是地域文化在时间上继承的景观表现，包含特定区域有关文化传播、扩散、形成与发展的历史“时序”。内蒙古地区范围辽阔，历史文化悠久，本地区一些召庙的创建史折射出内蒙古地区地域文化的变迁，记录了藏传佛教代替本土宗教形态及汉传佛教的文化历程，是具有历史文化印证的景观形式。位于内蒙古东南部赤峰市喀喇沁旗龙泉寺，始建于辽代，为汉传佛教寺庙，元、明、清时期寺庙繁荣鼎盛，并在清朝时期改为藏传佛教寺庙。在龙泉寺景观中既能看到典型的汉式风格建筑形式，又可以看到藏传佛教礼佛空间；既有建寺时遗存至今的石狮雕塑，又有浓厚的藏传佛教宗教文化氛围。将龙泉寺的历史文化进程表现为建筑装饰物化形式，形成了具有“时序”的文化景观。此外，在自然历史演进过程中，不可抗拒的自然侵蚀造成的装饰破损，形成了建筑装饰历次修缮而重叠出现的历史痕迹，同样是构成文化景观的重要内容。

4. 制度文化

藏传佛教在内蒙古地区的传播大多是自上而下的传播路径，历史上从蒙元时期的发端、北元时期的再次兴起到清朝的极盛时期，政治因素起到了重要的推动作用，在建筑与装饰形制中体现出政治因素影响下形成的“礼制”文化特征。以内蒙古呼和浩特大召大雄宝殿为例，大召是内蒙古地区第一座藏传佛教寺庙，有着极高的宗教地位。清崇德五年（1640 年），清太宗时期重修大召，并赐名“无量寺”。康熙二十四年（1685 年），清廷在大召设立了喇嘛印务处，管理呼和浩特地区喇嘛与召庙事务。至此，大召受到从上至下的崇拜与礼敬。康熙三十六年（1697 年），对大召进行扩建，将大召大雄宝殿屋顶覆上“礼制”等级极高的黄色琉璃瓦，大雄宝殿屋脊正中设金色宝瓶，屋脊两侧设吻兽，是汉式较高“礼制”形制的体现（图 2-4-3）[96]。大雄宝殿整体建筑通过色彩与样式等装饰语言，营造出相应等级的“礼制”氛围。

（a）大召大雄宝殿

（b）屋顶宝瓶

（c）鸱吻

图 2-4-3 呼和浩特大召建筑装饰

藏传佛教建筑自存在起就肩负着供奉佛像、举行佛教活动等宗教文化功能，并具有严格的宗教文化制度。建筑空间服务于各种佛事活动，并通过具体装饰形式特征与之相适应。在召庙的平面布局中，形成以大经堂（大雄宝殿）为中心的布局形式，在装饰上通过佛教题材的装饰图案与带有佛教寓意的色彩关系，营造出肃穆、庄重的礼仪氛围；僧侣用来斋戒的“斋戒殿”，在殿门两侧绘制面目狰狞的护法佛像，在众信徒心目中威严、震慑力极强，佛殿内天花上则绘有金刚杵图案，起到约束行为的心理映射作用。格鲁派为了有效地传播宗教信仰理念，非常重视宗教教育，出现了学问寺①，召庙内分别按照各学部研习内容的差异，建造相应的学部所在地。各学部建筑中通过内外檐装饰内容，例如装饰图

① 学问寺：此类召庙的主要任务是研究、学习藏传佛教教理、教义，丁科尔扎仓（时轮学部）是专门研究藏传佛教时轮学，即天文、历法、数学等科目的学部；满巴扎仓（医学部）是主要研究藏、蒙古医学理论及医学技术的学部。参考：长尾雅人．蒙古学问寺 [M]．白音朝鲁，译．呼和浩特：内蒙古人民出版社，2004.

案题材、装饰壁画题材及内容的异同进行建筑功能的区分，而这些“一切工程合乎律藏，一切壁画合乎经藏，一切塑像合乎真言”[86]。

二、藏传佛教建筑装饰形式

内蒙古地区藏传佛教建筑形式包括藏式、汉式、汉藏结合式三种（图 2-4-4）[97]。作为装饰的载体，不同建筑形式是影响建筑装饰的重要因素。因此，内蒙古地区藏传佛教建筑装饰因载体形式的差异，而呈现出装饰的不同形式。

（a）藏式

（b）汉式

（c）汉藏结合式

图 2-4-4　内蒙古地区藏传佛教建筑形式

（一）屋顶装饰

内蒙古地区藏传佛教建筑在敕建背景的影响下，形成了大量的汉式殿堂建筑形式，建筑屋顶形式及装饰样式依据建筑等级差异而不同，位于中轴线的大雄宝殿，建筑屋顶形式多为重檐歇山顶，等级较高的建筑屋顶覆黄色、绿色琉璃瓦，屋顶正中装饰藏传佛教典型饰物宝刹、宝瓶或祥麟法轮；位于中轴线两侧的建筑屋顶多为硬山式屋顶，覆灰瓦，屋顶造型及装饰简洁，与主体建筑形成建筑形制及视觉观感上的对比。屋顶装饰主要位于正脊、鸱吻、垂脊、瓦当滴水（图 2-4-5）。

正脊装饰以砖雕工艺刻绘与佛教文化相关的装饰内容，包括植物纹样、动物纹样、梵文，植物纹样以忍冬纹居多，忍冬纹虽从西方佛教文化传入我国，但其与内蒙古地域文化有着千丝万缕的联系，经过长期的文化融合及形态适应，已经成为内蒙古地区藏传佛教建筑装饰中的重要装饰内容。位于正脊两侧的鸱吻是汉式建筑屋顶的重要装饰内容，其装饰原型来源于中原汉地官式样式，但在内蒙古地区汉式召庙建筑中出现了形式变体，包括鱼龙吻、

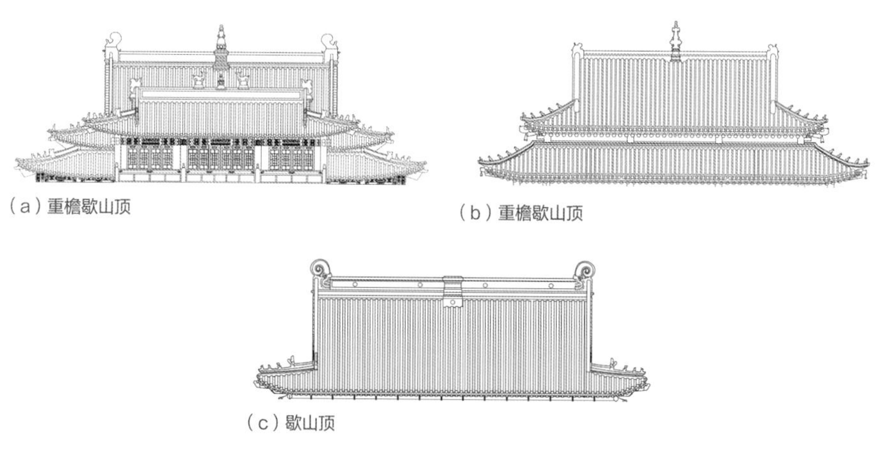

图 2-4-5　汉式召庙屋顶形式

兽头吻以及官式变形样式[①]（图2-4-6）。汉式建筑屋顶滴水的装饰内容较为丰富，题材类型涵盖植物类、动物类以及吉祥寓意类（图2-4-7）。植物类中应用最多的是莲花纹，沿袭了佛教发源地的佛教文化内容；动物类题材主要有龙纹、凤纹，是跟随中原汉地建筑文化一并传入内蒙古地区的文化形式；吉祥题材寓意类题材包括寿字纹、梵文、哈木尔云纹，吉祥寓意题材更能体现内蒙古地区建筑装饰艺术文化的多元包容性（图2-4-7）。

图 2-4-6　汉式召庙屋顶鸱吻样式

图 2-4-7　汉式召庙屋顶瓦当滴水样式

① 屋顶鸱吻样式为地方做法时，依据样式特征进行命名。

相较于汉式建筑屋顶，藏式建筑屋顶装饰较为简洁，屋顶为平顶，顶部不设金顶，外墙使用砖进行砌筑，表面材质肌理较为细致，屋顶檐口处沿用西藏地区边玛墙饰形式，但工艺做法进行了地方化改良。边玛墙上饰以鎏金铜饰，并装饰单层或多层檐板，檐板上施绘吉祥八宝题材图案。屋顶正中置祥麟法轮、三叉戟、经幢、风马旗等装饰。可见，内蒙古地区藏式建筑在沿袭西藏地区文化的过程中，对建筑装饰进行了在地性适应，出现了蒙古族文化元素及藏式形式简化与装饰材料就地取材的现象（图 2-4-8、图 2-4-9）。

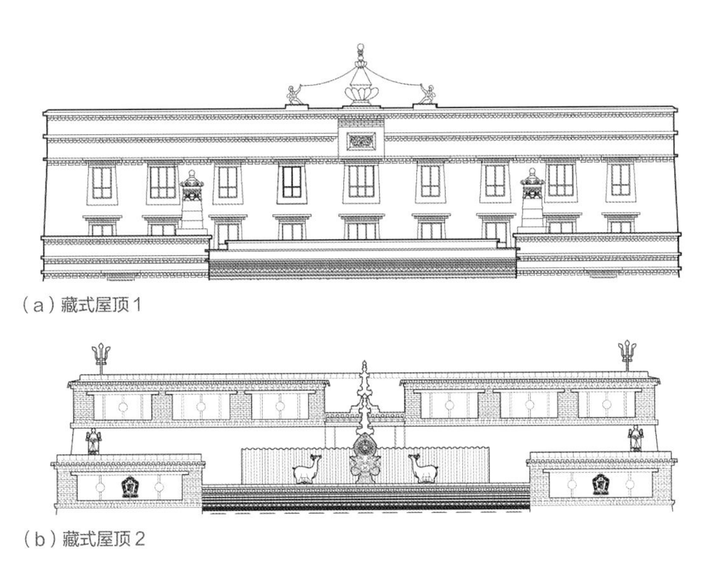

（a）藏式屋顶 1

（b）藏式屋顶 2

图 2-4-8 藏式召庙屋顶形式

（a） （b） （c）

图 2-4-9 藏式召庙屋顶装饰细部

（二）梁枋彩画

建筑屋面装饰主要体现在梁枋及柱式彩画方面，建筑彩画形式依据建筑形式的差异形成了汉式建筑彩画与藏式建筑彩画两大类。汉式建筑彩画主要依照清代官式彩画的形式特征，同时体现出地方风土彩画特色，在彩画构图、纹样、色彩方面具有显著的地域性特征。本书以内蒙古赤峰市梵宗寺大雄宝殿梁枋彩画为例，对汉式召庙建筑彩画进行分析。

赤峰市梵宗寺是目前内蒙古地区规模较大、保存较完整的召庙建筑。梵宗寺为翁牛特旗旗庙，属于北京雍和宫管辖，梵宗寺承担管理喇嘛庙务的职责，具有一定的宗教与政治地位。梵宗寺大雄宝殿的彩画虽进行过修缮，但是根据寺庙喇嘛口述，以及出现的软把子草方心头方心、烟云岔口等纹饰，发现梵宗寺大雄宝殿内、外檐仍存留部分清晚期的建筑彩画遗迹。这些彩画大多纹饰清晰，色彩依旧，形式与清代官式彩画虽存在明显的承袭关系，但受到地域因素的影响，彩画在构图、色彩、纹样等方面独具特色。

构图方面，梵宗寺大雄宝殿建筑彩画的构图方式灵活多变，统一又富有变化，既继承了清代官式彩画样式中构件间的对称与均衡构图形式，又打破了程式化的构图。在清代官式彩画中，梁檩枋部位的彩画构图划分一般以构件的长度为依据，以方心式彩画为例，方心长度为彩画长度的三分之一，其余部分各占三分之一，称为“三停”[98]。梵宗寺大雄宝殿的彩画构图明显跳脱了这一体制，彩画方心长度不拘泥于彩画长度的三分之一限定，彩画构图依据构件的长短，对箍头、藻头、盒子以及方心进行了适应性调整，形成了多种构图方式（表 2-4-1、表 2-4-2）。

大雄宝殿外檐彩画构图形式　　表 2-4-1

开间	彩画图例	构图形式
明间		双方心式
		包袱式
次间		单方心式
		双方心式
		聚锦式
梢间		双方心式
	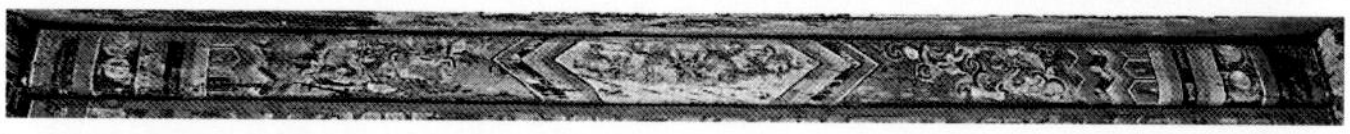	单方心式
	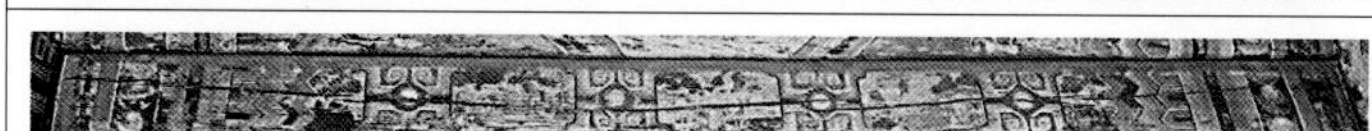	聚锦式

续表

开间	彩画图例	构图形式
尽间		单方心式
		海墁式
		单方心式

大雄宝殿内檐彩画构图形式　　表 2-4-2

方心式彩画	典型实物图例
单方心式	

双方心式	

三方心式	

纹饰方面，梵宗寺大雄宝殿彩画中突出的特征是对箍头与藻头的纹饰进行了创新。箍头的创新体现在颜色与尺度两个方面，一般彩画的一个构件中箍头颜色一样，宽度大于长度。而大雄宝殿外檐彩画中的死箍头由 2～3 个箍头组成，且箍头的颜色不同，设为青色或绿色两退晕色带，箍头正中做压黑老线，宽度基本与一条退晕色带相等，且箍头整体宽度远小于长度。内檐箍头与外檐相比，不同之处是压黑老线较细，但是有些彩画的箍头数量增加，宽度也随箍头数量发生变化。内外檐彩画的活箍头是在两个箍头中间加入连珠，各种样式的回纹组合成了多种样式的箍头。梵宗寺大雄宝殿彩画纹饰的另一个特征是题材种类丰富多样，既有龙、凤等动物纹样，西番莲、菊花等植物纹样，还有各

种样式的回纹；既有人物、山水、典故等这些传统彩画中常出现的纹样，也有一些宝珠、吉祥草等这种流行于蒙古族、满族地区的地域特色纹样；更有大量的佛教法器、梵文、佛像等藏传佛教题材的纹样。这些纹饰体现出了不同的文化内涵，隐喻着装饰传统和地域的造物观念，反映了梵宗寺大雄宝殿吸收融合了多元的文化内容（表2-4-3）。

彩画纹样（旋花）组合形式　　表2-4-3

旋花样式	典型实物图例	施绘部位
勾丝咬		梁
一整加勾丝咬		
四破		
一整加部四破		

色彩方面，梵宗寺大雄宝殿彩画的用色与清代官式彩画有一定的差异。清代官式彩画在用色方面以青、绿为主，点缀以紫色和红色，并且规定相邻构件彩画色彩进行青、绿色互调处理，包括左、右相邻开间，同一开间上下相邻构件。梵宗寺大雄宝殿彩画用色中加入了红、橙等暖色，并辅以黑、白等辅色，进行相邻图案和构件中色彩交替的“跳色”处理[99]，既是藏传佛教文化与蒙古族色彩喜好的融入，也有别于清代官式彩画的严格规制。这样多种颜色的调换使彩画的产生了更多的颜色组合，极大地丰富了彩画的颜色。对于颜色的处理还较多地使用了单色叠晕，使得色调和谐，纹样局部十分鲜明。

藏式建筑中彩画基本延续了西藏地区的藏式彩画形式，但有些构件融入了一定的汉式元素，彩画主要存在于藏式建筑构件中起主要承重作用的梁柱及门窗部分，相较于西藏地区，内蒙古地区藏式召庙建筑彩画都有所简化。整体来看，各构件彩画纹饰的变化最为复杂，许多构件彩画将汉地文化题材融入其中。色彩应用中也增加了清代官式彩画的青、绿冷色调，丰富了藏式建筑彩画用色形式，形成内蒙古地区彩画的用色规律。枋部件彩画基本延续了西藏地区的藏式彩画形式。梁彩画的风土特征最为明显，一些彩画也按照开间进行构图。托木取消了长短弓的结构，雕绘更加简洁。藏式建筑梁的装饰主要包括横梁、梁托以及横杠构件部位装饰，横梁上采用蒙古族传统纹样哈木尔云纹，有些采用宗教题材莲花或六字真言纹样，应用二方连续的构图排列方式；梁托位于柱与横梁之间，梁托上大多用云纹进行装饰，梁托中间位置放置佛像或宗教吉祥图案。此外，椽与大梁之间的横杠往往是此类建筑装饰的重点部位，并已形成相对固定的装饰排列形式，上道横杠雕刻累卷叠函凹凸方格，下道横杠雕刻莲花瓣纹样，并且都施以彩绘（图 2-4-10、图 2-4-11）。

图 2-4-10　戴恩寺大雄宝殿枋彩画

图 2-4-11　宝善寺沙布腾拉杭殿枋彩画

（三）柱饰

汉式召庙建筑中的柱由柱头、柱身、柱础组成，装饰样式沿袭汉式柱饰，柱身以圆形为主，饰红色，除鲜有柱身雕饰蟠龙外，大部分没有装饰。汉式召庙柱饰主要位于柱头部位，柱头装饰多施绘宗教文化寓意的植物与吉祥纹样，也有将藏式图案形象绘于柱头。柱础以鼓形、石质柱础为主，石刻莲花装饰，但柱础大多没有装饰内容（表 2-4-4）。

汉式建筑柱饰　　表 2-4-4

柱饰部位	装饰样式
柱头	
柱础	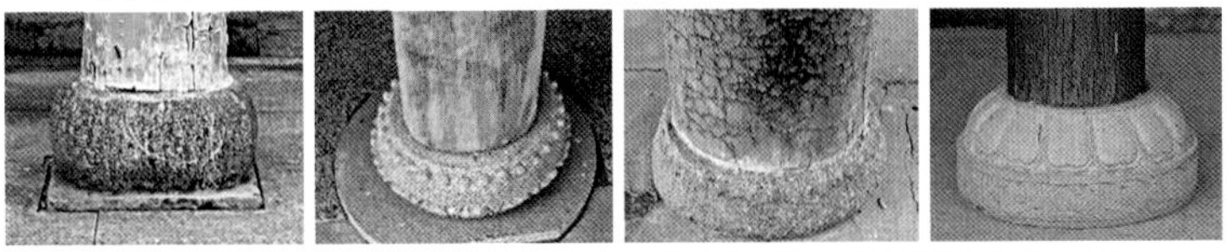

藏式建筑中柱由柱础、柱身、柱头、栌斗及托木组成，柱头多采用雕刻手法，刻有六字真言、莲花瓣图案，等级较高的殿堂柱饰十分精美、讲究。柱身为方形或多菱形，略有收分，与藏式建筑母体相呼应。柱身上部彩绘或浮雕莲瓣及垂铃式图案，图案视建筑形制，繁简不一。柱础多为石质，施刻莲瓣图案，较西藏地区的藏式建筑柱础，内蒙古地区藏式建筑柱础大多尺度较小，因而在长期风蚀损坏的基础上，柱础大多不太突出，有些甚至接近消失。托木中央雕绘佛像或梵文，两端绘适合于托木形态的云纹变形纹样，装饰饱满。在柱头与柱身之间进行过渡衔接，刻有简化了的长城箭垛图案（图 2-4-12）。

图 2-4-12　藏式召庙柱饰形式

（四）门、窗装饰

汉式召庙窗格栅样式基本延续汉地传统木构建筑窗格栅样式，包括典型中式样式：三交六椀菱花格心、双交四椀菱花格心、套方格心、龟背锦、冰裂纹、工字纹等；类中式样式：正搭斜交方眼、正搭正交方眼、步步紧、灯笼纹、直棂窗、花边菱形、扇形圆形组合等；地方样式：盘肠纹、直棂配菱形纹、正搭斜交配圆形、海棠纹等装饰样式（表 2-4-5）。

汉式召庙窗格栅样式　　表 2-4-5

窗格栅样式	实例
典型中式样式：三交六椀菱花格心、双交四椀菱花格心、套方格心、龟背锦、冰裂纹、工字纹等	

续表

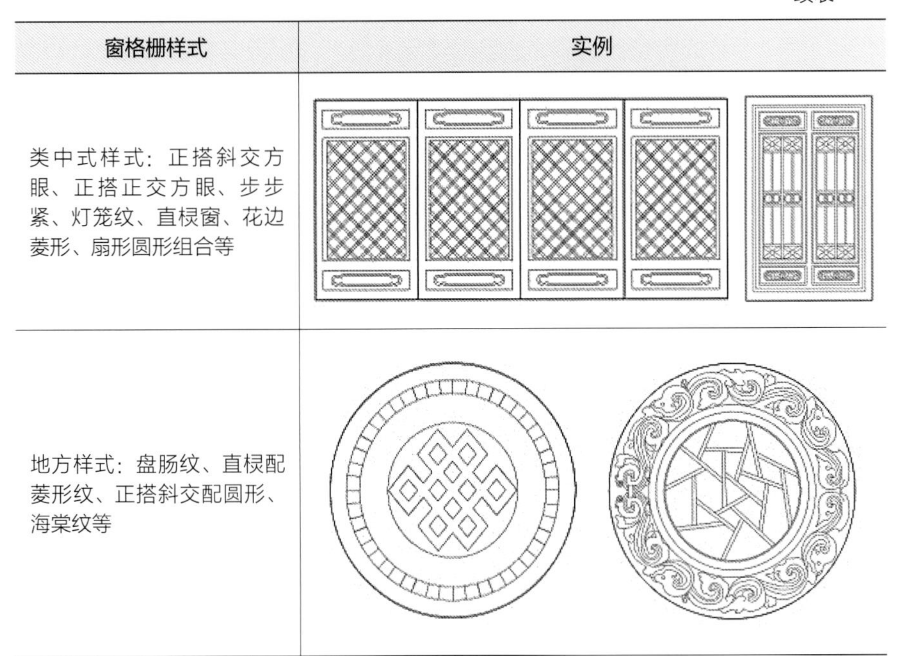

窗格栅样式	实例
类中式样式：正搭斜交方眼、正搭正交方眼、步步紧、灯笼纹、直棂窗、花边菱形、扇形圆形组合等	
地方样式：盘肠纹、直棂配菱形纹、正搭斜交配圆形、海棠纹等	

藏式召庙殿堂门装饰十分讲究，门框装饰复杂，大多由六至七层门框构件层层相套，逐层退阶，每层构件上都刻有宗教题材的装饰图案，门扇饰红色，门扇上的装饰形式与功能相结合，主要包括用来加固门扇的金属条、门钉，用来开启门扇的门环及门环座。藏式殿堂开窗较小，装饰较为简洁，窗周围刷饰黑色边框，视觉上与藏式建筑的白色底色形成鲜明的层次，窗外边缘由下至上略有收分，这一形状的寓意为“牛角”，这与藏族图腾“牦牛”有着必然的联系，在建筑移植到内蒙古地区的过程中，其形式进行了适应性更新，窗上檐处增加了出挑的雨篷，用藏式彩条布围进行围裹，十分醒目，也是本地区藏式建筑窗部位最典型的装饰（图2-4-13）。

图2-4-13　藏式召庙门饰

（五）宗教行为构筑物装饰

宗教行为构筑物是指基于宗教文化及仪式内容，形成的具有某种宗教内涵且在人体视阈范围内，以独立形式出现的物质实体。在宗教建筑环境中，宗教行为构筑物既是建筑环境的重要组成部分，又具有抽象、独立的文化特征，主要包括：敖包、转经筒（转经道）、风马旗等。

敖包，是用土、木、石堆成的堆状物，蒙古语意为“堆子”。敖包的由来及其在蒙古族文化中的寓意在第四章进行详述，这里主要将敖包作为藏传佛教的重要宗教仪式构筑物进行详细分析。西藏地区藏传佛教素来有祭祀玛尼堆的宗教习俗，藏民崇拜自然，崇拜巨石灵石，垒石成堆，进行精神和情感诉求的表达。蒙古族的敖包与藏族的玛尼堆无论是形式还是精神寓意抑或其起源都极为相似，加之藏传佛教与萨满教的相互融合，内蒙古地区的敖包代替了玛尼堆，成为内蒙古地区藏传佛教的重要宗教行为构筑物。蒙古族原始的敖包一般多用石头、树枝垒砌成堆状物，形式较为粗犷、自然，藏传佛教传入内蒙古地区后，在喇嘛教的影响下，敖包形式也有所改变，形成了蒙古地区召庙环境中特有的敖包形式：敖包多建于平地上，以石头为主要材料，筑成三层或多层环叠状，呈向上逐渐收缩状，敖包顶部置嘛尼杆，上面悬挂或缠绕风马旗。在内蒙古不同区域，基于地域文化背景差异的影响，敖包的形式及装饰也有差别，内蒙古呼伦贝尔、赤峰地区敖包多为圆形穹顶，敖包东、西、北侧分别立三根刻有蒙古族图腾图案日、月、云的桅杆，桅杆与敖包间使用五彩绸带连接，上面装饰风马旗；内蒙古鄂尔多斯地区的敖包前放置风马旗旗台及佛龛与香烛台以备供奉。此外，敖包在整个召庙布局中的布置形式也构成以敖包为界限的景观形式，主要有敖包布置在召庙周围，较为典型的是位于内蒙古包头市的梅力更召，召庙东、西、南、北四个方向各有一个敖包，四个敖包的形式及祭祀含义不同，因而四个方向的敖包形制及装饰也有差别；其次还有将多个敖包集中聚集在一起的布置形式，敖包数量数十个不等，但不同数量代表的宗教寓意不同，较为常见的有十三敖包，排列形式以藏传佛教的重要图示曼陀罗为“原型”，将最大敖包置于中心位置，视为藏传佛教宇宙观中的须弥山，其余敖包分布在周围代表围绕须弥山的十二大部洲，敖包上饰有各种藏传佛教彩旗，围合出典型的宗教行为景观场所（图 2-4-14）。

转经筒，又称“嘛尼”经筒。在藏传佛教中用来诵经、祈福，将经文放置在“嘛尼”经筒中，每转动一次，相当于念诵经文一次。转经筒分为手摇式和固定在轮架上两种形式。无论哪种类型，转经筒本身的结构形式基本一致，都是将经文放在经筒中，经筒上有可以转动的轴，在外力作用下，经筒会带着内部的经文转动起来。经筒做工十分讲究，质地有金、银、铜等，主体呈圆柱形，上面刻有六字真言、鸟、兽等代表宗教寓意的图案，有些经筒上还会镶嵌

(a) (b) (c) (d) (e)

图 2-4-14　宗教构筑物敖包

珊瑚、宝石以作装饰。内蒙古地区召庙中，有各种大小形式不同的转经筒，有些是单个转经筒独立放置在寺庙入口或山门内，形成以转经筒为中心的转经空间，信徒绕转经筒一圈后进入召庙内部空间，更多的形式是将转经筒围绕殿堂内部诵经空间或在殿堂外围排列一圈，形成转经甬道，众多信徒绕甬道顺时针方向依次转动转经筒，并向前行进，是藏传佛教召庙中的重要宗教行为场所。以转经筒为基本元素围合成的信仰空间，结合转经筒自身精美的形式，构成了召庙中的重要装饰文化形式。

三、藏传佛教建筑装饰文化结构

通过对内蒙古地区藏传佛教建筑装饰文化构成及装饰细部分析，依据建筑装饰文化构成、文化景观"氛围"尺度范围及与受众者之间关系，内蒙古地区藏传佛教建筑装饰文化呈现出尺度范围由小及大、影响路径自下而上、装饰形式由单一到多元的结构性特征，形成场所型建筑装饰文化、群落型建筑装饰文化及区域型建筑装饰文化。

（一）场所型建筑装饰文化

建筑场所是指基于宗教建筑及宗教行为构筑物，在一定视域范围内塑造的景观类型。这一类型景观空间尺度较小，与受众者关系密切，与建筑物及构筑物的形态直接相关，通过装饰题材、色彩等内容直观表达宗教文化意义，包括召庙建筑群中的单体建筑装饰内容及独立存在的宗教行为构筑物，如：经幡、佛塔、敖包、转经筒等装饰形式，场所型建筑装饰是由建筑具体装饰形式，依据建筑结构体系或建筑功能要求而形成的装饰类型。其中，单体建筑装饰形式特征及其所表现的装饰样式，是藏传佛教建筑塑造建筑文化性格、表达文化内涵的重要方面，通过建筑形体样式、装饰形式、装饰题材、装饰色彩等方面，将文化内涵与建筑实体进行融合，塑造出体现文化、地区、自然相互关系的装饰形式与内容。

藏传佛教文化从文化核心区向外辐射的过程中，藏传佛教文化及建筑特色逐渐减弱，同时与相邻区文化进行结合，在文化上呈现出过渡与融合的特征。内蒙古地区属于藏传佛教文化边缘区，藏传佛教建筑在内蒙古地区的出现、发展过程中，一方面保留了西藏地区建筑形制，同时与汉地及内蒙古地区文化相结合，形成了鲜明的地域文化特色，在单体建筑及其装饰方面特征突出。内蒙古地区藏式召庙建筑形式移植于西藏地区召庙建筑样式，单体建筑形式为藏式碉房，建筑立面下大上小，呈现明显的收分，砖石外墙白色粉饰。建筑的装饰主要出现在檐口、门及柱式上。汉式殿堂建筑形式沿用明清时期中原汉地官式建筑形制，但在内蒙古地区落地、扎根的过程中，受到宗教文化、地域文化以及民族文化的影响，在建筑形式、材料工艺、装饰样式方面不同于中原地区传统建筑形式，地域性特征凸显。藏传佛教重视佛事事项，因此在各召庙中都有进行各种宗教仪轨的相应空间以及构筑物，内蒙古地区藏传佛教宗教活动中一方面继承了西藏地区藏传佛教宗教仪式：讲经灌顶法会、绕行、跳戏等；还增加了具有地域特色的宗教行为：敖包祭祀仪式、成吉思汗祖先祭拜等。在内蒙古地区召庙中，宗教行为构筑物自身形态特征及装饰样式，构成了代表各自宗教仪轨行为特征的文化景观。

（二）群落型建筑装饰文化

内蒙古地区藏传佛教寺院是在藏传佛教后弘及以后时期建立起来的，15世纪以后，随着从噶举派衍生出的格鲁派大型经院式寺院建筑群的出现，藏传佛教寺院在形式、格局上发展成为更为庞大、复杂的经院式建筑群[100]。建筑的群落类型是基于藏传佛教建筑的空间组织形式，将宗教建筑、宗教行为构筑物等组织在特定区域环境中，而形成的有组织、多元素融合的建筑装饰文化景观，特征主要体现在空间布局和景观感受两个方面。

1. 空间布局

依据自然环境、建造背景等因素，内蒙古地区藏传佛教建筑装饰空间布局形式包括：基于“伽蓝七堂制”的“礼制序列式”空间布局形式、基于西藏地区“曼陀罗式”的“中心聚集式”景观形式以及“混合式”三种形式（表2-4-6）。位于内蒙古呼和浩特的席力图召，建筑空间布局以牌坊—天王殿—菩提过殿—大经堂—九间楼为中轴线，两侧对称排列钟楼、鼓楼、西厢房、东厢房、西碑亭、东碑亭、西配殿、东配殿等建筑，在建筑造型与装饰上采用中轴对称的手法，装饰种类与构成形式在空间关系上以中轴线为中心，由外到内的装饰规格与繁复程度都与建筑规制一致，呈现出“礼制序列式”装饰文化特征（图2-4-15）。除此之外，本地区仍有部分召庙采用藏式格鲁派寺庙布局形式，同时结合地形特征，建筑布局佛礼规制清晰，以内蒙古包头市五当召最具代表性。五当召是内蒙古地区典型的藏式召庙，系章嘉活佛属庙，以西藏扎什伦布寺为建筑蓝本。整体建筑依吉忽伦图山而建，平面布局依山地走势及建筑形制，进行组团布置，平面布局中建筑的空间关系通过建筑体量、装饰内容的差异产生空间层次。位于山顶平缓空间的苏古沁殿在五当召寺庙集团中建筑形制最高，体现在建筑单体体量大、装饰等级高且内容丰富。随着离中心距离渐远，其他建筑的形制、体量及装饰也逐渐减弱，形成了苏古沁殿统领全局的立体景观布局特征（图2-4-16）。

内蒙古地区藏传佛教建筑装饰景观空间布局类型　　表2-4-6

类型	空间布局示意	代表建筑	空间关系
礼制序列式	(a)	大召—内蒙古呼和浩特市，汉藏结合式召庙	(b) (c)
中心聚集式	(d)	阿拉善南寺（广宗寺）—内蒙古阿拉善盟阿左旗，汉藏结合式召庙	(e) (f)
混合式	(g)	乌素图召—内蒙古呼和浩特市，汉藏结合式召庙	(h) (i)

（a）席力图召平面布局

（b）位于轴线大雄宝殿建筑装饰样式（序号 2）

（c）位于轴线菩提过殿建筑装饰样式（序号 9）

（d）位于轴线两侧美代庙建筑装饰样式（序号 18）

图 2-4-15　席力图召景观布局

（a）五当召平面布局

（b）位于中心点的苏古沁殿建筑装饰样式（序号 12）

（c）紧邻中心点的喇弥仁殿建筑装饰样式（序号 6）

（d）远离中心点的阿会殿建筑装饰（序号 3）

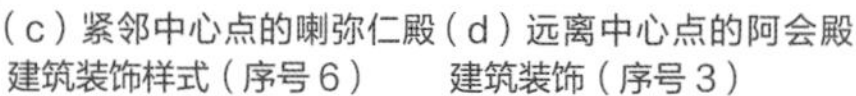

图 2-4-16　聚集式景观布局

藏传佛教建筑空间组织同样受到寺庙僧伽组织、藏传佛教仪轨等方面的影响，宗喀巴建立了严密的寺院组织机构，按照隶属关系分成拉吉、扎仓、康村等不同级别的机构。藏传佛教寺庙僧伽组织对建筑布局形式具有重要的影响，寺庙布局需要依据僧伽组织形式关系进行，并且每一级组织在整个寺庙系统中又有不同的地位，在相应建筑装饰方面也会有等级之分，表现为装饰的复杂程度、装饰题材、用色选择等方面。藏传佛教对其宗教仪轨十分重视，并有严格的规定，如佛教仪式从入殿礼仪、等级分布、法器放置，再到殿堂布置等方面，都有严格规定。此外，不同仪轨形式对所需空间有不同要求，进而形成了以藏传佛教仪轨文化为依托的各宗教空间，这一点对于藏传佛教建筑形式及建筑艺术影响巨大。藏传佛教文化内容通过图案、色彩等方式进行传意表达，这些内容成为后来藏传佛教建筑文化的重要体现。

2. 景观感受

基于特定布局类型形成的景观布局，在物质功能方面满足建筑功能要求，在寺庙场所景观研究中，既要探讨景观中的客观因素，又要讨论受众的感知层面，借助于受众者的感知层面，通过佛教文化影响下所形成的装饰景观对感官的刺激进而形成景观综合体。

建筑装饰文化是以物质载体为依托，对社会文化环境的物化体现，在文化景观内容中，需要关注“受众者”的文化感知因素，这一点也是基于在建筑装饰构成要素中对于“受众者”感受因素的关注。针对人对环境感知的相关研究，环境心理学家和景观美学研究者分别通过心理学视角与人与自然的景观美学视角两方面展开相关研究[101]。其中，景观美学（Landscape Aesthetics）领域探讨人如何感受环境中的美，构成景观美学研究的重要内容，包括主观论和客观论两种观点，分别从人的主观感受和事物的客观性两方面研究景观与人之间的关系，也有学者将主、客观论结合起来，提供一种同时考虑主观、客观因素的景观美学研究模式。以景观元素感知的视角，研究“受众者”在群落景观中的感受，也是群落景观中诸多物质要素的功能性体现。宗教建筑群落景观中，包括物化的建筑群落以及群落在受众者层面形成的主观感受，最终聚焦为“人—文化—自然”相互支撑、互为影响的有机体。

内蒙古地区藏传佛教建筑在不同的建造背景下，形成了与其文化背景相适应的建筑布局形式。组团式布局以藏地佛教文化为母体，结合建造地形情况，整个建筑群落以寺庙组织中的主体建筑为中心，其余建筑围绕其呈中心聚集的布置形式，是典型的曼陀罗布局形式的地域性衍化。在整体布局关系上，通过加大主体建筑体量，提高装饰等级，形成立体坛城的空间感受；礼制序列式布局形式，在有序的空间环境中，呈现传统礼制文化氛围。此外，将建筑装饰中色彩、题材、样式、材质等方面的装饰内容形成的基于受众者视觉、触觉、嗅觉、听觉感官系统的佛教文化感受，一并纳入空间环境。宗教文化中，色彩的意义远超出其本身，而赋予了能在受众者心中产生“共识”的象征性，空间场所中的经幢、经旗施以黄、绿、红、白、蓝五色，加之五色在藏传佛教中分别具有的象征意义，进而成为传达“道场空间文化”的物质媒介（图 2-4-17）。

（a）　（b）　（c）

图 2-4-17　五色经旗塑造文化环境氛围

（三）区域型建筑装饰文化

区域型建筑装饰文化是将内蒙古地区藏传佛教建筑置于区域环境中进行的大尺度空间思考，跨越单个文化景观区域，以藏传佛教文化的传播、发展与影响辐射范围为纽带，依托寺庙场所形成的聚落集合体，在群落布局、建筑形制乃至装饰文化特质等方面受到藏传佛教文化辐射性影响的区域范围。16 世纪初，藏传佛教在内蒙古地区的传播与发展，将其建筑文化一并带到内蒙古地区，积淀成基于特定历史背景、文化基础、地域环境诸因素影响下，具有本地区特色的藏传佛教文化景观。同时，藏传佛教建筑在内蒙古地区的广泛建立成为本地区从草原游牧文明向定居文明转化的推动力，形成了内蒙古地区以“文化”为中心的城市文化景观格局（图 2-4-18）。

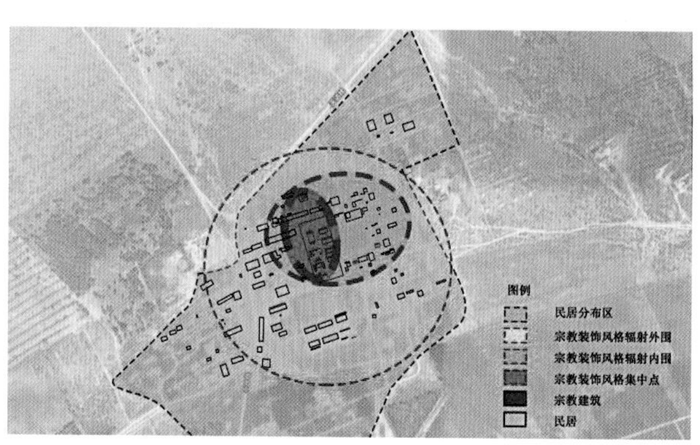

图 2-4-18　装饰文化辐射区域

本章小结

建筑的功能性类型是区别于其他类型建筑的重要方面，并直接影响其文化景观特征。本章从建筑类型的视角，探讨不同类型建筑装饰文化景观构成、表现形式，揭示出建筑装饰文化结构。前期研究中对建筑装饰构成进行分析，形成建筑装饰构成体系，并明确了建筑装饰构成要素。以此为基础，从文化景观构成视角出发，采取应用演绎法对建筑装饰文化景观构成进行更新，将其分为物质系统与非物质系统，同时对构成系统内容进行了细化。文化要素、制度要素是建筑装饰的文化内核，同时限制装饰形式，载体与环境要素是建筑装饰形成的物质基础。

内蒙古地区在历史发展进程中，逐渐形成了满足各种功能类型的传统建筑。这些建筑虽处于不同的地域空间，但其相近的功能类型，呈现出的文化景观特征同样具有典型性。本章对内蒙古地区主要建筑类型：民居类建筑、衙署类建筑、宗教类建筑的建筑装饰文化构成进行详析，探讨不同类型建筑装饰的文化构成特征及其表现形式，形成从装饰现象表征探讨其文化结构的研究路径。

内蒙古地区的传统民居类型包括适合游牧生活的蒙古包、斜仁柱，适合农耕生活的窑洞、砖包土坯房等。此外，受历史上人口迁移及周边近地域环境的影响，内蒙古地区也出现了晋风民居、俄罗斯族木刻楞、窑洞式民居、宁夏式民居等类型。内蒙古地区的传统民居装饰在多样的自然环境与悠久的人文底蕴双重条件下，形成了极具地域特色的装饰文化和文化间核心、主导、补充的文化结构关系。

内蒙古地区分布着一定数量的衙署类建筑，属于官式建筑类型。衙署类建筑发源于中原汉地，因此，中国传统建筑的布局、功能及主流审美是内蒙古地区衙署类建筑装饰的重要“原型”，加之内蒙古地区的地理区位及游牧文化历史，使得本地区衙署类建筑出现晚于中原汉地，且与中原地区官式建筑又有所差别，构成了特有的建筑及其装饰文化形式，形成了文化间基础、核心、点缀的文化结构关系。

内蒙古地区藏传佛教建筑装饰文化是基于物质系统与非物质系统构成要素，形成于特定环境中的文化景观形式。依据文化景观构成要素及建筑装饰文化景观“氛围”尺度范围及其与受众者之间关系等差异，内蒙古地区藏传佛教建筑装饰文化呈现出场所类建筑装饰文化、群落类建筑装饰文化及区域建筑装饰文化的结构特征。

内蒙古地区传统建筑装饰承载了北方游牧民族从分散到统一，再到与中原文化相互交融的历史，滋养出丰富、包容的建筑装饰形式与内容，这些形式与内容交集于内蒙古地区传统建筑装饰的文化变迁过程之中。文化变迁关注时间向度文化内容的增加或减少而引起文化的改变，文化变迁过程中，既有因量的积累、扩大而形成文化的循序发展，也有因部分质变因素的出现，促成文化的突变式进程。内蒙古地区传统建筑装饰的文化变迁过程是基于装饰艺术文化与建筑文化双重历史演进线索下展开的，具体演进过程中也会出现两者在本地域相互交集后的共同历史演进过程。文化变迁的动因、过程、规律构成本书的研究关键。本章通过探讨内、外因素驱动下，时间维度中内蒙古地区传统建筑装饰文化的历时性过程与规律，研究思路为：探讨哪些因素驱动了建筑装饰的文化变迁，在驱动因素作用下建筑装饰文化进程及规律如何。

第三章

内蒙古地区传统建筑装饰文化历史变迁

第一节 传统建筑装饰的文化变迁驱动力

建筑装饰文化变迁，看似众多偶然历史机缘的相互汇聚，其实质是以建筑装饰文化特质为基础，在建筑装饰物质、文化、精神等层面，在驱动因素影响下形成的历时性发展过程。内蒙古地区建筑装饰的文化变迁是在经历内生驱动与外源驱动双重作用下，发生的一场跨越民族、区域，影响范围广泛、文化成果丰硕的历史性文化运动。

一、文化变迁的内生驱动力

文化变迁的内生驱动力，是文化发展的内在机制。内蒙古地区传统建筑装饰的文化变迁内在原型与驱动，需要追溯到大漠南北广阔的蒙古高原环境下孕育而生的北方诸多游牧民族文化，本地区装饰文化是在传承、沿袭游牧民族文化的基础上逐步成型的。

（一）建筑装饰的文化内生原型

1. 本地民族文化

在古代，蒙古部族统一北方游牧民族诸部族后，逐渐强盛、繁衍至今，在继承诸游牧民族文化的同时，逐渐形成蒙古族自身的文化内容，包括：礼制文化、禁忌文化、祭祀文化等，是构成本地区传统建筑装饰文化的重要文化原型。

首先，来源于蒙古族生活礼仪的礼制文化内容，是内蒙古地区建筑装饰文化的重要组成部分。蒙古族的典型居住建筑蒙古包，是蒙古民族文化的集大成者，从蒙古包的选址、布局到内部区域划分，都是蒙古族礼制文化的外化表现。蒙古牧民在营盘选择时，需要充分考虑建筑朝向与环境，一般将蒙古包朝向东南，包前如能有河流或蜿蜒的小路经过，则被认为是吉祥的区位。蒙古包内部空间秩序与布置方面，遵循“西为贵”的礼制原则，具体表现在形制较高的古列延布局中“西为尊”、牧民浩特布局中“西为长”等方面。蒙古包内圆形空间通常被划分为西北、西南、东北、东南、中央五个区位，不同区位具有相应区位属性与家庭分工，中央为火撑区，它的由来是蒙古人对火的崇拜[102]，西北方设置神位，用来摆放佛像等。蒙古族民众将太阳升起的地方视为吉祥如意，因此，蒙古包包门朝向东南方向开启，也可以起到防止草原西风吹入蒙古包内，具有防寒保暖的作用，是对自然环境适应的经验总结。蒙古包虽然为移动式住宅，但是内部布局形式及装饰内容都以其民族礼制文化的内容被固定并延续至今。蒙古族婚礼①也是体现民族文化礼制的重要内容，在婚礼仪式进行过程中，迎亲马队必须顺时针方向绕蒙古包三圈，然后停在铺着白色地毯的蒙古包入口[103]。婚姻礼制文化约束下的行为内容，体现在蒙古族的居住文化、蒙古包空间布局形式以及蒙古包的装饰色彩形式中。

其次，蒙古族有其完整的禁忌文化内容，主要体现在对数字和色彩的禁忌与崇拜方面。蒙古族认为数字“九”具有重要意义，认为“九”是广阔、幸福、长寿等吉祥的象征，在蒙古族传统建筑的装饰中亦可看到对“九”的崇尚。蒙古族牧民居住的蒙古包前立“玛尼宏”，由三叉铁矛以及悬挂其上的五彩小旗构成，上面印有九匹骏马的图案，蒙古包的房椽也是由九九八十一根支撑材料组成。蒙古族崇尚白色，他们认为白色代表着圣洁，据《蒙古秘史》记载：蒙古族崇拜的动物图腾以白色为主，而其日常也同样喜欢白色坐骑。我们看到蒙古包也以白色为主色，一方面与环境等因素有关，另一方面便是出于对白色的推崇[104]。

最后，蒙古族有祭天、祭祖的传统祭祀礼仪。苏力德祭祀是蒙古族十分重要的祭祀活动。蒙古族文化中，苏力德代表战无不胜的战神，是战争与力量、和平与权威的象征。在内蒙古地区，苏力德以民族精神文化的象征物被流传至今，同时也是内蒙古地区建筑装饰的典型民族文化符号。

2. 原始宗教信仰文化

内蒙古地区是一个多民族、多宗教文化共存的地区。萨满教产生于母系氏族社会，在内蒙古地区阿尔泰语系②诸民族中长期盛行，是北方游牧民族最为古老的原始“巫”教，直到奴隶社会时期成熟，并逐渐由自发性原始宗教转变成“人为宗教”的整体性宗教世界观[105]。萨满教因其没有特定的信仰体系，在不同文化传统下其行为方式会有所差异，因而也可视为一种文化现象。萨满教通过崇拜内容与祭祀仪式，表达其宗教崇拜内容。蒙古族延续了萨满教的祭天、祭火等原始宗教仪式，并与后来传入的宗教文化进行了融合。

---

① 内蒙古地区地域辽阔，因而蒙古族婚礼仪式多样。其中，鄂尔多斯婚礼尤为典型，已流传近 800 多年，以其独特的蒙古民族文化特色而闻名于世，2006 年被列为国家非物质文化遗产。鄂尔多斯婚礼发源于古代蒙古，形成于蒙元时期，《蒙古秘史》中对蒙古族婚礼的产生有着详细的记载，如今蒙古族婚礼发展成一种礼仪化、规范化、风俗化的民俗文化，成为蒙古族极具代表性的文化元素。

② 阿尔泰语系（Altaic Languages），别译阿勒泰语系，取名自西西伯利亚平原以南的阿尔泰山脉，最先由芬兰学者马蒂亚斯 · 卡斯特伦提出，包含 60 多种语言，分布于中亚及其邻近地区，分为突厥语族、蒙古语族、通古斯语族。

蛇是萨满教重要的图腾崇拜，同时也是蒙古族早期装饰图案的原始形态，在发展过程中还出现了带犄角的蛇等多种造型[46]。萨满“巫师”服饰上装饰了大量“蛇”造型的图案样式，通过绳编的手法编织成辫子形状，象征“蛇”的造型，粗细各异，布满服饰。此外，鸟羽、鹰、火焰以及“寿”字等造型在萨满服饰上都有出现，配以鲜艳的色彩（图 3-1-1）。进而，在蒙古族原始宗教文化的发展过程中，创造了蒙古族的原始美术，出现了蒙古族早期图案样式，成为蒙古族今天装饰艺术发展的渊源。

图 3-1-1　萨满巫师服饰[106]

蒙古族的“博”文化与北方游牧民族所信仰的“萨满教”原始形态都是经过自然崇拜、图腾崇拜和始主崇拜的发展演变过程而形成的宗教信仰模式，对蒙古族生产生活及民族审美方面产生了重要影响。“翁贡”是蒙古族祭拜的“神”，由木或毡做成，悬挂在帐壁上，进行祭拜，在发展过程中这些信仰形象成为蒙古族传统图案的前身，并绘于丝绸及毛毡上，悬挂在蒙古包内，以供祭拜。

蒙古族的“敖包”文化是早于“博文化”的更为古老的原始信仰母体文化。“敖包”由蒙古语音译而来，意为“堆、孤立的山包”。借助文献研究与田野调研了解到，敖包是由数量众多的大小石块堆成的石头堆，并在堆顶上插上繁茂的桦树或柳树的枝条，形状有圆锥形或方形，尺寸高矮不等（图 3-1-2）。对于敖包的由来之说众多，但大多归结于符号意义与祭祀意义两个方面，也是蒙古族早期“崇山文化”和“崇树文化”意识的实物例证。

（a）草原上的敖包

（b）草原上的敖包祭祀活动

图 3-1-2　敖包

蒙古族“敖包”信仰意识形成与发展过程中，产生了蒙古族自身民族艺术形式的雏形：敖包是一种用石块堆砌而成的圆锥形原始祭坛“形式”，在对其原型进行史料考证过程中发现，敖包的形态与我们今天还能见到的鄂温克、鄂伦春族的“撮罗子”建筑形式极为相似，“撮罗子”雏形最早出现在内蒙古阿拉善盟曼德拉山岩画中，从这一例证分析中我们可以推断“敖包”是蒙古族原始建筑形态之一，也是蒙古族建筑艺术的起源。

敖包上悬挂的五颜六色的彩布条，有代表天和水的蓝色、代表火的红色、代表土地的黄色，寓意着祭天、祭火、祭山，再插上繁茂的柳树枝叶。敖包祭祀行为中，已经显现出蒙古族古老的原始色彩意识，同时将所崇拜的自然神及动物神绘于白布上，例如：天地、山川、火、风、雨、雷等自然神及马、牛、羊、骆驼等动物神，并将绘有崇拜神形象的白布做成旗子插在敖包的石堆上，以示敬拜。这样就出现了自然图案形象和动物图案形象。以上都可以表明在蒙古族古老的敖包文化发展过程中，已经出现了蒙古族原始的美术活动及色彩意识，形成了以原始游牧民族文化为特征的蒙古族装饰雏形。

3. 原始艺术文化

岩画是人类早期记录生活现象、表达内心情感及对世界看法的重要方式。世界各地都有岩画发现，分布在非洲、亚洲、欧洲、大洋洲等。1979～1982年，联合国教育、科学及文化组织（UNESCO）统计发现全球 77 个国家的 144 个地区①都分布着数量众多的古老岩画[107]，岩画图像信息构成了研究人类历史的源泉。

① 这里所说的岩画分布地区的选择标准是数量超过 10000 幅，而面积小于 1000 平方千米的地区。

我国关于岩画的记载可追溯到《韩非子》《水经注》等文献中。岩画是人类采用图像的方式记录人类生存数万年的历史画面，为后人研究历史提供重要史实，其产生早于文字。在对现存岩画的作画条件及作画技法分析过后，可以了解到岩画是在巫术活动的动机下制作的，通过制作仪式与画面内容，成为对当时社会具有影响的社会行为[107]。原始思维认为，愿望与现实是等同的，画一幅狩猎的场景，场景中射中猎物，现实中就会实现。他们将这种期盼付之于神性，作为祭祀和崇拜的对象。因此，岩画的出现与人类的原始崇拜、信仰活动有着紧密联系，而岩画中出现的画面场景，是后期人类艺术的发源地。

陈兆复、盖山林先生将黑龙江、内蒙古、宁夏、甘肃、青海、新疆等地区的岩画归类为北方岩画。内蒙古境内分布着数量众多的岩画，按照岩画的分布区域，主要分布地有：内蒙古西北部“阴山岩画”、西南部“曼德拉山岩画”、东南部“翁牛特旗岩画”以及内蒙古乌海市境内“桌子山岩画”。

分布于阴山一带的阴山岩画数量众多、岩画题材内容丰富，是内蒙古地区岩画的重要代表（图3-1-3）。内蒙古地区阴山岩画主要形成于石器时代、青铜时代至早期铁器时代[108]。阴山地区是北方游牧民族的聚居地，从时间顺序及民族分布情况来看，阴山岩画的出现可以被视为蒙古族文明发展的见证。游牧民族生活场景是阴山岩画的主要表现内容，其中与游牧生活密切相关的牛、羊、马等动物形象在阴山岩画中占绝大多数[109]。狩猎岩画、放牧岩画也占有重要地位，是阴山地区游牧民族生产生活方式及宗教信仰的体现。此外，人物舞蹈、类人面像、星图、原始数码等题材岩画也占有一定数量。岩画中生动的形象、丰富的题材，构成蒙古族图案的雏形，同时也是蒙古族原始艺术的开端。

考古人员陆续在内蒙古境内阿拉善左旗、磴口县、乌拉特中旗和后旗等处发现了上万幅各个历史时期游牧民族遗留下来的岩画。岩画内容丰富多彩，既

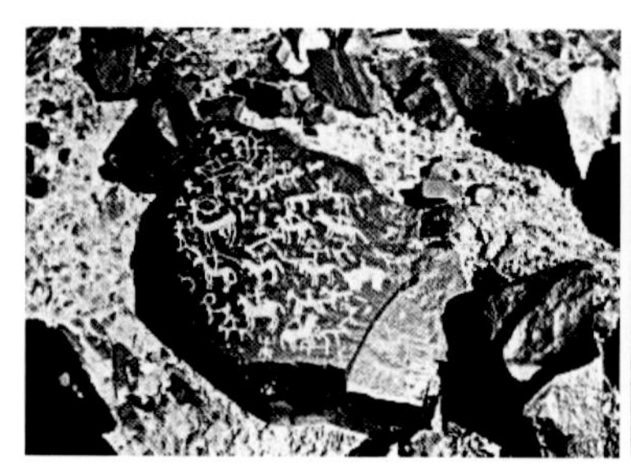

图3-1-3 发现于今巴彦淖尔境内阴山岩画

有游牧民族狩猎场景，也有以山羊、马、鹿等当时游牧民族的代表性动物题材图案，还有反映当时衣、食、住、行的场景画面，包括毡帐、磨盘、车轮等，艺术价值极高，是后续装饰艺术发展的重要源泉。

（二）内生文化驱动力

内生文化驱动力是推动文化发生改变的核心力。内蒙古地区历史文化悠久，建筑装饰文化在游牧民族自身审美意识发展、游牧社会生产力及政治文化的驱动下，发生的文化变迁。

1. 原始审美意识的发端

1978 年，内蒙古呼和浩特大窑村南山考古时发现大量石器，被认定为远古时期人类加工而成的生活器具，这也将蒙古高原的历史追溯到距今 50 万年前的“旧石器时代”。史料记载，距今五六十万年前，蒙古高原腹地就有原始人活动，在适应自然、争夺生存环境过程中，学会了制作石器、利用自然火种的本领。石器的利用，帮助他们把生食变为熟食，帮助他们抵御寒冷，帮助他们从森林野外迁到山洞[110]，也促发了原始人类的思想意识。

原始人类生产生活方式的转变促进了人类社会发展。新石器时期的到来以原始社会生产工具精细化为标志。新石器时期文化同蒙古高原人类历史发展密切相关。北方游牧民族的装饰艺术在这个时期逐渐清晰起来，内蒙古境内新石器时代的文化遗迹分布广泛，类型多样，以兴隆洼文化、赵宝沟文化、红山文化为代表。在考古挖掘遗物中，发现大量狩猎畜牧生产工具及生活用具，表明当时古人类的主要生产活动是狩猎、采集兼畜牧。考古挖掘出土的器物形态丰富，品类多样，器物表面出现了依据器物形状的装饰内容，表现出当时游牧民族的生产生活状态，同时也是蒙古高原生存环境中先民们审美意识萌发的表现。

2. 社会生产力的发轫

建筑装饰不仅是一门视觉艺术，其艺术表达形式需要通过工艺技术来支撑，因此，建筑装饰发展水平受到工艺技术发展的推动与制约。中原地区的青铜时代，始于夏、发展于商、结束于周，青铜时代的到来是社会生产力发展的重要标志。同时期的北方游牧地区在生产力发展及社会分工方面虽不及中原地区，但在青铜器的冶炼及制作工艺方面已经有了长足发展，这表明游牧社会的文明发展程度已不亚于中原农耕社会的发展程度，也进一步说明与中原地区青铜文化的密切联系和交互影响。历史上内蒙古地区早期青铜文化时期以夏家店文化时期为代表。

在挖掘过程中，根据地层叠压关系，将早期青铜文化时期细分为“夏家店下层文化”与“夏家店上层文化”。挖掘遗址中，发现了结构清晰的聚落遗址以及保留依然完整的房屋遗址，房屋形式大多为圆形平面，夯土结构，由于建筑所用的黏土材料特性，使得建筑整体面貌已荡然无存，但在生活用具等器具遗存中，陶器制法既有沿袭本地制作工艺的泥圈套接法，也有借鉴外来工艺的轮制法、模制法，并且出现了“陶鬲”这种只有北方游牧民族地区才有的器物，器物形态依据用途而丰富多变，陶制表面饰有绳纹、蓝纹、堆纹等装饰，并施以褐色、黄色等颜色，是当时生产工艺技术发展水平的物证，也可以看到这一时期北方游牧民族的装饰艺术发展水平。

商周时期的北方青铜文化时期统称为“匈奴”，匈奴时期在继承了前期文化的基础上出现更加繁荣的景象，生产技术有了更为显著的提高，反映在材料加工方面，土、木、石、铁、金、铜等材料都在手工业加工中有所应用，并且呈现出精巧、实用、美观的特点，这一时期生产技术的集中发展，极大地促进了装饰艺术的发展进程。

3. 集中政权文化的推动

历史上，蒙古草原地区发生了三次集中的政权统一运动，每一次运动都促进了本地区经济、文化、生产力水平的发展，带来文化的交流、融合，对内蒙古地区建筑装饰的文化发展形成集中推动力。

第一次，“辽”的建立。公元6~10世纪，是中原历史上的隋唐时期。此时，蒙古高原活动的北方游牧民族主要有突厥、回鹘、契丹、室韦—鞑靼等。唐中后期，契丹、室韦—鞑靼活动范围日益扩大，逐步加强了对蒙古高原地区的历史影响力，为后续辽、元政权的建立奠定了基础。

公元10世纪前后，契丹游牧民族在我国北方草原地区逐步崛起，统治时间长达219年。契丹是鲜卑的一支，隶属于东胡族系，游牧于今内蒙古赤峰市境内的西拉木伦河老哈河沿线。公元907年，耶律阿保机在龙化州（今通辽市奈曼旗）称帝，国号“大契丹”，建都城在今赤峰市巴林左旗，史称“上京”，公元947年改国号为“辽”。“辽”是内蒙古地区建立的第一个统一政权，“辽”统治阶层信仰佛教，因此，在其疆土范围广建佛塔，后人称之“辽塔”。辽代佛塔多为密檐式砖塔，是内蒙古地区留存年代最为久远的固定式建筑。辽塔的集中出现，既是本地区建筑文化发展的里程碑，又展现出集中政权文化的巨大驱动力。

第二次，元朝的建立，在内蒙古地区打开了多元文化交融的局面。蒙古草原各部进入12世纪以后，社会情况发生了很大的变化。成吉思汗率领草原蒙古部族经过数十年征战，把蒙古草原各部统一起来，统称“蒙古族”。公元1206年，建立蒙古汗国，辖域范围东至兴安岭、南邻金朝、西至阿尔泰山、北到贝加尔湖地区的广阔区域。自此，北方草原各民族群雄割据局面结束，以室韦—鞑靼为主的蒙古族雄霸草原。1271年建立元朝，蒙古地区文化和技术的影响区域突破了蒙古高原腹地，向中原地区发生扩散。元朝政府广泛吸取中原汉地及其他地区先进文化，同时继承历朝历代传统，加之元朝极力推进对外开放，这一时期出现了蒙古族文化集中、多元发展时期，丰富了北方游牧民族地区的文化内容，同时也推动了我国北方地区文化发展的整体进程。蒙古帝国时期版图覆盖面积广阔，涉猎文化丰富，但蒙古民族自身的生活习俗、生活环境，甚至居住文化等方面依旧延续原有的文化基因。

第三次，北元政权时期，开始了文化输入、融合集中期。1368年，明太祖朱元璋发兵攻占大都，战败的蒙古部落全部退居到蒙古草原，建立了北元政权（1368～1635年）。北元时期虽历时不长，却是蒙古草原地区在经济发展、对外开放方面的繁荣时期。纵观这一历史时期蒙古地区的割据局面，土默特地区阿勒坦汗势力最强，其后续历史活动加速了蒙古地区文化进程。明嘉靖年间，阿拉坦汗带领其部游牧于土默特地区，后逐渐强大。16世纪中叶，阿拉坦汗带领部下向甘肃、青海地区扩张。明隆庆六年（1572年），阿拉坦汗在土默特地区建立了“归化”（今呼和浩特市旧城区）作为领地。在与明朝通商、互市的过程中，“归化”城也逐渐发展成土默特地区的政治、经济、贸易中心，同时也成为蒙古各部的经济往来重地。此外，旅蒙晋商开始与内蒙古频繁的商贸往来，大量汉族人民移居内蒙古并在此定居，在内蒙古地区逐渐形成汉族人口聚居区，加快了蒙汉民族文化融合。据《三世达赖喇嘛传》《阿勒坦汗传》等史书记载：公元1578年5月15日，土默特部首领阿勒坦汗在青海仰华寺与西藏格鲁派领袖三世达赖喇嘛——索南嘉措（1543～1588年）会晤，这次富有重要历史意义的会晤标志着恢复中断了200余年的蒙藏关系。之后，在阿勒坦汗的大力倡导和政策支持下，藏传佛教格鲁派在蒙古地区开始了大范围的传播，同时在内蒙古地区广建寺庙，藏传佛教文化对蒙古族文化产生了重要影响。

二、文化变迁的外源驱动力

文化变迁的外源驱动力，是文化发展的外在因素。内蒙古地区传统建筑装饰的文化变迁在内生驱动的基础上，受到外来民族文化、宗教文化等影响，既加速了本地区建筑装饰文化的发展进程，也在文化迁徙、植入的过程中融合出新的文化形式。

（一）建筑装饰文化外来原型

1. 民族文化——建筑装饰文化形式

随着商贸的繁荣、城镇的兴起，汉族人口大量涌入内蒙古地区，成为推动本地区建筑装饰文化历史进程的重要因素。内蒙古地区邻近北方汉族区域的民居类型呈现多样化特征，包括晋风民居、窑洞式民居、宁夏式民居等形式，在民居的建筑装饰上体现出汉族和蒙古族交融的局面。文化交融过程中，汉族文化对蒙古族装饰艺术方面的影响极为广泛，反映在装饰题材方面，荷花、牡丹、瓜蝶、龙凤、鸳鸯等典型汉文化特色的装饰题材图案成为蒙古族装饰图案“样本”，既借用了汉文化的美好寓意[111]，也丰富了本地域建筑装饰样式。

内蒙古地区是我国满族人口数量较多的地区，区域内满族人口数量仅次于汉族、蒙古族，是内蒙古地区人口数量居第三位的民族。加之清朝时期与内蒙古地区频繁接触，因此，探讨内蒙古地区传统建筑装饰文化，满族文化的影响不能忽略。满族是一个历史悠久的渔猎民族，满族文化中的艺术特征对内蒙古地区建筑装饰文化形成了潜移默化的影响。清朝许多蒙古贵族与满族联姻，嫁给蒙古王爷的满族女子将满族文化带到内蒙古地区，对本地区诸文化产生了重要影响[112]。“口袋房”是满族民居的主要房屋形式，“口袋房”得名于房屋形状与口袋相似，现如今，内蒙古包头市地区还有拿“口袋房”命名的街巷，如“口袋房巷”。满族民居平面布局为正房三间或五间不等，中间为灶房，东、西两侧为上、下屋。在布局方位上，以西为大，建房时，先建西房，再建东房。这种建筑格局可以抵御寒冷与风雪，与内蒙古地区气候环境相适应。在追求建筑功能的同时，满族人也关注建筑艺术，在院落入口处常设“影壁”，影壁设在院门内侧中心位置，对院落内部空间起到遮挡与分流的作用，可以为人们提供一个心理上的空间界限，同时增加了建筑空间层次。影壁上雕刻精美的图案使得影壁成为满族文化艺术的载体，为整体民居增添了艺术氛围，图案所包含的寓意也寄托了人们对美好生活的愿景。此外，满族人喜欢剪纸，贴上窗花剪纸进行装饰，飞禽走兽、百草树木花卉、人物故事等都是建筑剪纸装饰的题材来源。

2. 宗教文化——建筑装饰文化类型

元朝时期藏传佛教首次传入蒙古，但此时，藏传佛教并未得到广泛传播，随着元朝的灭亡，藏传佛教在蒙古一度消失。北元时期，藏传佛教再次传入，此时受到上层统治阶层的重视而成为蒙古重要的宗教文化内容。藏传佛教是中国佛教的组成部分，属藏语系佛教，内蒙古地区称其为“藏传佛教”。藏传佛教历史悠久，在发展过程中形成了自己的文化特点。

藏传佛教有其系统严谨的宗教文化体系，主要体现在寺庙僧伽组织、宗教仪轨等方面，按照隶属关系分出不同级别的隶属机构，包括：拉吉，即大经堂或正殿，是全寺活动的中心；扎仓，属寺庙的管理机构；康村，是寺庙的基层组织[86]。藏传佛教寺庙僧伽组织对建筑布局形式具有重要影响，寺庙布局需要依据僧伽组织形式关系进行布置。藏传佛教对其宗教仪轨十分重视，并有严格的规定，如佛教仪式从入殿礼仪、等级分布、法器放置，再到殿堂布置等方面，都有严格规定。此外，不同仪轨形式，所需空间也有不同要求，进而形成了以藏传佛教仪轨文化为依托的各宗教空间，这一点对于藏传佛教建筑形式及建筑艺术影响重大。此外，藏传佛教文化通过图案、色彩等方式进行传意表达，这些内容成为后来藏传佛教建筑文化的重要体现。代表藏传佛教文化意义的装饰图案内容丰富、形式多样，有大象、狮子等动物题材，宝珠、金刚杵、佛教“八宝”以及密教的“六字真言”宗教题材。装饰图案是宗教文化寓意的形象表达，因此，每种图案又赋予宗教文化内涵，“莲花”喻示佛的说法；“象”代表着佛的降生；“金刚杵”具有降魔护法之意等。具有佛教文化寓意的图案在建筑装饰中应用广泛，柱饰、藻井、彩画比比皆是，具体应用中依据建筑空间关系、建筑构件形态产生了多种变体，人物题材图案中如天王、力士、伎乐天女等，利用这些人物形象衬托出佛界气氛。在色彩方面，色彩在藏传佛教文化体系中被制度化，不同级别建筑用色都有相关规定。唐卡是悬挂在藏传佛教建筑殿堂中的重要装饰物，凡是弘扬藏传佛教文化的区域必有唐卡，唐卡题材以佛教内容为主，主要应用刺绣工艺，形成形象庄重逼真、色彩艳丽、工艺精美的佛教装饰艺术。

此外，迁徙至内蒙古地区的维吾尔族、回族、柯尔克孜族、哈萨克族等民族信仰伊斯兰教，俄罗斯族信仰东正教，汉族以信仰汉传佛教为主。基督教在

7世纪就已传入内蒙古地区，清朝末年开始迅速发展。综上所述，内蒙古地区的宗教文化呈现出以萨满教为始，佛教为核心，辅之以伊斯兰教、基督教等宗教，从一定意义上体现出蒙古人豁达的性格，也是内蒙古地区多元化宗教信仰文化特征的体现，成为内蒙古地区建筑装饰文化的外来原型。

（二）外来文化驱动

1. 佛教文化的辐射性影响

佛教起源于古印度，东汉时期东渐至我国。由于传入途径、民族文化、社会背景的不同，在我国形成了不同的佛教体系，即汉地佛教（集中在中原地区）、南传佛教（集中在云南地区）和藏传佛教（集中在西藏地区）。魏晋南北朝处于南、北政治对立时期，佛教也随之出现区域差异。北方以中原地区为汉地佛教先行地区，长安、洛阳两地最为突出，以译经、开凿石窟为盛事。此时，北方游牧民族装饰艺术一方面继承前人的优秀成果，继续向前发展；另一方面则是受到中原地区主流文化的影响，出现了大量与佛教文化相关的装饰艺术形式，其中佛教题材与植物题材纹样发展较为突出。北魏时期，将都城从盛乐迁都平城，增进了两地之间的往来，位于今山西省大同市的云冈石窟，是这一时期形成在都城附近的佛教“圣地”，石窟中圆顶造型与戎狄和匈奴、东胡的萨满教对天体的崇拜意识具有承传关系，表现出佛教文化与北方游牧民族的文化交融。

这一时期，受到中原汉地佛教文化的影响，既丰富了北方游牧民族地区艺术文化内容，同时石窟的广泛建立，也为本地区固定建筑的集中出现带来了建造经验与技术，为本地区建筑装饰艺术的进一步发展提供了契机。

2. 民族融合的政策机缘

16世纪末，努尔哈赤兴兵于赫图阿拉（今辽宁省抚顺市新宾县）控制了女真各部。漠南蒙古封建领主率领各部，称皇太极为可汗。皇太极在盛京（今沈阳）即位，定国号为“清”。清廷为控制蒙古地区，实行盟旗制度以分化蒙古各部，至乾隆三十六年（1771年），蒙古部众纳入盟旗体制。

清初，清政权尚在关外，必须处理好同蒙古的关系，使蒙古成为清朝的北部屏障，因此，清廷对蒙古各部重用优待，组成蒙古八旗兵。清廷通过在蒙古地区派驻大臣掌管当地军政事务，推行满蒙联姻政策，将皇室公主下嫁于蒙古王公。随着八旗驻军和公主联姻一系列政治举措，大批满族家属、随从来到蒙古地区，开始修建住所，这一时期集中形成多处衙署府第建筑，同时促进了满族、蒙古族文化的融合。清朝统治者想通过藏传佛教来“柔顺”蒙古，主要通过授予掌权喇嘛高待遇与权力以及拨款修建寺庙的方式，加速了藏传佛教在蒙古地区的发展，并广建寺庙，但此时的建造活动是基于政治意图，因此，大批兴建的寺庙将中原汉地的礼制文化及清统治者的满族文化也带到内蒙古地区，加之来源于山西、河北等地的建造工匠将当地营造技术一并带来。因此，在这一时期建成的召庙建筑具有了多文化交织的建筑文化特征，同时，满族、汉族、蒙古族、藏族文化得到了空前大融合。

内蒙古地区特有的自然与文化环境是影响本地区传统建筑形式、类型及建筑装饰形式的重要因素。在漫长的历史发展过程中，内蒙古传统建筑装饰深深地印上了地理环境的烙印，这种环境下所形成的草原文化、游牧文化渗透在建筑装饰的方方面面，反映出人与自然、文化的和谐关系。而几千年来历史变迁、民族交融为内蒙古地区的建筑装饰注入新的活力，各族人民互相借鉴学习，使得内蒙古地区的建筑装饰呈现出特色鲜明、异彩纷呈的局面。

第二节　传统建筑装饰的文化变迁过程及特征

一、游牧文化时期传统建筑装饰的产生

游牧文化是指从事游牧生产的游牧部族创造的文化内容，出现时期可以追溯到旧石器时代晚期，从史前人类无意识的艺术活动开始，经历了循序渐进的历史积累过程。

（一）文化变迁过程

1. 装饰艺术的无意识缘起

人类社会进化早期，出现了与生产生活相伴的早期“艺术”。岩画是北方游牧先民从事采集和狩猎活动时，记录生活场景需求的过程中所创造的人类早期的艺术形式。在距今三万年前的内蒙古阿拉善右旗东北雅布赖山旧石器时代岩穴中，发现39个岩画手印，为黑、红两色阴形手印，经过考古判断是原始人利用鸟类的骨骼或其他管状物，将手掌压在岩石表面，用赭石粉向手掌吹喷

从而形成的岩画。在后续考古中，陆续发现了大量的手印岩画。贝加尔湖沿岸、伊尔库兹克附近和马尔塔及布列兹草地发掘的两个旧石器时代遗址中，发现了代表旧石器时期后期文化现象的岩画内容，岩画中刻有大量女人形象的小雕像[113]。

旧石器时代晚期，狩猎是人类生存的重要方式，狩猎工具的出现，新的早期氏族社会的形成，自然崇拜、图腾崇拜等原始宗教信仰开始萌芽，各种石器、骨器、陶器相继出现。这些内容的出现揭示出蒙古高原地区原始人类的生存变化，这一时期出现了以狩猎、动物、工具为题材的岩画，既是对当时生存状态的记录，岩画中的图案形象也是原始人类审美的无意识表达。

阴山岩画中，对太阳崇拜的图形较为多见，呈“⊙”形。此外，代表神灵、巫师的人面像，代表天神、太阳神、月亮和星星等的崇拜物，构成这一时期阴山岩画的主要内容。巴彦淖尔市磴口县格尔敖包沟阴山岩画群中的人面天神以及莫勒林图沟太阳神图案（图3-2-1、图3-2-2），正是这种古老文化的真实记录。

图3-2-1　岩画人面天神

图3-2-2　岩画太阳神图案

旧石器时期，人类不断繁衍生息的迫切需要以及生产活动日益复杂、活动范围日益扩大，对生活住所提出需求，进而出现了原始洞室（蒙古语称为额日横格日）。据岩画记载，洞室顶部留有可以采光通风兼具入口功能的开口，形式与蒙古包天窗原型类似。类似形式在阴山岩画中多处可见，从画面建筑形式看，与后来蒙古人居住的蒙古包大体是一致的[114]，表明这一时期北方游牧民族建筑雏形已出现（图3-2-3）。

2. 装饰艺术循序累积

1）兴隆洼文化

距今8000年前的初期农业文化——兴隆洼文化，分布区域以今内蒙古赤

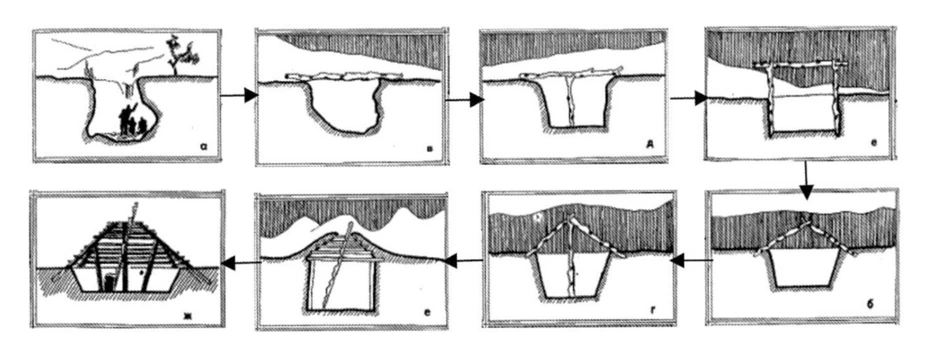

图 3-2-3　早期建筑的形成[139]

峰市敖汉旗兴隆洼遗址为中心，分布在西拉木伦河流。遗址中挖掘出的陶器上有复合压印纹装饰图案，同时发现了形似猪首蛇身的龙纹图案，图案中出现了网格纹、条纹、戳点纹等样式，并应用勾连纹填补空白，形象丰富，这一形象出现的时期视为龙的起源时代[46]（图 3-2-4）。

图 3-2-4　三灵纹尊纹饰

2）赵宝沟文化

距今 7000 年前的赵宝沟文化，分布在西拉木伦河以南，南至渤海北岸。从采集到的遗物上发现，这一时期出现了以鹿首动物纹和几何压印纹为主要特征的装饰图案，貌似鹿首鱼身的神兽图案。这一时期出现的纹样，主要用来传达精神崇拜意义，纹样表现出来的装饰性功能仅限于视觉观感，并未进行刻意追求。出土文物上鹿首鱼身的神兽纹，是当时氏族社会共同体精神崇拜物的神化形象。但在崇拜物表现过程中，逐步形成了有意识的艺术创造。通过对相关文献研究统计发现，对赵宝沟文化时期器物图案造型及题材的描述文献已有一定数量，说明这一时期装饰性图案无论是数量还是样式都有了显著的发展。

3）红山文化

红山文化是我国北方地区的新石器文化时期，因首次发现于内蒙古赤峰市红山区而得名。内蒙古赤峰市和辽宁省朝阳市是红山文化集中区域。1971 年，考古人员从内蒙古翁牛特旗采集到一件墨绿色红山玉龙，比中原文化龙图腾要早一千多年，“玉龙”的出土，将中华文明起源与红山文化联系起来（图 3-2-5）。

在对红山文化的考古发掘过程中，发现了大量的石器（打制石器、细石器、磨制石器）、陶器（纹陶、彩陶、红陶）及玉器。石器中以动物和人物塑像居多，还有用于生产劳作的器物。红山文化时期的出土玉器有动物玉器，以猪嘴龙、C形龙为代表；祭祀类玉器，以勾云形玉佩、玉龟、玉凤等为代表。红山文化玉器通体光素，没有过多的纹饰，更加注重局部的神似和整体的形似。红山文化中出土陶器上的装饰纹样无论是数量还是样式都有极大的发展，其中龙鳞纹、勾连花卉纹和棋盘格纹最具代表性。此外，菱形方格纹、平行斜线纹、同心圆纹等几何形纹饰在这一时期都有出现[115]。

图3-2-5 C形碧玉龙

此外，在发掘的红山文化遗址群的多处墙壁上绘有几何状彩色纹样图案，尤以墓葬建筑居多，表明在红山文化时期，内蒙古地区已经出现了早期的建筑装饰形式，可以视为建筑装饰的雏形。

4）夏家店下层文化

北方青铜时代追溯至距今4200～3600年前的夏家店下层文化开始，经历了夏家店上层文化时期，是与中原地区夏朝处于同一时期的北方民族文化。1960年，中国社会科学院考古工作队在刘观明、徐光翼先生的带领下，开始对内蒙古赤峰红山区乡夏家店村进行考古挖掘，据此，将文化时期命名为“夏家店文化”。夏家店文化分布范围较广，历史年代在公元前2000年～公元前1500年，跨度相当于夏至早商。夏家店下层文化时期是人类社会进入文明时代的早期文化，也是早期的青铜文化时期。从发现的石城聚落遗址及大型公共墓地遗址可以看出，夏家店下层文化时期出现了层次分明的社会结构及严格的等级制度，而这些社会文化结构也体现在当时的装饰艺术形式中。

在今内蒙古赤峰市敖汉旗大甸子墓地遗址中发现了大量彩绘陶器，这一时期出土的彩陶文物上出现的装饰图案内容丰富，不仅有动物题材，也出现了具有宗教色彩的饕餮纹、云纹、犄纹等装饰。图案组合方式也有多元变化，将图案进行同一方向的连续排列、进行纵横两个方向的连续排列、将图案适合陶器造型而进行的形态适合排列以及尊重图案本身而单独出现的形态样式等在这一时期出土文物中比比皆是（图3-2-6）。

图 3-2-6　夏家店下层文化陶器彩绘

5）夏家店上层文化

距今公元前 1000 年的夏家店上层文化，主要分布在燕山以北西拉木伦河、老哈河及大、小凌河流域，属于青铜文化时期。在发掘的遗址中除了有大量的陶器和石器工具之外，铜制品数量显著增加，是继夏家店下层彩陶艺术之后出现的青铜文化艺术时期。这一时期的装饰种类繁多、题材各异、构成形式灵活。在内蒙古赤峰市宁城县南山根出土的铜环上出现的组合图案场景，102 号墓出土的骨牌饰上饰有人物、车马以及狩猎场景，画面具体、生动地描绘出当时的社会生活场景，是一幅难得的民俗画。夏家店上层文化时期的青铜器上出现了以“蛇”为主题的装饰图案，101 号墓出土的青铜短剑柄首装饰“三蛇纠结”图案，构图丰富，这一时期出土文物的装饰题材与北方游牧民族古老的图腾崇拜有着重要渊源。此外，鸟形在夏家店上层文化装饰中也反复出现，这一现象表明，装饰审美意识已由无意识表现阶段转向有意识表现阶段。

6）北方青铜时期

匈奴时期正是北方青铜器的形成及发展时期，内蒙古地区命名为“鄂尔多斯青铜文化”，因内蒙古鄂尔多斯发现数量最多而得名。“鄂尔多斯青铜”是一种使用铜、锡合金制作的器物，造型丰富，是北方游牧民族文化遗产的重要组成部分，也是我们今天系统研究内蒙古地区装饰艺术的重要支撑。

从商代到汉代的鄂尔多斯青铜文化时期，直至春秋时期发展最为完整，也是特征形成期。从出土文物来看，出土的饰物大多为动物造型，有反映游牧生活的牛、马、羊等，有体现宗教信仰与图腾崇拜的动物形象蛇、狼、虎、鹰、鸟等，其中描绘自然界弱肉强食景象题材的动物纹饰牌的历史意义突出。在桃红巴拉和毛庄沟的考古发掘中，发现了造型丰富的短剑和铜刀，刀柄部位增加了装饰纹样。今内蒙古凉城县、崞县窑子出土的饰牌上刻有“猛虎撕咬山羊”图案，形象生动，代表鄂尔多斯青铜器造型中出现了不同动物组合的装饰形式，相继出土的还有虎与牛、虎与鹿、鹿与野猪、虎与鹰（鸟）、虎与马、虎与兽、兽与兽、豹与鹿等动物组合装饰造型，应用位移、抽象、重叠、错位等表现手法，装饰形态生动（图 3-2-7）。这一时期的建筑已无实物可考，但从装饰艺术的发展水平及应用范围，可以窥见当时建筑装饰的发展现状。

图 3-2-7　鄂尔多斯青铜器

（二）游牧文化时期建筑装饰文化特征

旧石器时期，阴山岩画中已有了装饰艺术与建筑的雏形，但由于此时是人类文明的开端，在形式功能方面以基本生存需求为出发点，装饰艺术的发展也受到生存现状的制约。

新石器时期，装饰艺术进一步发展，装饰内容与生活器具相伴出现，与陶器相结合，开始产生网格纹、条纹、戳点纹等。在发掘的红山文化遗址群中，发现了早期建筑装饰形式，兴隆洼文化时期发掘的猪首蛇体龙纹被视为迄今为止最早的龙的象征性图形，至夏家店下层文化时期装饰图案题材更为丰富，动物、植物、生活场景及图腾信仰等题材图案都以较为娴熟的手法表现出来，图案与陶器造型相结合，造型统一。可以说，游牧民族装饰艺术由此开端，发展至夏家店上层文化时期的装饰艺术是在前期装饰艺术形式基础上的集大成者，生动体现了北方游牧民族的卓越智慧及审美观念。这一时期所出现的装饰图案可以真正认为是“纹饰逐渐图案化”发展的重要阶段。纵观游牧文化时期装饰文化发展历程，装饰样式逐渐趋于丰富，主要装饰艺术特征如下：首先，纹样题材多样化。通过对出土文物中出现众多装饰纹样的样式分析中可以发现，这一时期的装饰纹样题材有描述生活场景的骑射场面、狩猎场面的图案，有反映当时崇拜、信仰的蛇、鸟等形象的宗教图案，同时还有大量美化生活的植物纹样，几乎涵盖了日常生活所见。其次，出现了多种题材组合式装饰纹样。此外，装饰纹样的造型及相互构成处理手法上，出现了将不同样式、类型纹样组合成新的纹样样式处理手法。

北方青铜时期和匈奴时期，侧重于青铜器的发展。将青铜器具、器皿与装饰相结合，注重纹样的构成形式：一方面，图案造型注重与青铜器皿造型的协调，图案的排列方式依据器皿的形态发生变化，使图案与陶器有很好的融合，不仅增加了图案的装饰性，也凸显出青铜器的饱满及华丽；另一方面，在图案的构成形式上使用了对自然物象简化、抽象、概括的造型手法。此外，出现了平面绘画线条的阴刻和立体浮雕的图案纹样构成形式。从这一时期出土陶器上装饰图案的题材、排列方式中可以看出这一时期的装饰已经是有意识的装饰行为，装饰图案的题材与陶器本身的用途十分吻合，并且具有一定的等级特征。

二、蒙元文化主导时期传统建筑装饰的发展

蒙元文化是以蒙古族文化为主导，在接受中原文化后形成的文化类型。蒙元文化时期具体指元朝时期，但蒙元文化在北方游牧民族与中原地区开始文化接触就已开始形成。因此，本书将蒙元文化主导时期向前延伸至中原文化与北方游牧民族文化的频繁交流期。

（一）文化变迁过程

1. 中原文化的传入

公元 220 年～589 年是魏晋南北朝时期，这一时期也是中国历史上民族流动、融合的集中期。此时，北方游牧民族人口向南迁入黄河流域，并先后建立政权，进而出现了“五胡十六国”的分裂局面，但也形成了多民族共同生活、劳作、生息的历史时期，为各民族文化共荣提供契机。北方诸游牧民族鲜卑族、匈奴、乌桓融合于汉族之中，增强了相互间的了解，也建立了更密切的经济、文化联系。魏晋南北朝时期北方游牧民族的装饰艺术一方面继承前人的优秀成果，继续向前发展；另一方面则受到中原地区文化的影响，出现了与佛教密切相关的装饰艺术形式。其中，佛教题材与植物题材图案的集中发展是较为突出的时代特征，北魏时期出现的莲花火焰、四灵、云纹、卷草纹、忍冬纹、缠枝纹等装饰图案，其中既有随佛教东渐而来的装饰图案类型，也有中原地区广泛流传的图案题材。此外，龙、凤、缠枝植物等题材我们在夏家店文化时期

已经看到，在这一时期有了进一步的发展。

魏晋南北朝时期石窟艺术兴盛，石窟艺术简单来讲就是佛教艺术。魏晋南北朝至隋唐时期，是敦煌莫高窟的集中发展期，敦煌莫高窟所在地是历史上匈奴等少数民族的游牧地区，这也极大地带动了民族地区建筑装饰艺术的发展进程与水平。敦煌莫高窟于公元366年开始兴建，现有洞窟492个，其中北魏石窟31个。窟内壁画中既有反映佛教内容的伎乐飞天、千佛、伏羲女娲等，也有反映北方游牧民族生活场景的狩猎、屠宰、驯马、井饮等，这些画面生动地刻画出了北方游牧民族草原文化与中原文化相互交织的景象。石窟中的天花藻井装饰，是现存有关本地区建筑装饰的较早记录，藻井装饰构图、题材以及色彩方面，已经具有成熟的装饰手法（图3-2-8）。

图3-2-8　敦煌莫高窟内天花藻井

2. 佛教建筑在本地域出现

公元907年，契丹族建立辽，辽代在装饰艺术方面不仅继承发扬前人成果，又有其自身发展领域。辽时期诸位君主信奉佛教，这一时期广建佛塔，后人称之“辽塔”，辽塔主要分布于我国内蒙古、吉林、辽宁、河北、天津、北京、山西以及蒙古国。辽塔建筑体量宏大，建筑形式成熟且形态特征显著。其中，辽塔中的装饰样式精美，装饰题材丰富，对内蒙古地区建筑装饰的发展具有重要意义，较为典型的是辽代南塔与北塔。位于今内蒙古赤峰境内的南塔，塔高25米，是典型的八角密檐塔，塔的形制为中原汉地的建筑产物，塔身装饰却融合了中原汉地文化，塔壁镶嵌云纹，塔下层嵌石刻造像（图3-2-9）；辽北塔为六角密檐式塔，塔身浮雕造像生动、丰富（图3-2-10）；辽庆州白塔，塔高50厘米，八角七层楼阁式塔，木结构建筑，由柱、斗栱、檐三部分组成，塔身由缠枝花、天王、力士像等佛教题材图案装饰，塔身砖雕精致，塔身侧面当心上部为浮雕飞天及花果盘装饰，下部为狮子造型，经幢座、砖雕飞天及窗檐等装饰，不仅装饰形式复杂，装饰技艺也达到前所未有之高度（图 3-2-11）；位于今内蒙古呼和浩特市东万部华严经塔，又称“白塔”，楼阁式砖塔，八角七层，塔高约 37 米。白塔塔基座上刻有宝相花、缠枝牡丹等精美施刻装饰（图 3-2-12）。佛教文化影响下，辽时期尽管在建筑形式上以塔幢类建筑发展较为集中，但此时依附于塔幢中的建筑装饰体系已十分完备。

图 3-2-9　辽南塔

图 3-2-10　辽北塔

图 3-2-11　辽庆州白塔

图 3-2-12　辽塔装饰

3. 建筑装饰形式发端期

1271 年，元朝成立吸收汉族文化的同时极力推行保护游牧文化及其生产方式的政令，忽必烈在位期间，广建城市、宫殿、寺庙与行宫。这一时期，本地区的建筑文化达到前所未有的高度，修筑的城市与宫殿将游牧文化与中原文化进行了集中融合，这一发展历程从某种程度上也暗示着北方游牧民族从游牧走向定居化时代的历史必然。

本书以元上都为例，对元时期建筑及装饰的发展水平进行详细论述。一方面，元代将蒙古民族文化推向了全世界，这一时期蒙古族文化在吸收北方游牧民族文化的基础上，融合了中原文化以及西方文化，可以说，将北方游牧民族的文化发扬光大，那么，在装饰艺术领域的发展水平又是怎样呢？另一方面，元代以前，游牧于蒙古草原各部族虽在历史更迭过程中，也建立统治政权，但都未真正脱离游牧民族生产生活方式，在建筑艺术方面也始终以毡帐类建筑为依托，而元代作为分水岭，真正将蒙古族的建筑装饰艺术以固定建筑为载体呈现在今人面前。

忽必烈（1215～1294年）于13世纪中叶，在蒙古草原地区建立了与元大都（今北京）遥相辉映的元上都，作为元朝“夏都”。元上都是蒙古人建立在漠南草原上的第一座都城。元上都北依龙岗，南濒滦水，属地为“四山拱卫，佳气葱郁”（见王恽《中堂事记》）的形胜之地，又名“金莲川”。元上都城垣、宫殿建筑既体现了中原汉地传统建筑风貌，又有蒙古族游牧生活特色（图3-2-13）。在城垣布局上，元上都由宫城、皇城和外城三部分组成，平面方正，城内功能布局沿袭中原汉地规制，一应俱全。城外则分布着居民，搭设有大小各异的毡帐，是元上都建筑文化中草原文化的体现，因此元上都也被誉为“第一座草原都城”。

元上都往日的辉煌我们已不能通过实物进行考证，但众多行者详细记录了元上都的历史，为我们今天研究元上都建筑文化提供了重要参考。针对元上都的建筑艺术成就，在波兹德涅耶夫著写的《蒙古及蒙古人》中有这样的描述：在石质建筑装饰里，有石材装饰的唐草花纹系、莲瓣纹系等装饰种类。外城乾元寺遗址上出现雕刻精细、造型美观的石质狮子头装饰。遗址中的瓦片有黄釉、绿釉、青釉，绘有龙、兽、鸟等题材图案的瓦当，施刻手法雄劲，尤以

图3-2-13　元上都穆清阁复原图

鸱尾最为醒目，反映出元上都建筑的华丽及元代建筑工艺水平。张郁在《元上都故城》中也提到了类似的场景：建筑屋顶装饰鸱尾、兽头等，屋顶琉璃瓦有黄、绿等颜色，胎色为赭石色。文中描述的内容在今元上都遗址博物馆中部分可见（图 3-2-14）。这些装饰内容既体现出元代在建筑装饰艺术方面的极大发展，也代表了蒙古族或北方游牧民族装饰艺术的发展水平。

（a）汉白玉螭首

（b）穆青阁琉璃建筑构件

（c）汉白玉雕龙

图 3-2-14　元上都建筑装饰构件

元代蒙古族在壁画艺术、石窟艺术、工艺美术等方面同样取得了显著的艺术成就，直接促进了建筑装饰的发展。敦煌石窟中有 9 个石窟寺是元朝期间先后开凿，石窟寺内壁画及雕塑具有浓厚的北方游牧民族文化特色，其中 61 窟中“炽盛光佛”的形象和服饰与蒙古人特征相仿，465 窟则是典型的藏密壁画，以“说法图”为主，应用藏传佛教曼陀罗形式进行室内布局，四壁绘制藏传佛教题材壁画，整体色彩以青色为主，是蒙古族色彩喜好的体现。此外，从元代壁画、石窟的艺术贡献中还可看到建筑装饰艺术方面的发展水平。位于今内蒙古赤峰市的三眼井公社发现的元代墓室壁画中留有楼阁建筑画迹，可以看到建筑券顶装饰有花形植物图案，穹隆顶上四角饰有展翅的凤凰造型，榆林（今万佛峡）地区石窟壁画中也可以看到丰富的建筑装饰。

（二）蒙元文化主导期建筑装饰文化特征

魏晋南北朝时期印度佛教在我国广泛传播，装饰题材也倾向于佛教化，如莲花火焰纹、四灵纹、云纹、卷草纹、忍冬纹、缠枝纹等佛教题材。此时，受外来文化影响，植物题材装饰的发展较为突出，常见于石窟建筑中。

辽时期，统治阶级对佛教的信奉及推广促使了佛塔在内蒙古地区出现。佛塔中将来自于印度、希腊、波斯等地的装饰文化一并带入蒙古地区，促进了蒙古文化与外来文化的融合，这一时期佛塔装饰推动了建筑装饰系统化发展趋势，既是对北方草原地区装饰艺术的凝练及在建筑艺术中的集中发展，也是与中原汉地文化交融的集中体现，同时也是对外来文化借鉴、吸收、包容的体现，对本地区后续建筑装饰的发展意义重大。

元朝是我国第一个建立的少数民族政权，自此蒙古族文化定鼎中原地区。元上都的建立，标志着蒙古族从游牧时代进入了定居化时代。蒙古族政权建立后，开放包容的草原气概使他们广泛接纳其征服诸国的文化，在装饰艺术方面呈现出：一方面，继承先民的文化传统，将北方游牧民族的装饰艺术成果汇聚于此；另一方面，广泛吸收来自中原汉地文化及西方诸文化，促使中原文化、草原文化、民族文化的相互融合，印度与我国西藏的佛教文化、蒙古族文化的交流、融合和发展。

元上都的建造，对于内蒙古地区建筑文化及其装饰艺术的发展具有定型性意义，元上都城址中既把游牧文化环境下的毡帐建筑进行了基于不同形制需要的多元化发展，也将毡帐建筑艺术与固定式建筑形式相互包容，同时也有对中原汉地建筑文化的直接借鉴，对内蒙古地区后续建筑装饰文化的继续发展具有奠基式意义。

三、多元文化并举时期传统建筑装饰的繁荣

明清时期是我国历史上文化交融发展集中期，体现在文化发展迅速、文化交流频繁、多元文化并存等方面。这一时期的文化特征，对内蒙古地区传统建筑装饰的文化变迁具有重要影响。

（一）文化变迁过程

1. 建筑装饰形式融合期

明朝末期，藏传佛教在蒙古地区的再次广泛传播，主要源于阿勒坦汗的倡导与扶植。此时，蒙古各地广建寺庙、佛塔，此时出现了一定数量的藏传佛教建筑。我们可以认为，这一时期内蒙古地区的建筑装饰艺术在藏传佛教建筑领域的发展最为明显。

明代内蒙古地区藏传佛教建筑的建造主要由西藏地区工匠和当地工匠共同完成，西藏地区工匠将藏传佛教建造工艺与建筑形式带到蒙古草原，与内蒙古地区自然环境、气候条件相适应，同时受本地工匠建造经验的影响，出现了一批蒙藏文化相结合的藏式及蒙藏式召庙建筑形式。蒙古族装饰艺术在这一时期的召庙建筑中体现得较为集中，建筑装饰中不仅绘有花草鸟兽等题材的图案，

蒙古族的云纹造型装饰纹样亦成为建筑彩画纹样的重要组成部分，云纹样式与建筑彩画构图及主体纹样相结合，形成具有地方特色的装饰形式。位于今内蒙古包头市的美岱召，建于明万历年间，是藏传佛教传入蒙古的重要弘法中心，在美岱召大殿建筑彩画、天花藻井、莲座等装饰中可以看到当时建造技艺与建筑艺术发展水平。美岱召大殿外延梁枋上绘有自由舒展的卷草、正反相间的花草以及吉祥八宝、祥云、龙、虎、鸟兽等动物图案，图案色彩施白色，是较为少见的彩画施色案例，与蒙古族尚白习俗相吻合，是本时期民族文化与装饰艺术相结合的典型实例（图 3-2-15）。美岱召大殿内檐天花藻井绘制“坛城”，形式有正方形、圆形、三角形，绘制纹样和色彩与元代西藏地区萨迦寺内藻井图像相仿，初步判断殿内天花造型仿萨迦寺设计，这一点也更加印证了西藏文化对本地区的直接影响（图 3-2-16）。建于明万历年间的乌素图召庆缘寺，是一座汉藏结合式召庙建筑，庆缘寺中建筑彩画装饰在题材内容方面，涵盖了来自于中原汉地的吉祥文化寓意装饰、西藏地区宗教文化寓意装饰以及蒙古地区民族文化寓意装饰等内容（图 3-2-17）。

由此可见，这一时期内蒙古地区装饰艺术一方面继承了魏晋南北朝至元代的装饰形式及题材特征，另一方面呈现出基于历史文化背景的装饰特色。

（a）外檐彩画

（b）外檐彩画局部

图 3-2-15　美岱召建筑彩画

图 3-2-16　美岱召大雄宝殿藻井

（a）外檐彩画

（b）内檐彩画

图 3-2-17　乌素图召建筑彩画

至清代，清廷为加速对边疆的统一进程，采取藏传佛教“柔顺”蒙古部族的政策，赋予喇嘛与旗长同等的权力和待遇，同时广建寺庙。因此，这一时期出现的藏传佛教建筑形式与前朝有所不同，建筑形式受到中原汉地建筑形制及文化的影响较为突出，建筑形式以汉式建筑为主，汉藏结合式为补充，建筑装饰以礼制文化为主导，宗教文化融合其中。建筑布局形式上汉式建筑以中轴对称合院形式为主，藏式建筑依山、依地而建的自由散落式为辅（图 3-2-18）。建筑形式以汉式、汉藏结合式为主。建筑装饰方面，汉式建筑屋顶装饰主要体现在屋脊、鸱吻、瓦当滴水部位，汉式、藏式题材均有出现（图 3-2-19）。屋身装饰上更趋于汉、藏、蒙古文化融合，装饰题材包括：汉式龙形装饰图案、莲花图案、卷草图案、云纹图案、栀花图案、旋花图案；蒙古式哈木尔图案、回形图案；藏式佛教八宝吉祥图案、十相自在图案、梵文图案等（图 3-2-20）。位于今赤峰市翁牛特旗乌丹镇梵宗寺，建于清乾隆八年（1743 年），是一

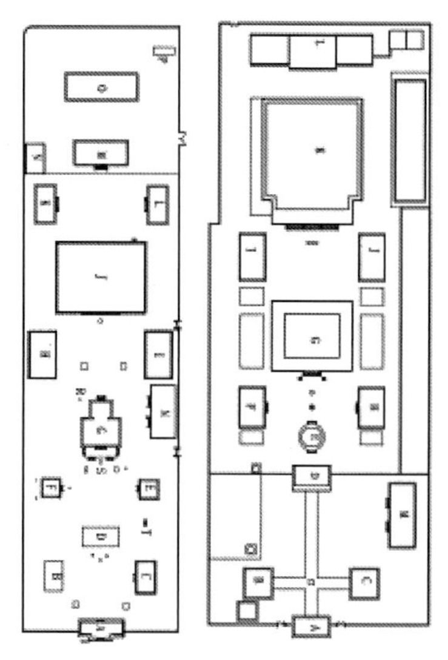
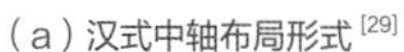
（a）汉式中轴布局形式 [29]

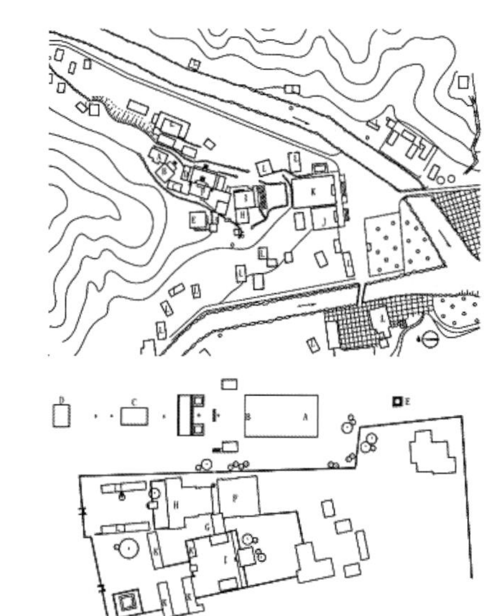
（b）藏式自由布局形式 [29]

图 3-2-18　典型布局形式

（a）汉式屋顶上置藏式装饰

（b）汉式屋顶上置汉式装饰

图 3-2-19　建筑屋顶装饰形式

座典型的汉藏结合式召庙建筑，在对梵宗寺大雄殿建筑彩画的分析研究发现，梵宗寺大雄宝殿建筑彩画一方面承袭了清代官式彩画做法，彩画构图规整，规制严谨，但在彩画施色、纹样题材方面将民族、地域、宗教等文化因素融合其中，是这一时期内蒙古地区建筑装饰艺术的突出表现（图 3-2-21）。

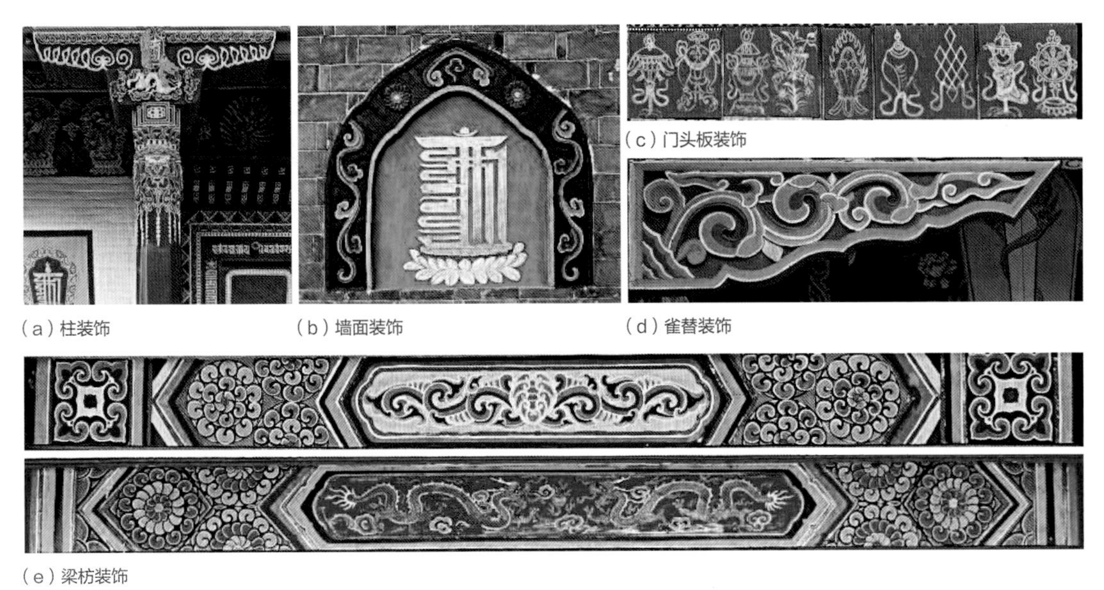

（a）柱装饰 （b）墙面装饰 （c）门头板装饰 （d）雀替装饰 （e）梁枋装饰

图 3-2-20 建筑屋面装饰形式

图 3-2-21 梵宗寺大殿彩画

此外，藏式建筑形式在这一时期也在持续发展。位于今内蒙古包头市的五当召是清朝时期藏传佛教影响较为明显的召庙之一，无论从宗教文化还是建筑装饰艺术方面皆是。五当召藏语语义“白莲花”，是一处典型藏式召庙，召庙内主体建筑苏古沁殿，建筑装饰形式精美，极具藏式风格。苏古沁殿整体装饰沿袭藏地装饰形式，建筑屋顶出现了鎏金铜法轮、对卧鎏金铜鹿、金莲花铜塔、小力士铜像、宝幢等西藏地区装饰内容，宝幢上绘有吉祥八宝图案。此外，殿内四壁绘制佛教题材壁画，壁画内容以佛教故事为主，同时也绘有蒙古族生活场景及毡帐图像，构图丰富、线条流畅、色彩沉稳，反映了当时内蒙古地区极高的艺术水平。

内蒙古地区现存召庙多为清代所建，可见清代内蒙古地区的建筑装饰艺术以藏传佛教建筑方面成就显然。此外，清代各民族杂居也促使内蒙古地区与满族、汉族的频繁交流，蒙古族吸收了汉族、满族文化，丰富了自己民族的艺术，在客观上形成了蒙古族、汉族、满族、藏族之间文化艺术大融合，这些因素也极大地促进了本地区装饰艺术的多元化发展趋势。

2. 建筑装饰文化迁入期

自秦朝时期，已有汉族人口迁入内蒙古地区，但为时都较为短暂，并未打破内蒙古地区游牧文化格局。直至清朝时期，是汉地人口迁入内蒙古地区的集中期，历时 300 余年，迁徙范围包括：东起辽东、西至嘉峪关长城沿线，迁徙人口来源地包括山东、河北、山西、陕西、甘肃。汉族移民在内蒙古地区逐渐形成汉族人民聚居区，对内蒙古地区以游牧文化为主的文化格局产生了重要冲击。抛开其政治因素，这一时期人口的大量迁入，改变了本地区以游牧方式为主的经济与生活状态，促进了蒙古族和汉族文化的融合，为内蒙古地区建筑艺术的发展注入了新鲜的文化因子。促成中原地区汉族人民北迁的因素包括两个方面：一方面，中原地区日益增加的人口压力和随之而来的粮食短缺、环境恶化、灾害频发，满洲贵族的圈地活动以及常年战乱等因素，中原地区汉族人民迫于生计而谋生；另一方面，蒙古草原地域广阔，与中原地区毗邻，蒙古草原地区的河套平原、土默川平原，靠近东北部的西辽河平原、嫩江流域一带，有着适宜耕作的气候与土壤条件，为中原汉族人民的北迁提供了生存条件，加之清廷对蒙古地区治理政策等因素，推动了人口迁徙的进程。基于两类因素，构成了“推动型移民”和“拉动型移民”两个移民类型[116]。

汉族移民迁徙到内蒙古地区，基本按照由南向北、途经长城、依次推进的秩序展开，形成了“走西口”“跑口外”“闯关东”的移民现象。迁入内蒙古地区的移民，在这里耕作、休憩，移民原生地的风土文化、劳作技艺也随之迁入，出现了与内蒙古地区文化融合的集中发展期，建筑文化方面主要体现在中原汉地建筑技术与艺术的迁入。17～19 世纪，移民覆盖了归化城土默特、伊克昭盟（今鄂尔多斯市）、察哈尔、卓索图盟、昭乌达盟、（今通辽市），“走西口”为主的晋地移民将晋地民居建筑文化带到如今的内蒙古地区，晋地移民数量众多，在内蒙古地区扩散范围最广，晋地民居形式也成为内蒙古地区的主要民居建筑形式。迁入型建筑文化集中发展期成为本地区建筑发展的典型时期及重要方面。

3. 建筑装饰文化植入期

清朝统治时期，通过将蒙古贵族编制为由札萨克世袭统治的旗，来消解蒙古贵族统治势力，逐渐形成清代蒙古的政治制度和社会制度。通过封爵定级、联姻赏赐等途径，优待、收买蒙古王公札萨克，以加强对蒙古的控制。在这一时期集中兴建的衙署府第类建筑，是清廷对蒙古政策的衍生物，通过文化植入的方式，将中原礼制建筑植入内蒙古地区，在内蒙古地区形成了中原礼制建筑的集中植入期。唐代《大唐六典》、宋代《营造法式》、明代《大明会典》、清代《大清会典》《工部工程做法》《清式营造则例》等典籍中，都有关于基于礼制制度而形成的建筑等级规定，从建筑屋顶、建筑体量到建筑装饰等方面都有具体规定，这些文化内容在这一时期跟随建筑一并植入内蒙古地区。

位于今呼和浩特市的绥远将军衙署，建于乾隆二年（1737 年），是清廷在北部边疆的最高行政机关。衙署建筑群呈中轴对称布局，主体建筑位于中轴线上，建筑形制与装饰按照等级进行建造，位于中轴线上的建筑形制较高，装饰内容及丰富程度高于轴线两侧建筑，具体表现在建筑开间、屋顶形制、彩画规制等方面，在建筑群落中形成高低有别的礼制差异，传达出将军衙署建筑中蕴含的“中原礼制”文化内涵。

（二）多元文化并举期建筑装饰文化特征

历史上这一时期是内蒙古地区建筑装饰发展的繁荣期，主要集中在召庙的建造技艺及装饰形式方面，并且呈现出基于不同历史背景下的建筑艺术特征。明朝时期，藏传佛教由青海传入内蒙古地区，传播路径自西向东，因此，这一时期建造的藏传佛教建筑，在建筑“原型”与空间分布上具有西藏地区建筑的显著特征。清朝时期，宗教成为政治统治的工具，因此，中原的礼制文化通过佛教建筑带到内蒙古地区，进而也形成了不同于西藏地区的藏传佛教建筑形式。

明清时期，随着“互市”政策的开通，人口集中迁徙的热潮渐显，大量山西、河北移民的迁入，汉地的能工巧匠将当地建筑形式、建造技艺、装饰样式带到内蒙古地区，形成了兼收并蓄的文化特征：（1）民居建筑形式方面，为适应内蒙古地区寒冷的气候特征，迁徙此地的民居建筑主体结构进行了加厚处理，增加了保温性能，建筑屋顶为南向坡屋顶，既增加了屋顶采光面，又利于屋面排水；（2）装饰样式方面，装饰题材突破内蒙古地区传统装饰题材，出现了大量代表美好生活寓意以及表达主人生活情趣的植物与吉祥题材装饰。

这一时期集中出现的官式建筑将中原汉地礼制文化较为完整地植入内蒙古地区，出现了汉式中轴对称合院布局形式的建筑院落。建筑装饰形式与题材呈现出形式拘谨、规制范式化的特征。装饰样式、用色及题材都被赋予了礼制特征。

第三节　传统建筑装饰的文化变迁规律

基于前文分析，内蒙古地区传统建筑装饰的文化变迁是在事物固有雏形的基础上进行的循序渐进的变化，经历了变迁的初级阶段、发展阶段直到高级阶段。建筑装饰的文化变迁过程是复杂的，是多种驱动因素在漫长的时空过程中交替作用的物化结果（图 3-3-1）。

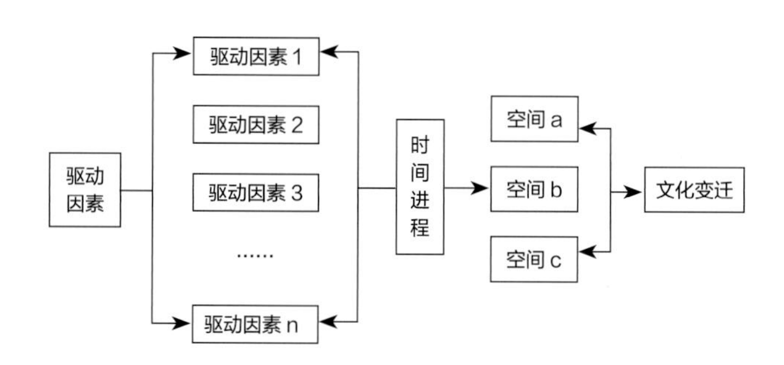

图 3-3-1　文化变迁过程

文化变迁以历时性“时间”发展为主要特征，但在一定时间范畴内，整体性的发展历程并不会完整呈现出来，反而会因驱动因素的影响而形成具有差异性的变迁形式。内蒙古地区传统建筑装饰文化随着时间变迁表现出建筑装饰形式日益丰富、装饰影响范围日趋扩大、装饰技艺不断提高的发展特征，发展进程中呈现出“渐进式”“突变式”以及整体回归平衡的发展过程，具体表现为时间轴上的文化渐变、时间点上的文化突变、整体发展平衡回归的文化变迁规律。

一、时间轴上文化渐变

文化渐变是一种缓慢的文化变迁过程，是文化内容自然、无意识的增长与积累，亦可是有计划地发展或改革的变迁过程。以历史学家顾颉刚的“历史层累”理论为基础，可以认为建筑装饰文化是不同历史时期层层累加的结果。内蒙古地区属于蒙古高原腹地，在漫长的历史文化变迁进程伊始，就有人类在此活动，在纯粹、自然的状态下，形成了本地区的原始崇拜意识，也有与今日不同的原始文化内容，而这些可以视为这一区域文化层累中的基层。随着人类社会的不断发展与进步，相伴形成、发展以至成型的建筑装饰在历史发展时间进程中逐层展现出来。

以内蒙古地区较为典型的建筑装饰纹样忍冬纹为例，其形态成熟的过程，是在历史层累过程中循序渐进而形成的。西汉时期，在“丝绸之路”的带动下，佛教文化传入我国，跟随佛教文化一同传入的也包括佛教文化“附属物”，“忍冬纹”在这一时期一并传入，开始了在中原地区的发展进程。其后发展进程在历史层累关系中可归类为“三个基层”：传入初期，将忍冬纹“∽”形结构样式与中原汉地的云气纹相结合，在形态上对忍冬纹进行了适应性变化，形成了飘逸、轻盈的忍冬纹样式，这一时期可看作“历史层累”中的第一基层；魏晋南北朝时期，是我国历史上佛教文化集中发展期，石窟在各地广泛开凿，忍冬纹不仅出现在石窟装饰中，其样式也更加丰富，在“∽”形结构漩涡处延伸出叶瓣，叶瓣短小且圆润，这是忍冬纹样在建筑中的形态样式，可看作忍冬纹发展“历史层累”中的第二基层；隋唐至宋元时期，由于政权统一、经济发展和民族文化融合，在少数民族与汉族大融合的背景下，忍冬纹样由“唐草”进一步发展成为瑰丽多姿的缠枝纹。明清时期，是内蒙古地区藏传佛教集中传入时期，大量召庙建筑相继出现，忍冬纹样因一直具有宗教文化层面的文化内涵而被广泛应用，同时受到建筑构件形态、尺度，地域文化、材料以及施工技艺等因素影响，形成具有内蒙古地域特色的忍冬纹，可看作“历史层累”中的第三基层。今天我们所看到的建筑装饰形式中的忍冬纹样大多以魏晋南北朝、隋唐、宋元时期形态为底本，在其传承、发展、融合的过程中不断增加的元素使忍冬纹更加生动、丰富，忍冬纹的形态演变过程反映出装饰艺术文化形式的层累式渐进演化进程（表3-3-1）。

不同历史时期忍冬纹样形态变化 表 3-3-1

历史层积	历史时期	纹样形态	特征
第一层积	西汉		与云气纹形态融合，形成“云气忍冬纹”
第二层积	魏晋南北朝		叶瓣数量增加，形态圆润饱满
第三层积	隋唐		延续“∽”形结构，叶瓣、花瓣融为一体，形式更丰富
	宋元		以牡丹花、莲花等植物为中心，呈缠绕形态，装饰性更强
	明清		继前朝形态延续下，以西番莲等植物为中心，形态更纤长

纵观忍冬纹在内蒙古地区从出现到形态的成熟发展，进而与建筑的相互融合，最终形成形式与内涵更加稳定且具有内蒙古地域特色建筑装饰文化的重要内容，经历了传入、发展、融合、适应的层累式渐次演化过程，同时也是建筑装饰文化历史演替过程中的层级累叠，反映出建筑装饰文化渐变式演变特征。

二、时间点上文化突变

建筑装饰文化的发展进程并非始终保持恒定匀速状态，在总体保持渐进发展的同时，也会出现因突发性因素的影响而形成的急剧变化，属于文化发展进程中质的变化。而能够引起文化突变的因素往往是在量变积累到一定程度后，所形成的质变，最终导致建筑装饰文化较短时间内在景观类型、自身形态方面发生明显的变化。

内蒙古地区现存藏传佛教建筑大多为明清时期建造，虽然在此之前也有部分宗教建筑兴建，但受历史、政治等因素的影响，明清时期大多改建或改宗为藏传佛教建筑，现状为数量众多、分布广泛且影响大，这一时期藏传佛教建筑的集中建造，促使内蒙古地区藏传佛教建筑装饰文化的最终形成，而这一现象的背后是特定时间点上政治因素的推动。

13 世纪中叶，藏传佛教传入中原地区，当时藏传佛教的影响范围主要在元朝皇室及上层社会，影响范围较少涉及民众，因而没有形成大面积传播。元灭亡后的 200 余年间，藏传佛教在中原及蒙古地区的影响渐弱。直至 16 世纪晚期，达延汗（约 1479～1571 年在位）之孙——土默特部首领阿勒坦汗在向青藏高原拓展势力的过程中接受了藏传佛教格鲁派。在青海仰华寺，三世达赖喇嘛索南嘉措与阿勒坦汗会面，并以此为开端，将藏传佛教规定为蒙古人的宗教信仰，同时禁止萨满教在本土的信仰与传播。这次具有历史意义的会晤及相应政策与宗教活动标志着中断了 200 余年的蒙藏关系得以恢复，蒙古人再度信仰藏传佛教，从而促成内蒙古地区藏传佛教建筑大量出现。之后，在阿勒坦汗的大力倡导和扶植下，藏传佛教格鲁派首先在漠南土默特、鄂尔多斯等地广泛传播，同时在经济、文化等方面对蒙古社会产生重要影响，继而成为蒙古地区核心精神力量[29]。清朝时期，清廷对内蒙古地区的治理政策，再一次以突变式因素，推动了藏传佛教建筑在内蒙古地区的快速发展，至此，开始了在内蒙古地区全力推广藏传佛教的时期[87]。但此时的推动因素为中原汉地的集权统治，从文化传播路径及意图方面，表现出以中原汉地文化为主导，范围主要以内蒙古中东部区域为主。在清廷的极力推崇、蒙古僧俗等的大力提倡下，内蒙古东部各盟旗境内出现了大量的召庙，并且众多汉传佛教寺庙被改建为召庙。因此，内蒙古地区的藏传佛教建筑形式以东部地区汉式风格比较突出，西部地区以藏式或汉藏式风格更为显著。历史上基于政治统治的突发因素，其结果使得内蒙古地区原本以游牧为主的建筑文化获得了大规模“定居”文化的转变，大量的藏传佛教建筑集中出现，并呈现出以宗教文化为主导的文化景观形式，极大地改变了内蒙古地区建筑装饰文化的形式与内容。

三、整体发展平衡回归

文化在变迁过程中，整体呈现出依据时间演进、进行渐次性演进的特征，在这一过程中，也会出现因某些突发事件的介入或量变积累到质变的程度而产生的突变式演进。但整体演进过程是“渐变式”与“突变式”共同发生的“复合式”演进（图 3-3-2），文化变迁呈现整体性平衡回归的状态。

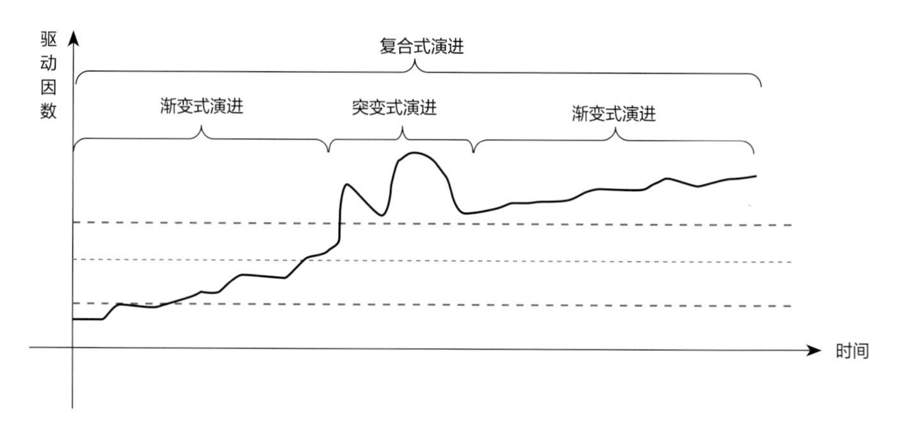

图 3-3-2 复合式演替示意 [117]

从内蒙古地区建筑装饰的文化历时性发展进程来看，从旧石器时代起，盘踞在蒙古高原的北方游牧民族创造的早期艺术文化形式岩画中，出现了大量无意识的早期原始图案，题材丰富，形态各异；进入新石器时期，随着社会生产工具的日益精细化，生活需求的日益增加，大量陶制品及其装饰样式随之出现，装饰艺术向更加成熟和有意识化的方向发展。在此期间，装饰艺术文化处于渐进式演进模式。

这样的发展态势一直持续到魏晋南北朝时期，北方游牧民族人口大量移入黄河流域，形成了历史上第一次民族大迁移和民族大融合的景象，促进了各民族之间的相互学习、交流，此时石窟艺术的出现极大地丰富了蒙古高原地区北方游牧民族装饰艺术内容，佛教文化的装饰题材始见端倪，也将装饰艺术应用到建筑领域，石窟中出现了“藻井”装饰形式，在石窟艺术的带动下建筑装饰朝着普及化、丰富化的趋势发展。进入辽时期，以辽上京为中心的沿线地区，兴建了大量的佛塔，依据塔幢构件尺度及形式，塔身上出现了精美的砖雕装饰形式，装饰内容包括佛像、花草纹以及宗教吉祥纹饰，塔幢装饰艺术的发展为后续召庙类建筑装饰文化的形成奠定了重要基础。明末清初，藏传佛教通过“自上而下”的方式，在内蒙古地区迅速传播，极大地推动了藏传佛教建筑在内蒙古地区的大量植入，进而形成我们今天所看到的建筑装饰文化景观现状。由此，内蒙古地区建筑装饰文化的历史演替路径，呈现出渐变式、突变式发展的同时，总体进程以复合式演进为主导的发展规律。

本章在对内蒙古地区传统建筑装饰历史发展进程的梳理过程中，进一步明晰了本地区传统建筑装饰文化发展的谱系关系（图 3-3-3）。

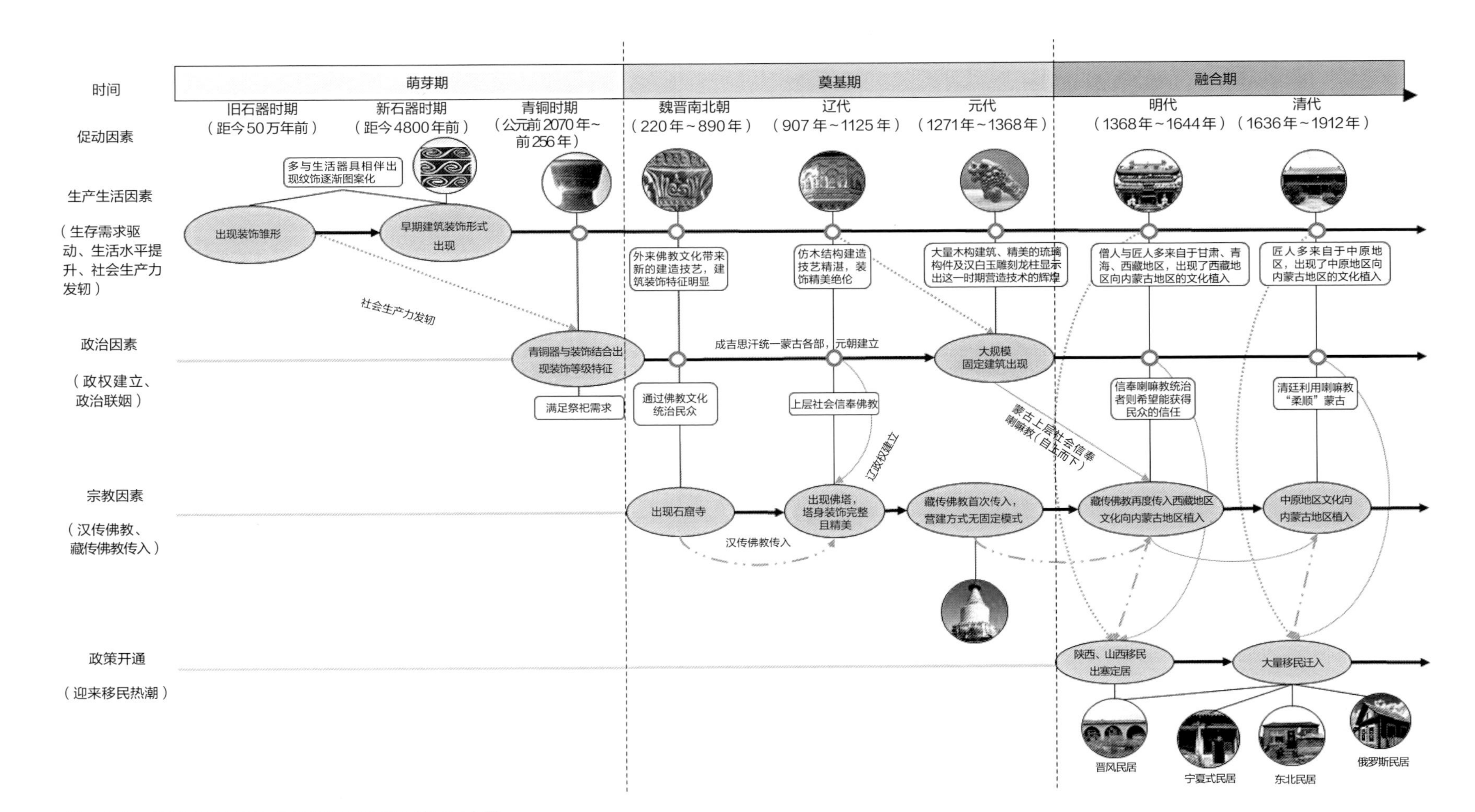

图 3-3-3　内蒙古地区传统建筑装饰文化谱系关系示意图

本章小结

内蒙古地区传统建筑装饰的文化变迁是基于装饰艺术文化与建筑文化双重历史变迁线索下展开的，具体变迁过程中也会出现两者在本地域相互交集后的共同演进过程。文化变迁的动因、过程、规律构成本书的研究关键。

本章主要探讨内、外因素驱动下，在时间维度中内蒙古地区传统建筑装饰的文化历时性变迁过程与规律。内蒙古地区传统建筑装饰，承载了北方游牧民族从分散到统一，再到与中原文化相互交融的历史，滋养出丰富、包容的建筑装饰文化内容与形式，这些过程及内容交集于内蒙古地区传统建筑装饰的文化变迁过程中。建筑装饰的文化变迁，看似众多偶然历史机缘的相互汇聚，其实质是基于建筑装饰文化特质，在建筑装饰的物质层面、文化层面、精神层面受到驱动因素影响而形成的历时性发展过程，是在经历内置因素与外来因素双重作用下，发生的一场跨越民族、地域范围，影响广泛、成果丰硕的文化变迁运动。

文化变迁的内生驱动力是文化发展的内在机制，内蒙古地区传统建筑装饰的文化变迁是以本土民族文化、原始宗教信仰文化、原始艺术文化为内在原型，以原始审美意识的发端、社会生产力的发轫、集中政权文化推动为内生文化驱动力。文化变迁的外源驱动力是文化发展的外在因素，内蒙古地区传统建筑装饰受到外来民族文化、宗教文化等影响，既加速了本地区建筑装饰的文化发展进程，也在文化迁徙、植入过程中融合出新的文化形式。

内蒙古地区传统建筑装饰经历了游牧文化时期传统建筑装饰的产生、蒙元文化主导时期传统建筑装饰的发展以及多元文化并举时期传统建筑装饰繁荣的文化变迁过程，每一个历史时期呈现出基于不同驱动力的时代特征。游牧文化时期传统建筑装饰的产生，经历了装饰的缘起、建筑的出现、装饰艺术进一步发展、装饰艺术与建筑耦合发展的历史进程，呈现出装饰源于生活、形式逐步成熟、建筑装饰萌芽期的阶段性特征；蒙元文化主导时期传统建筑装饰的产生，经历了中原文化的进入、佛教建筑在本地域的出现、建筑装饰发端期，呈现出本土文化与外来文化兼收并蓄、建筑装饰的系统化的阶段性特征；多元文化并举期、传统建筑装饰的繁荣期，经历了建筑装饰形式繁荣期、建筑装饰文化迁入期、建筑装饰文化植入期，呈现出基于不同传播意图的装饰文化差异性、固定式民居建筑装饰多样化、礼制建筑文化原型的制约性等文化特征。

内蒙古地区传统建筑装饰的文化变迁是在现有事物雏形的基础上进行的循序渐进的变化，经历了发展的初级阶段、发展阶段直到高级阶段。建筑装饰的文化发展过程是复杂的，是多种驱动因素在漫长的时空过程中交替作用的物化结果。文化变迁以历时性“时间”发展为主要特征，但在一定时间范畴内，整体性的发展历程并不会完整呈现出来，本地区传统建筑装饰随着时间进程表现出建筑装饰形式日益丰富、装饰影响范围日趋扩大、装饰技艺不断提高的发展特征，发展进程中呈现出时间轴上的文化渐变、时间点上的文化突变，最终呈现出整体发展平衡回归的文化变迁规律。由此，内蒙古地区建筑装饰的文化变迁路径，呈现出时间轴上的文化渐变、时间点上的文化突变，但总体进程以复合式演进为主导的发展规律。本章在对内蒙古地区传统建筑装饰文化变迁的梳理过程中，进一步明晰了内蒙古地区传统建筑装饰文化发展的谱系关系。

现象即面向事物本身，也是朝向事物本身的特征[118，119]。文化现象是文化特征的现实表达，而文化的产生、发展过程中在空间范畴具有差异性，形成空间向度的文化分异现象。强调文化在共时状态下的空间分异研究，其实质是文化区划研究，属于文化地理学的研究范畴。从文化区划的视角解读建筑装饰文化现象可以厘清许多问题：首先，有助于在特定空间范围内观照建筑装饰文化现象本身；其次，通过对文化区域的构建与分析，可以厘清建筑装饰文化的形成、传播、扩散，直至整合后新形式的形成过程及其特征。以建筑装饰文化为主要特征的文化区划及其特征研究，既是对时间、空间范围内经历产生、积累、发展、传播、整合过程后所形成的文化景观形式的细致考察，也是对地域文化保护与传承研究的重要途径。

第四章

内蒙古地区传统建筑装饰文化区域分异

内蒙古地区传统建筑装饰在空间区域地理环境及文化因素影响下，呈现出显著的空间分异性特征，区域内的文化分异也是内蒙古地区作为我国西北部牧业文化大区中蒙古文化区下的文化亚区的文化区域特征[120]。

建筑装饰作为传达建筑功能，表现建筑地域、民族、宗教、艺术等文化信息的形式语言，是建筑文化空间分异现象的外化表现与典型识别因素。空间分异是在共时状态下文化的地域性表征，是文化发展的历史积累与凝结在空间向度的结构形式[121]。针对此类现象的相关研究主要从两方面展开：（1）区划方法相关研究[120-123]，并在此基础上进行的建筑文化区划研究，研究中大多将建筑装饰作为文化区划重要参照因子，提出了建筑装饰的区域性特征[124、125]，这也充分表明建筑装饰存在空间上的区域性差异，同时也具有文化区划研究的必要性及重要价值；（2）从研究区域范围方面，形成了以全国地域范围为背景，基于王会昌、吴必虎等学者提出的区域划分界线为基础，将我国传统建筑装饰区域划分为核心文化区与边缘文化区[126]；在行政区域、方言语系、民族区系等特定区域范围下，对建筑装饰内容的具体研究，以及对建筑装饰文化特质及文化传播的相关研究。

每一个区域都有它特别的景象，建筑装饰广泛而丰富地存在于环境景象中，在我国形成了诸如闽南建筑装饰区、赣南客家建筑装饰区、甘青地区建筑装饰区等文化区，以及以行政区域范围划分的区域性建筑装饰区。建筑装饰受物质、文化等因素影响形成的空间分异现象，表达出地域文化发展的历史积累与凝结在空间向度的结构形式，需要从建筑装饰文化特征入手，对其形成机制进行解析，进而找到影响建筑装饰区域间形式、内容差异的根本所在。

第一节　传统建筑装饰文化区域分异形成导因

针对内蒙古地区的文化区划，基于区划视角的不同，区域划分结果也有所差别：按照内蒙古东西向与邻近省市的区位关系，将内蒙古地区划分为内蒙古东部（属于我国华北地区）、内蒙古中部（属于我国华北地区）、内蒙古西部（属于我国西北地区）；按照内蒙古地区生态文化景观特色，结合内蒙古地区草原、沙漠、森林等自然风貌特征，将内蒙古地区划分为：森林景观区、草原景观区、沙漠景观区。本书从建筑装饰文化的视角对内蒙古地区进行区域划分，是基于建筑装饰在物质与文化方面所具有的区域性特征所决定的。

1. 显著而稳定的物质基础

建筑装饰依附于建筑本体，建筑装饰文化区划与建筑形成各影响要素有直接关系，研究建筑装饰区划还需要从建筑本体的形成基础入手[127]。建筑受到自然环境因素中气候条件、地形地貌、建造材料等因素的影响，形成因气候因素影响下的多种建筑布局、建筑空间及建筑屋顶形式，受建造材料因素形成的木构建筑、砖瓦建筑、土筑及石筑等建筑形式，这些都是建筑装饰形成的基础，且区域特征显著而稳定。

2. 隐含而丰富的文化内核

文化是建筑装饰的精神内核。建筑装饰通过装饰色彩、装饰题材甚至建筑材料，表达“人地”“人人”相互之间的文化关系，是解读建筑物质形式背后文化意义的重要印证。中国传统建筑屋顶样式、脊兽、瓦当滴水纹样题材等，是当时社会等级文化的表现。而我国传统建筑中木材的使用以及建筑中木质肌理的表现，与中国传统哲学思想中“天人合一”的意境相吻合，这些都是建筑装饰中文化内涵的体现。而文化环境的区域性所指，赋予建筑装饰独特的文化印记。

3. 包容而有别的艺术表征

建筑装饰是塑造文化“意境”的景观形式，与装饰艺术文化特征是一脉相承的。建筑装饰中既包含装饰的艺术题材内容，也包含艺术表现形式，通过“应景”的装饰形式，表达建筑与环境、文化的“和谐关系”。既可传递“艺术之美”，又通过艺术表达凸显地域文化。借助恰当的艺术表现形式，将建筑美的形式与丰富的文化内涵相结合并加以表达，形成艺术与文化的地域性特征。

第二节　传统建筑装饰文化区划

建筑装饰文化核心区的文化特质清晰，以“共性”特征为主，局部区域呈现出的“文化分异”现象并不能改变核心文化区内建筑装饰文化的主体特征[128]。文化边缘圈层中，核心圈层文化特质的影响强度会随着离中心距离渐远而逐渐减弱，因而，这一文化圈层的文化特征较不稳定，较易受到邻近区域多元性文化的影响而发生文化的融合[129]，这也为文化边缘区形成文化分异现象提供了可能。内蒙古地处我国北部边疆，是我国西北牧业文化大区下的蒙古文化区[120]，属于建筑装饰文化边缘区[126]。内蒙古地区东西向狭长形的地理区域形态、自成单元的独立文化环境、丰富的近地域性文化接触形成历史上文化的传播、扩散与融合，促成本地区以蒙古族为主体、众多民族共融的文化现象，是本地区传统建筑装饰文化的重要基础，区域范围内自然生态与人文环境的差异性和历史上人口迁徙、族群流动、宗教传播、政权统治意图等文化活动，造就了区域范围内建筑及装饰形式差异性显著，也为建筑装饰文化区域性差异的形成提供了前提条件。

一、传统建筑装饰文化区划基础

（一）文化环境基础

1. 民族文化构成

广阔的内蒙古地区，自古就是众多民族繁衍生息之所。内蒙古地区除珞巴族之外共有 55 个民族生活其中。其中，蒙古族人口 424.8 万人，占全区总人口的 21.26%，是内蒙古地区占比最高的民族，这也确立了内蒙古地区蒙古族为主体的区域民族特征。此外，受“走西口”等移民活动因素的影响，巴彦淖尔市、包头市、乌兰察布市、鄂尔多斯市汉族人口所占比例较高，均为 90% 以上（图 4-2-1），形成了内蒙古地区民族文化以蒙古族文化凸显，汉族文化

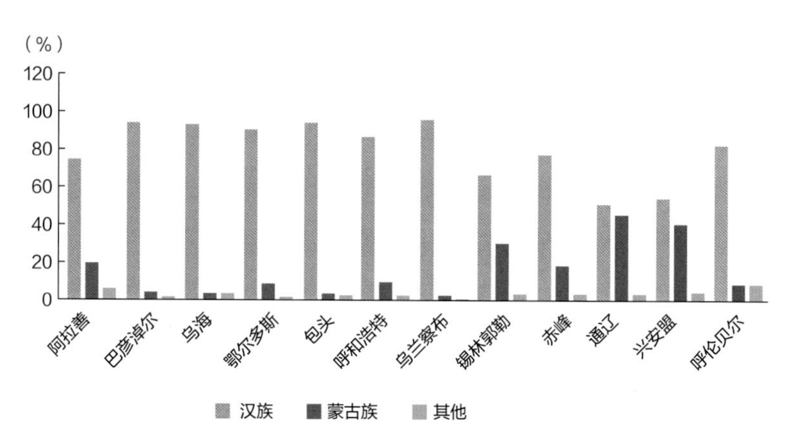

图 4-2-1　内蒙古各区域民族分布

为主，多民族文化纷呈的民族文化特征。

2. 语言区域分布

内蒙古地区人口构成丰富，自古以来，这里就有大量游牧民族生息于此，在经历了历史上数次的族群分合与地域环境变迁后，内蒙古地区形成了显著的语言区域分布特征。内蒙古地区的主要民族语言为蒙古语，分支为鄂尔多斯、察哈尔、科尔沁、巴林、喀喇沁土默特等本地方言；呼伦贝尔布里亚特、陈巴尔虎、新巴尔虎等本地方言；阿拉善等地察哈尔、土尔扈特、额鲁特本地方言。汉语是内蒙古地区汉族与其他民族的常用语言，20世纪50年代开始对内蒙古地区汉语方言分布进行的相关研究，首先认定内蒙古地区使用的汉语为北方方言系统，靠近东北部地区的内蒙古东部地区为东北方言；靠近山西、陕西的内蒙古中部、西部地区属于西北方言[130]。按照内蒙古地区移民分布情况，东北官话区域分布在内蒙古呼伦贝尔市、通辽市、赤峰市、兴安盟和锡林郭勒盟等区域；晋语区域主要分布在巴彦淖尔至锡林郭勒盟西部范围；兰银官话区域分布在阿拉善盟地区。内蒙古地区的语系分布区域反映出本地区民族分布、人口构成及相对应的文化构成，是本地区文化区域划分的重要依据。

3. 宗教文化构成

内蒙古地区不仅多民族共存，在宗教构成方面也呈现出多种宗教共存的现状。萨满教在内蒙古地区阿尔泰语系①诸民族中长期盛行，萨满教产生于母系氏族社会，在奴隶社会时期成熟，直至13世纪形成了一整套自成体系的宗教世界观[131]。自元朝起，藏传佛教得到蒙古族上层阶级的大力扶持与提倡，但未在广大民众中得到广泛传播，并随着元朝的没落曾一度消失，直至明末清初，内蒙古地区再度开始对藏传佛教的信仰与传播，并且涉及范围广泛，一度出现藏传佛教建筑数量激增的局面。目前内蒙古地区现存召庙多为明清时期所建。

内蒙古地区的佛教、伊斯兰教、基督教等宗教文化在不同民族中都有信仰，而宗教人口分布与区域内宗教人口迁徙、人口结构有着千丝万缕的关联，呈现出宗教文化的区域化特点（图4-2-2）。

---

① 阿尔泰语系（Altaic Languages），别译阿勒泰语系，取名自西西伯利亚平原以南的阿尔泰山脉，最先由芬兰学者马蒂亚斯·卡斯特伦提出，包含60多种语言，分布于中亚及其邻近地区，分为突厥语系、蒙古语系、通古斯语系。

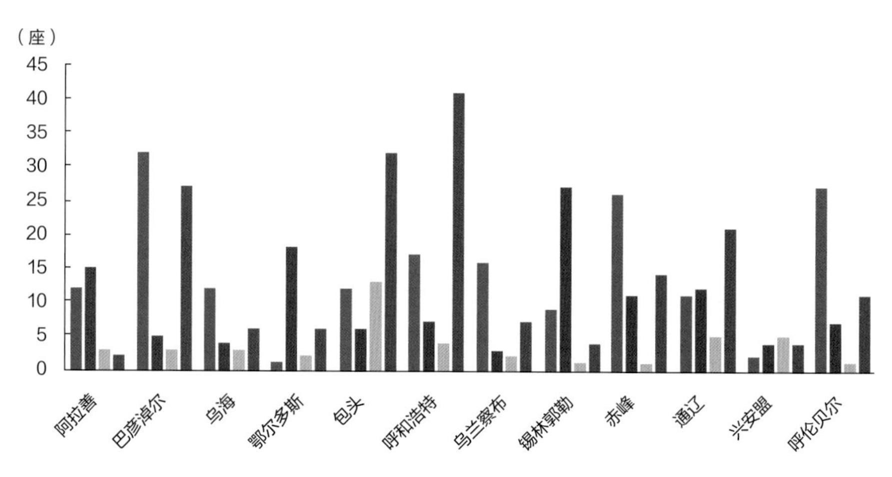

图 4-2-2 内蒙古各盟市宗教建筑现存数量

（二）区域历史演替

内蒙古地区是我国地理、政治、经济、文化、民族等方面的重要组成部分，历史上就与中原地区有着密切的联系。内蒙古地区商周时期青铜器的出土，将内蒙古地区与中原地区经济文化交往至少印证在公元前 2000 年。有史料记载以来，战国时期，内蒙古高原一带已经出现了燕、赵、秦三国的统治势力。公元前 300 年，赵国在内蒙古高原地区建立了云中[①]和九原；秦朝时期，内蒙古大片区域隶属秦国版图。秦朝在燕、赵长城的基础上修筑秦长城，又修筑从九原至云阳长达 700 千米的直道，连通了内蒙古地区与秦朝腹地。

公元前 2 世纪，西汉政权在内蒙古高原地区建立了多个郡县，同时出现多民族杂居现象，一方面推动了当时内蒙古地区的经济发展，另一方面也促成封建制生产关系在本地区的形成。

公元 4～5 世纪，历史上的五胡十六国时期，内蒙古地区出现了割据局面。内蒙古南半段原居内蒙古高原的匈奴人建立了前赵和北凉，大兴安岭南段的鲜卑人先后建立了前燕、后燕、西燕、南燕等割据政权。

公元 5～6 世纪，南北朝时期，内蒙古高原大部分地区都处在北魏政权统治下，历史上的北魏六镇[②]，分别控制着今呼和浩特平原、鄂尔多斯高原、巴彦淖尔—阿拉善高原。

① 今托克托县古城村古城，参阅《考古发现和研究》第四章。

② 北魏前期在其都城平城（今山西大同东北）以北设置的六个军镇：沃野镇，今内蒙古临河区西南；怀朔镇，今内蒙古固阳县西南；武川镇，今内蒙古武川县西；抚冥镇，今内蒙古四子王旗东南；柔玄镇，今内蒙古兴和县西北；怀荒镇，今河北张北县。

公元7世纪中叶，唐朝统治时期，在大漠南北设立了都护府，管辖漠南、漠北区域。内蒙古地区出现了如鄂尔多斯高原上的胜州[①]、丰州[②]等城镇。此时，唐朝的北方仍面对着北方各游牧民族的相继纷争与部族离合，居住在呼伦贝尔地区的室韦—达怛人向西、向南迁移，迁入漠北的一支成为日后的蒙古诸部。西拉木伦河以南的契丹人逐渐强大，建立了日后的辽王朝。党项拓跋部迁移至鄂尔多斯高原、贺兰山地区，建立了西夏国。由此可见，唐朝时期的内蒙古高原地区，是突厥、汉、党项、达怛、契丹等族系的重要活动区。

公元10世纪，内蒙古高原大部分地区受契丹辽王朝统治。辽王朝的政治中心是今内蒙古赤峰市。辽时期，在今天的呼和浩特东郊建立了著名的丰州城，目前保存较好的辽代白塔，是最好的历史见证。从辽代起，北方少数民族开始改变"迁移弃土"[③]的风俗，在迁移过程中逐渐将自己的故土与中原地区联系起来，对后续加强与中原地区的联系及疆域的整体性保留起到了重要的作用。

1206年，成吉思汗统一漠北蒙古各部，建国称汗，至此，蒙古族以独立民族出现。1211年，蒙古军占领了今内蒙古中部、东部地区。1227年，占领了河套及以西地区。1260年，忽必烈在开平继承汗位，后从开平迁都燕京，将开平府定为"上都"。元上都是元朝的夏都，位于今内蒙古锡林郭勒盟正蓝旗境内，是元朝的政治中心之一，在地理位置上处于中原同蒙古地区的交通要道，对沟通南北，起到了重要的作用，同时也奠定了内蒙古地区在中华民族历史发展中的重要地位。

明代中期以前，内蒙古地区的隶属关系在北方民族政权与中原王朝的地方行政管辖区之间处于变化状态，加之北方民族居于北部，中原占据南部的区域格局，与明朝处于分据状态。这一分据状态持续到明中期以后，以明朝在北方所设的九个边镇据守的边墙及墩台堡寨为界，边外为塞外蒙古地区，边内为明朝统治的中原地区。后期，蒙古族逐渐占据内蒙古整个区域直至清代，形成了与漠北蒙古相对应的漠南蒙古，进而形成了内、外蒙古的区域概念。

清朝统一全国，仿"满洲"八旗制对降附清朝的蒙古各部分编为旗，同时安置蒙古王公，为其划定牧地，分配并编组户口，编组成旗。自清太宗天聪九年（1635年）至乾隆元年（1736年），内蒙古地区被分成49旗[④]，称为"内扎

① 故址即今准格尔旗十二连城古城（内蒙古自治区重点文物保护单位）。

② 唐代丰州辖境相当于今河套地区及呼和浩特。

③ 辽代之前，向南扩展、迁徙的北方民族总是放弃自己的故土。

④ 49旗包括科尔沁、扎赉特、喀喇沁、土默特（东）、敖汉、奈曼、巴林、扎鲁特、阿鲁科尔沁、翁牛特、克什克腾、乌珠穆沁、浩齐特、苏尼特、阿巴噶、阿巴哈纳尔、四子部落、茂明安、乌拉特、鄂尔多斯等。

萨克蒙古”。

辛亥革命后，在北洋军阀的压迫政策下，内蒙古地区经历了长时间的区域管辖变动，分别隶属于黑龙江、吉林、奉天、热河、察哈尔、绥远、甘肃等地区。至 1947 年内蒙古自治区的成立，现今的隶属区域逐渐划归回内蒙古；1949 年，昭乌达盟从热河省、哲里木盟（今通辽市）从辽北省划归内蒙古；1950 年，察哈尔省的多伦等 3 县划归内蒙古；1954 年，绥远省划归内蒙古；1955 年，原属热河省的翁牛特、喀喇沁等 6 个旗县划归内蒙古；1956 年，原属甘肃省的阿拉善、额济纳划归内蒙古。至此，形成了今天的内蒙古自治区[132]。

（三）族群部落历史演替

内蒙古地区自古以来就是众多少数民族生息繁衍之地，历史上生息于此地的诸多游牧民族、部落，进行了较为频繁的部落迁徙、柔和等过程，这些过程是构成内蒙古地区的区域性民族文化的基础。

内蒙古地区游牧民族、部落演替历史，可追溯至远古时期。内蒙古高原一带在远古时期就有人类活动，在生产发展过程中，出现了早期的游牧部落，并建立了北方民族历史上第一个阶级社会、国家政权——匈奴国。匈奴盘踞于内蒙古大青山、乌拉山一带，直至公元 119 年，在西汉的强大攻势下，匈奴退居漠北。

公元前 3～前 4 世纪，内蒙古高原东部地区是东胡人的游牧领地，并形成了东胡系历史民族区，东胡语系是蒙古语各语族系的发源处。公元前 202 年～前 220 年（两汉时期），东胡分为鲜卑、乌恒。公元 2 世纪中叶，东胡的一支——鲜卑，取代了匈奴，统治了大漠南北。

游牧于内蒙古额尔古纳河和大兴安岭北段的拓跋鲜卑是鲜卑人的分支，后迁徙至呼和浩特平原，在盛乐建立了首府，之后进入华北地区。公元 386 年，建立了历史上的北魏王朝。

兴起于乌兰察布高原地区的东胡后裔柔然，在公元 5～6 世纪之间，占据了蒙古高原的北部和漠北广大地区。

公元 4 世纪起，同属于东胡后裔的契丹人游牧于内蒙古东南部地区。公元 916 年，契丹建立了“辽”，辽时期的版图包括漠南、漠北、东北和华北部分地区，内蒙古是辽王朝的中心地区。

北魏时期，大兴安岭山地北段和呼伦贝尔高原地区，居住着室韦族系。室韦起源于额尔古纳河附近的“蒙兀室韦”部落，是蒙古民族的祖先，内蒙古呼和贝尔地区是蒙古人的发源地。

隋唐以前，突厥语系各部游牧于漠北地区。最盛时期，突厥、回鹘统治过内蒙古大部分地区，历史上阴山、土默川地区曾有大批突厥语系人口迁入。公元845年，室韦达怛人进入漠北地区。公元10～11世纪时，漠北高原的东半部地区成为蒙古人的游牧栖息地。1206年，成吉思汗统一各部，建立了“蒙古族”，结束了北方草原地区多部族分割的局面。

在元代，蒙古诸部札剌亦儿、亦乞列思、弘吉剌、兀鲁等都居住在内蒙古地区，此时，内蒙古高原也是蒙古地区中文明程度最高的地区。自此往后，形成了内蒙古地区蒙古族为主体的民族构成格局（图4-2-3）。

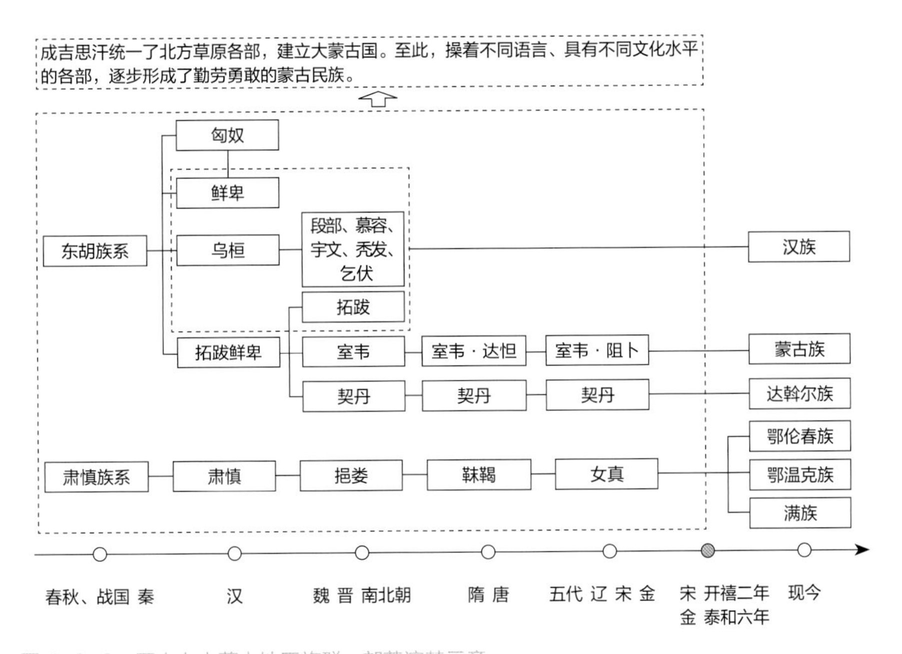

图4-2-3　历史上内蒙古地区族群、部落演替示意

二、传统建筑装饰文化区划因子提取

建筑装饰的形成、发展与其所处的地理、社会环境关系密切，前述内容中（第三章）从不同类型建筑视角，对不同类型建筑装饰文化特征进行系统解构，形成本章关于建筑装饰文化识别与区划因子的基础来源。

（一）建筑装饰文化区划参考因子

从文化区划的研究视角分析建筑装饰文化现象，可以将建筑装饰形式中承载的气候环境、材料特质、文化技艺、适用等级等内容进行基于区域化特征关联性研究，以辨明建筑装饰文化现象[133]。依前文（第三章）所述，建筑装饰是依附于建筑载体之上的表现形式，因此，建筑装饰文化区划与建筑文化区划具有直接关系。朱光亚先生从建筑结构与构件做法体系的对比性分析中对建筑文化圈进行区划研究[127]，建筑构筑形态受自然环境因素中的气候条件、地形地貌、建造材料等因素的影响，进而会出现受气候条件因素形成不同建筑布局形式、建筑空间形态及建筑屋顶样式，受建造材料分区因素产生的木构建筑、砖瓦作建筑、土筑及石筑等建筑形式。此外，不同功能、类型建筑以及建筑的不同空间组织秩序等受到社会文化环境的影响。据此，建筑装饰载体的物质性显性特征，构成建筑装饰文化区划的重要参考。而这些相互关系反映在建筑装饰的具体形态方面，形成了建筑装饰的空间差异，也是考查空间差异性的重要内容。基于此，同时依据文化区划原则[134]，本书将建筑装饰文化区划参考因子分为基础性因子、限定性因子、促进性因子。

1. 基础性因子

建筑装饰以建筑所处区域环境为基础，为突出内蒙古地区自然与文化环境特征，选定气候、地形环境与民族、宗教、历史等文化因子作为区划的基础性因子。内蒙古地区由东北向西南延伸，呈狭长形，横跨经度28°52′，受经向地域分异影响，内蒙古地区东西向自然环境差异显著且区域性特征明显。东部地区有大兴安岭、呼伦贝尔平原、锡林郭勒高平原等地形分布，中间分布着丘陵地貌，冬季严寒，降水充沛；黄河流经内蒙古中部地区，沿岸冲积形成了“塞上江南”的河套平原，库布齐沙漠、毛乌素沙漠和阴山山脉等不同类型的地貌景观，在中部地区交织分布；西部地区以沙漠地貌为主，包括有巴丹吉林、腾格里、乌兰布和沙漠，同时兼有山地分布，夏季炎热，降水量少。内蒙古地区以蒙古族为主体，主体民族文化特征凸显，此外，历史上人口迁徙、宗教文化传播而促就的多民族、多文化的互融，为本地区建筑装饰文化的形成提供生境基础。

2. 限定性因子

中国传统建筑装饰的首要特征，就是建筑各部件与其装饰的统一性，学界将其称之为建筑性装饰语言。建筑实体元素的具体形式，是建筑装饰形态、尺度、构成形式及装饰题材等方面的重要限定性因素，包括建筑布局、空间、材料以及建筑构件。内蒙古地区有实例考证的传统建筑大多始建于明末清初时期，主要涉及藏传佛教类、衙署府第类、民居类建筑类型，建筑形式包括汉式木构建筑、藏式建筑及地方式民居建筑等形式，建筑形式的差异形成不同的建筑结构形式与建筑构件形态，衍生出相应的建筑装饰形式（表4-2-1）。

内蒙古地区传统建筑装饰样式　　表 4-2-1

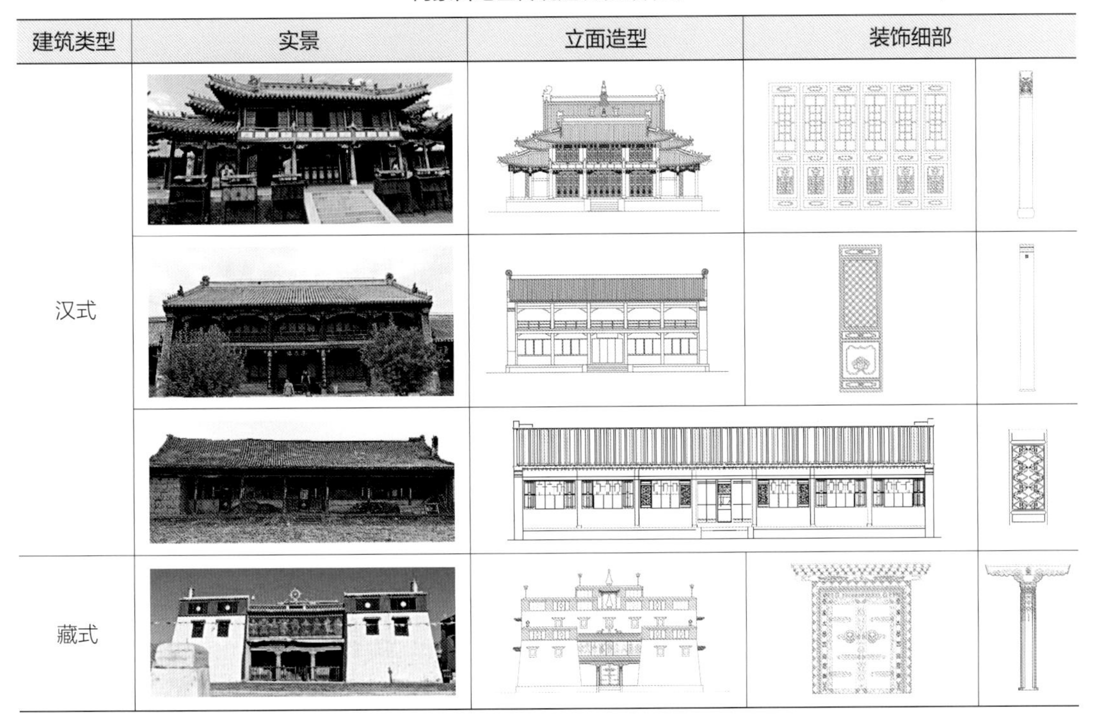

3. 促进性因子

建筑装饰是装饰艺术体系的组成部分，装饰艺术体系自身具有“系统性”构成，包括装饰题材、构图、色彩等方面。内蒙古地区具有典型民族文化特色的蒙古族装饰图案，是本地区建筑装饰中的重要装饰元素，分为核心图案及其衍生图案，装饰元素构成形式包括：单独、角隅、二方连续、四方连续。内蒙古呼伦贝尔、通辽地区是蒙古族主要聚居区，属于蒙古族文化核心区，区域范围内建筑装饰元素呈现出以核心图案装饰为主的区域特征。装饰色彩既体现地区民族文化特色，同时也将地理环境色彩关系、建筑类型色彩寓意等因素囊括其中。因此，装饰色彩的形成受地理环境、地域文化影响，同时体现地域特征。装饰艺术体系中所囊括的内容，形成了建筑装饰文化空间差异的独特景观。

以上针对建筑装饰文化因子（因素）的定性研究，从研究者视角出发，借助大量的文献资料与实地调研展开，形成文化区划参照因子范畴。

（二）建筑装饰文化区划因子权重分析

本书以内蒙古地区现存典型传统建筑为研究对象，包括民居聚落、宗教建筑以及衙署府第建筑。笔者实地考察传统建筑 161 处（传统村落 26 个，宗教建筑（群）127个，衙署府第类建筑8个），其中包括国家级传统村落16个，国家级文物保护单位23个，在分布区域、建筑类型、数量方面满足研究的代表性。重点对传统村落中的民居建筑、宗教类建筑中的藏传佛教建筑以及衙署府第类建筑进行实地调研，对建筑装饰进行详细测绘，对建筑接触者进行深度访谈，并对资料进行收集、整理，同时建立了内蒙古地区传统建筑装饰数据库。

1. 数据收集

建筑装饰关键性文化因子既有显性因子，通过实地调研、测绘即可识别，也包括隐含在建筑形式下的非物质性隐形因子，需要借助文献资料的收集以及实地访谈调研的方式进行挖掘。因此，本书基础数据的收集将现场调研与深度访谈相结合，一方面可以对深度访谈内容进行形象化补充；另一方面对建筑装饰众多形式的细致调研、记录，弥补以往研究中的不足，这也是扎根理论研究的优势所在。笔者耗时近三年，自西向东，行程近8000千米，对内蒙古地区现存传统建筑装饰进行了不同层面的调研，在调研过程中对重点调研对象进行了详细测绘，对建筑的“参与者”进行深度访谈。建筑的“参与者”主要包括建筑的建造者、使用者、管理者、研究者等诸多与建筑有关系的人。一方面是在实地调研过程中，通过偶遇的形式，对建筑的管理者、使用者征得访谈同意，可以增加访谈内容的宽度，在实地调研过程中，还会偶遇正在进行建筑修缮的施工现场，也会为资料的获取提供机会；另一方面，出于工作关系，笔者与内蒙古地区城市区域规划、民族建筑及历史考古领域的专家学者有较多工作往来，对这些专家学者进行相关访谈，增加访谈的深度。本书基础数据的获取方式采用扎根理论中半结构式访谈与非结构式访谈。访谈前征得被访谈者的同意，尽力与被访谈者之间建立起相互信任的关系，依据访谈对象与形式的不同，访谈时间进行分别计划，半结构式访谈时间控制在15分钟，非结构式访谈时间控制在1.5小时，访谈结束后，及时对访谈录音文件进行文字化处理，以便后续分析使用。

1）深入访谈对象的选择

为了方便制定调研计划与路线，按照内蒙古地区行政区域地理位置、民风民俗及气候特征，对调研区域进行暂时性区域划分：分为3个一级区域，8个二级区域，在每个二级区域下根据建筑在各旗县、乡镇苏木、村嘎查的具体分布现状进行定点，划定建筑所在区域坐标，以点为单位展开现状调研。在此基础上，从调研区域内的宗教类、民居类及衙署府第类建筑中选取9个具有重要历史价值的典型调研样本，调研样本在所处区域、建筑类型方面涵盖内蒙古地区传统建筑在区域位置及类型方面的特征（表 4-2-2）。

半结构式访谈调研区域对象　　表 4-2-2

分布区域		代表建筑	建筑艺术特征	形态特征	装饰细部	受访者信息
Ⅰ	Ⅰ-1	喀喇沁王府	融合蒙古族、汉族、满族、藏族艺术文化特征			场所管理员到访者
	Ⅰ-2	库伦三大寺	内蒙古现存比较完整的汉藏结合式藏传佛教格鲁派寺庙建筑群，也是内蒙古地区唯一一座符合当时政教合一体制的藏传佛教建筑群		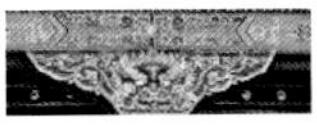	寺庙喇嘛建筑修缮技师
Ⅱ	Ⅱ-1	大召寺	清代漠南蒙古地区第一座藏传佛教格鲁派寺庙，总体布局以“迦蓝七堂制”为布局形式，东西偏院的不规则布局又体现了藏式寺庙布局形式的特征			寺庙喇嘛建筑修缮技师到访者
	Ⅱ-2	五当召	“自由式”建筑布局形式，依山而建，典型藏式建筑			寺庙喇嘛建筑修缮技师
	Ⅱ-3	隆盛庄	隆盛庄民居以四合院为主，房屋装饰不施色彩，装饰以木雕为主，兼具汉族、蒙古族艺术特色			当地居民
	Ⅱ-4	汇宗寺	始建于 1691 年，汉式风格寺庙建筑，建筑形式庄严华丽，形制极高，建筑装饰形式为官式建筑			寺庙喇嘛当地学者到访者
Ⅲ	Ⅲ-1	定远营头道巷民居	清代保存至今较为集中的古建筑群，是草原文化与中原地区文化，蒙古族、满族、汉族多民族文化的融合			当地居民到访者
		和硕特亲王府	始建于清康熙三十六年（1697 年），建筑布局形式为典型的明清四合院建筑风格，装饰精美，是蒙古族、汉族、藏族建筑艺术风格的融合			场所管理员
	Ⅲ-2	阿贵庙	藏式“自由式布局”，主体建筑以藏式建筑艺术特征为主			寺庙喇嘛

对调研样本的参与者（包括使用者、到访者及其他相关人员）进行32人次半结构访谈。参与本书研究非结构访谈的专家学者共10人，是分别从事城市区域规划、民族建筑及历史考古领域的专家学者，其中包括从事古建筑修复领域的专家，内蒙古地区民族、民俗学领域的专家以及城市规划、风景园林、建筑学领域的专家学者（表4-2-3）。

受访专家构成（10人） 表4-2-3

受访专家所在单位	受访专家专业领域及受访人数
故宫博物院古建部	古建筑彩画3人
内蒙古将军衙署博物院	内蒙古地域文化1人
哈尔滨工业大学建筑学院	文化线路、遗产廊道1人
内蒙古师范大学旅游学院	蒙古族民俗2人
内蒙古赤峰市博物馆	内蒙古地区历史考古2人
内蒙古工业大学建筑学院	地域建筑学1人

2）访谈提纲设计

面向建筑参与者的半结构式访谈，依据文献阅读，研究制定了访谈提纲，同时调研、走访了2个传统建筑案例，结合专家意见，对访谈提纲的科学性与适用性进行了测试、修正。整个访谈过程以“建筑装饰文化特征”为问题指引，按照半结构访谈形式进行。访谈内容依照预先设定的访谈提纲开展，访谈提纲的具体设计依据建筑类型不同，内容有所差别（表4-2-4）。针对专家学者进行的非结构访谈以日常会话的形式进行，强调学者个人想法的流露，访谈内容不作预先设计，但以访谈问题指引开展。

访谈内容提纲 表4-2-4

问题指引	建筑装饰文化特征		
建筑类型	宗教类建筑	衙署府第类建筑	民居类建筑及其他
问题提纲	1. 建筑的始建及大规模修缮时间，历次修缮时间； 2. 建筑装饰与相关文化的关系； 3. 装饰样式的形成与什么因素有关 ……	1. 装饰样式与官式建筑形制的关系，具体体现在哪里； 2. 建筑装饰地域性特征的体现； 3. 建筑类型与装饰的形式关系 ……	1. 民居的建成时间及地域特征； 2. 建造工匠及技师的流派传承与特征； 3. 老百姓对装饰的喜好特征 ……

2. 构建建筑装饰数据库

构建了调研资料数据库，形成逻辑清晰的数据管理系统（图 4-2-4），将实地调研及深度访谈各项数据进行数据录入。

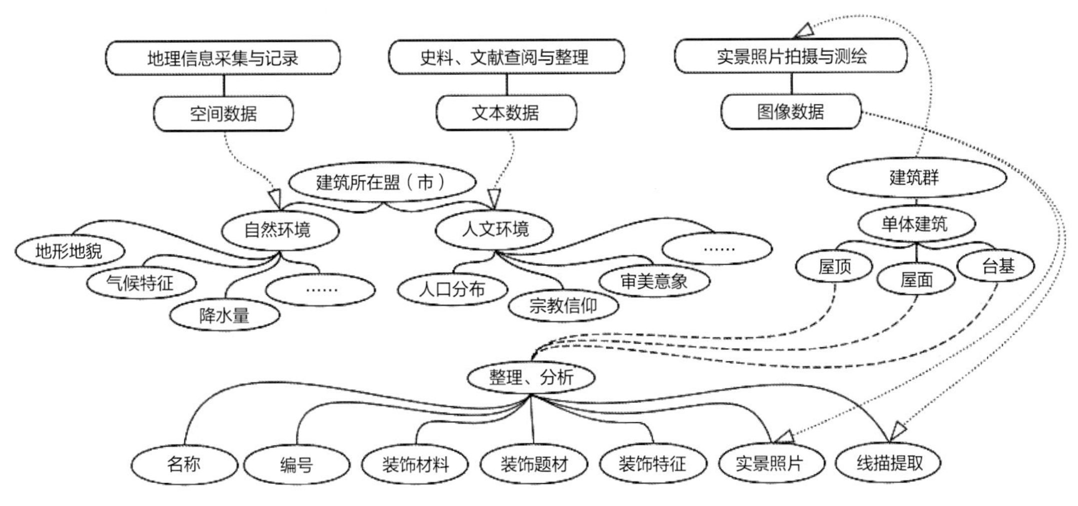

图 4-2-4 数据库逻辑构架

3. 确定文化因子范畴

文化因子的确定需要借助扎根理论对资料的数据分析而获得。扎根理论对数据的分析过程称为“编码（Coding）”。具体分析过程为：首先将深度访谈数据资料转化成“源”文件；其次对“源”文件进行逐词、逐句分解、辨析，形成初步概念；最后将概念继续抽象、提炼、综合形成范畴，提炼出众多现象背后的文化因子。

1）开放性编码

对深度访谈获取的 38 组访谈“源”文件进行逐句分析，将“源”文件中涉及建筑装饰方面的内容进行概念提取，并初步范畴化，这些初步形成的范畴是建筑装饰文化因子的基础。

例如：对内蒙古族学者的访谈内容进行语句辨认，搜索到：

“建筑装饰方面，比较重要的内容是装饰纹样，比如蒙古族纹样和藏族纹饰，当然这两个民族纹样也有很多相似之处，还有一个很大的原因，就是佛教在它们之间起了很大的作用。因此，藏传佛教传入内蒙古地区以后，通过佛教使西藏的一些文化融入蒙古族文化，蒙古族的好多文化融入藏族文化，它们互相影响，但是其也有自己非常明显的个性”。

获取访谈内容关键语义，找到“装饰纹样是建筑装饰中的重要内容；蒙古族装饰纹样受到藏族文化的影响；藏传佛教在内蒙古的传播使得蒙古族、藏族文化有了互相交流；蒙古族依然保留自身特征”，并对关键语义进行抽象、概念化，形成民族文化、宗教文化、文化交流、民族特征，依次对概念进行编码。在此阶段依据访谈文本资料提炼和生成与建筑装饰构成内容共计贴标签278个，形成概念87个（表4-2-5）。

“源”文件开放性编码过程示意　表4-2-5

访谈记录	开放性编码	
	标签	概念化
略	传统建筑装饰具有创作的集体性、应用的广泛性； 建筑装饰能够寻根溯源； 建筑上装饰图案保存时间较短，历经多次修缮后，装饰图案与原貌发生了变化； 建筑修建是由朝廷委派工匠； 当地民间工匠才是建筑修建的主力 ……	寻根溯源（a1） 建筑装饰图案保存时间短（a2） 历经多次修缮（a3） 样式发生改变（a4） 官式工匠（a5） 民间工匠（a6） ……
	蒙古族是包容性很强的民族，装饰形式在发展过程中的特点是包容多种文化； 在建筑装饰中，有将几种形式组合起来的现象； 建筑装饰中装饰图案有多民族融合的特征，但以蒙古族主体民族特征为主 ……	包容性（a10） 多种形式组合（11） 多民族形式的组合（a12） 主体民族特征明显（a13） ……
……	……	……
略	建筑装饰形式有固定模式； 建筑装饰中装饰图案是成熟的、约定俗成的符号体系，是建筑景观的符号； 建筑装饰图案样式有创新 ……	固定模式（a34） 符号体系（a35） 样式创新（a36） 发展（a37） ……
	装饰的内容、题材与建造时期的物质生活和思想意识有重要关系； 装饰形式可以美化建筑； 装饰题材表达思想、祈望 ……	建筑装饰内容与物质生活和思想意识的关系（a42） 建筑的美观要求（a43） 思想意识的表达（a44） ……
略	建筑的形式和装饰样式体现建造年代和建筑类型 用什么样的装饰与建筑的关系很密切 ……	建筑形式与装饰样式反映建筑的建造时间及类型（a76） 建筑类型决定图案题材（77） ……
	传统建筑的结构以木构架结构为主； 裸露在外的结构构件进行美化处理； 建筑装饰形式构件形式有很好的结合	木构架结构（a84） 梁、柱、枋等大木构件（a85） 建筑结构装饰（a86） 装饰样式与构件形式的结合（a87）

2）主轴编码

主轴编码阶段是建立开放性编码过程中产生的87个相关概念之间的相互联系，寻找性质相同的概念并进行“范畴化”，同时对开放性编码阶段被分解的资料进行重新整合。这个阶段的任务是要形成具有聚合性的概念和类别[135]。例如：在开放性编码阶段形成的“包容性”“多民族形式组合”“主体民族特征明显”“民族文化特征”等几个概念范畴，都反映了内蒙古地区建筑装饰形成、发展过程中“主体民族特征及其文化特征”因素，可以主轴编码为“民族文化”。通过概念的不断引入、持续编码，“源”文件中的相关类属逐渐浮现，最终确定17个主范畴为内蒙古地区建筑装饰文化景观的关键因子，关键因子形成过程如表4-2-6所示。

关键因子编码过程　　表4-2-6

关键因子	访谈源文件出现次数	编码次数	关键因子	访谈源文件出现次数	编码次数
建筑类型	21	22	纹样题材	9	9
建筑形式	18	16	礼制文化	9	7
民族文化	17	18	建筑材料	8	9
宗教文化	16	18	历史文化	7	9
气候特征	13	11	装饰色彩	5	4
地形地貌	12	10	地方风俗	3	2
建筑空间	13	10	保护等级	16	13
院落布局	11	8	建筑规模	11	8
构建尺度	25	23			

依据深度访谈及扎根理论的编码过程，同时对理论饱和度进行判断，将尚未完备的范畴补充完整，没有新的理论范畴出现，证明理论达到饱和状态，最终将构成建筑装饰文化因子范畴归类为：反映区域文化相关的基础性因子、反映建筑文化相关的限定性因子、反映建筑装饰形式的促进性因子。

（1）反映区域文化特征的相关因子

反映区域文化特征的相关范畴包括自然要素与文化要素：①自然要素在很大程度上影响建筑的形成，其中气候、地形及山水格局决定了建筑的地域性特征与文化特征，同时对建筑空间及布局形式具有重要的影响与制约；②文化要素包括民族文化、宗教文化、礼制文化、历史文化、建造技艺等，是建筑装饰表达建筑语义的重要方面，同时也是建筑装饰地域文化特征的体现。民族文化在建筑装饰发展过程中形成了特定的影响机制，蒙古族开放、包容的民族品质形成了多文化兼容并蓄的发展局面，同时也促进了建筑装饰的多元化发展。内蒙古地区建筑装饰既有蒙古族典型的装饰样式，又有受到汉族、藏族、满族文化影响形成的多民族融合的装饰形式。历史文化因素是构成建筑装饰发展的时间序列，“时间”维度成为这一范畴的主要特征，同时反映出非物质因素对本体因素发展的重要影响。另外，内蒙古地区的地域环境面貌与蒙古民族特有的审美特征使得本地区建筑装饰在发展过程中，依旧保持主体民族的典型特征。

（2）反映建筑文化的相关因子

反映建筑文化相关范畴包括建筑布局、建筑类型、建筑构件、建筑空间、建筑材料等关键要素，是影响建筑装饰与建筑载体形态契合的重要方面，对建筑装饰的类型、尺度、形态、构成形式及装饰题材等方面起到限定作用。建筑类型决定建筑装饰类型，内蒙古地区传统建筑主要包括藏传佛教类建筑、衙署府第类建筑以及民居类建筑，每种类型建筑中的装饰形成了特定的装饰类型。建筑装饰依附于建筑构件，建筑载体之上的装饰都在做与建筑构件形态契合的“变化”，而这也正是建筑装饰在构图设计时主要设计内容，进而形成了内蒙古地区特有的地域性建筑装饰样式。

（3）反映建筑装饰形式的相关因子

反映建筑装饰形式相关范畴既与建筑有着密切关联，受到建筑尺度、形态、材质以及类型等方面的影响；也是装饰艺术系统的一个类型，具有装饰色彩、装饰题材、装饰构图等方面的因素。内蒙古地区具有地域、民族文化特色的蒙古族装饰图案，是本地区建筑装饰中典型的装饰元素，蒙古族图案由核心图案及衍生图案组成，核心图案包括哈木尔云纹、盘肠纹、回纹等，衍生图案是其他民族及宗教文化与蒙古族文化融合的图案表现形式，装饰构成形式主要有单独、角隅、二方连续、四方连续的构成形式。在建筑载体中，建筑装饰题材受到建筑类型的制约，同时也是不同类型建筑的文化表现，与此同时，装饰构成形式受到建筑构件尺度及形状因素的制约。内蒙古地区藏传佛教建筑梁枋中较多应用哈木尔云纹并且通过二方连续的构图形式进行排列的装饰样式，是较为典型的地域性建筑装饰形式。

4. 文化因子权重

基于以上对内蒙古地区传统建筑装饰文化区划因子讨论，为增加研究的客观性，首先，应用层次分析法（AHP）对文化区划因子进行层次划分，将基础性因子、限定性因子、促进性因子三个参考因子确定为准则层，对各参考因子依据研究区域范围及对象特征进行细分，形成 6 个标准层、17 个指标层（表 4–2–7）。

内蒙古地区建筑装饰文化因子体系　　表 4–2–7

目标层	准则层	标准层	指标层	指标层含义（区划因子）
内蒙古地区传统建筑装饰文化区划因子层次体系（A）	基础性因子（N1）	自然要素（M1）	气候特征（D1）	温带大陆性季风气候
			地形地貌（D2）	草原、沙地、平原、山地
		文化要素（M2）	民族文化（D3）	建筑所在行政区域民族构成
			宗教文化（D4）	宗教制度、宗教仪轨文化内容
			礼制文化（D5）	礼制等级、秩序等文化内容
			历史文化（D6）	历史时序过程中经历的文化内容
			地方风俗（D7）	民族风俗、宗教风俗
	限定性因子（N2）	布局规模（M3）	保护等级（D8）	国家级文物保护单位、自治区级文物保护单位、内蒙古自治区市县旗级文物保护单位
			院落布局（D9）	中轴对称、组团布局、半自由式布局、自由式布局及其他
		布局规模（M3）	建筑规模（D10）	单体建筑规模，包括开间数、层数；建筑群规模，包括单体建筑数量
		类型样式（M4）	建筑类型（D11）	宗教类建筑、衙署类建筑、民居类建筑
			建筑形式（D12）	汉式、藏式、汉藏结合式、汉式建筑形式基础上的地方样式
		载体内容（M5）	建筑材料（D13）	木、砖、石、瓦、泥
			构件形状（D14）	长方形、正方形、圆形、异形
			构件尺度（D15）	依据建筑开间尺度不同，梁、枋等构件尺度的差异
	促进性因子（N3）	装饰样式（M6）	装饰色彩（D16）	屋顶（瓦当）色彩、屋面（柱、门、窗、梁枋彩画）色彩
			纹样题材（D17）	屋脊、鸱吻、梁枋彩画、柱头、滴水等建筑部位装饰题材，包括动物题材、植物题材、宗教题材等

通过调查量表，对文化因子进行重要性比较问卷调查，借助 Super Decisions 分析软件，对调查结果进行权重分析，形成主导文化因子的重要参考，对权重值较高的文化因子进行了色块标注（表 4–2–8）。

文化因子权重　　表 4-2-8

目标层	准则层	标准层	指标值	指标层	指标值
内蒙古地区传统建筑装饰文化区划因子层次体系（A）	基础性因子（0.277）	自然要素（M1）	0.264	气候特征（D1）	0.006
				地形地貌（D2）	0.012
		文化要素（M2）	0.736	民族文化（D3）	0.046
				宗教文化（D4）	0.063
				礼制文化（D5）	0.054
				历史文化（D6）	0.016
				地方风俗（D7）	0.037
	限定性因子（0.211）	布局规模（M3）	0.628	保护等级（D8）	0.005
				院落布局（D9）	0.063
				建筑规模（D10）	0.035
		类型样式（M4）	0.372	建筑类型（D11）	0.111
				建筑形式（D12）	0.072
		载体内容（M5）	0.413	建筑材料（D13）	0.042
				构件形状（D14）	0.136
				构件尺度（D15）	0.084
	促进性因子（0.512）	装饰样式（M6）	0.587	装饰色彩（D16）	0.112
				纹样题材（D17）	0.106

备注：权重值较高因子以灰色标注。

5. 主导因子确定与量化

文化区的划分经常因为文化区组成因子的多样性以及因子层面的多重性，使得区划标准与结果具有因研究目的差异而不同的问题。每一个社区都有它的特别景象，区域化必须以具体景象作为基础。建筑装饰受自然环境、社会文化等因素影响，以及地貌与气候条件影响建筑布局形式，降水量的多少决定了屋顶样式，而地域、民族、宗教等文化内容又决定了建筑装饰的具体样式，但自然与文化因素隐藏在装饰现象背后，不满足区划因子特征性强、直观、可识别性特征。建筑屋顶是我国传统建筑的重要组成，体量大、造型突出，而屋顶脊饰、瓦当滴水纹样既是屋顶装饰的主要方面，又是表现建筑等级、地域文化的显性内容；建筑屋面装饰主要集中在梁、枋、柱以及门、窗装饰，梁、枋、柱上施绘的彩画集合了我国传统建筑的精华，是建筑类型、等级、地域文化特征的表现，而彩画色彩是相关文化信息的直接表达且识别度高；门、窗格栅样式受到地域气候环境、建筑材料、社会文化等因素影响，呈现出相应的样式。结合区划因子权重分析，回归到建筑装饰文化的生成根本与构成，最终遴选出建筑布局、屋顶脊兽样式、瓦当滴水纹样、窗格栅样式、梁枋彩画色彩五个特征性明显、代表性强的因子作为建筑装饰文化区划主导因子（表 4-2-9）。

内蒙古地区传统建筑装饰文化区划主导因子　　表 4-2-9

主导文化因子	文化因子内容
建筑布局形式	中轴对称式、组团式、半自由式、自由式、其他
屋顶脊兽样式	官式、官式变形
	地方样式、兽头、无垂兽
	其他（损毁严重）
瓦当滴水纹样	官式样式：龙纹、凤纹
	类官式样式：寿字纹、莲花纹、植物纹
	地方样式：摩尼宝、饕餮纹、兽面
	其他（建筑无此结构、资料短缺）
窗格栅样式	汉式窗格栅样式：正搭斜交方眼、正搭正交方眼、步步紧、灯笼纹、直棂窗、花边菱形、扇形圆形组合
	仿汉式窗格栅样式：双交四椀菱花格心、三交六椀菱花格心、套方格心、工字纹、龇亚纹、冰裂纹、龟背锦
	地方样式格栅：盘肠纹、直棂配菱形纹、正搭斜交配圆形、海棠纹
	其他样式：玻璃、木板、假窗无格心、石雕
梁枋彩画色彩	官式做法：青、绿，青、绿、红
	类官式做法：青、红，绿、红
	地方做法及其他：青、红、破损严重、无彩画

所确定的主导因子属于描述型因子，首先对各因子在研究区域内的取值进行统一编码处理；其次，根据因子编码的差异确定相似性量化值，完成对主导因子量化处理（表 4-2-10）[136]。

主导因子内容及量化赋值　　表 4-2-10

主导因子	主导因子内容	赋值
建筑布局形式	中轴对称式	1
	组团式	2
	半自由式	3
	自由式	4
	其他	5
屋顶脊兽样式	官式	1
	官式变形	2
	兽头	3
	地方样式	4
	无垂兽	5
	其他（看不清、已损毁）	6
瓦当滴水纹样	龙纹	1
	凤纹	2
	寿字纹	3
	莲花纹	4
	植物纹	5
	摩尼宝	6
	饕餮纹	7
	兽面纹	8
	其他（建筑无此结构、资料短缺）	9
窗格栅样式	三交六椀菱花格心	1
	双交四椀菱花格心	2
	套方格心	3
	龟背锦	4
	冰裂纹	5
	工字纹	6
	亚字纹	7
	扇形圆形组合	8
	正搭斜交方眼	9
	正搭正交方眼	10
	步步紧	11

续表

主导因子	主导因子内容	赋值
窗格栅样式	直棂窗	12
	灯笼纹	13
	花边菱形	14
	海棠纹	15
	直棂配菱形纹	16
	正搭斜交配圆形	17
	盘肠纹	18
	玻璃	19
	木板	20
	假窗无格心	21
	石雕	22
	其他［建筑无此构件（藏式建筑），修缮中］	23
梁枋彩画色彩	青、绿	1
	青、绿、红	2
	青、红	3
	绿、红	4
	青	5
	红	6
	其他（资料短缺、无彩画）	7

三、传统建筑装饰文化分区

对内蒙古地区传统建筑装饰文化区划主导因子进行单因子聚类分析，避免以往建筑装饰研究中以定性研究为主而造成的主观性和任意性，增加研究结果的客观性。本书应用 SPSS 软件对建筑布局、屋顶脊兽样式、瓦当滴水纹样、窗格栅样式、梁枋彩画色彩五个主导因子进行单因子聚类统计分析，得到主导文化因子聚类分析结果（表 4-2-11）。

主导因子聚类分析结果 表 4-2-11

主导因子	聚类分析结果
建筑布局形式	中轴对称式
	组团式、半自由式
	自由式、其他
垂脊垂兽	官式、官式变形
	地方样式
	其他
滴水纹样	官式（龙纹、凤纹）
	官式变形（寿字纹、莲花纹、植物纹）
	地方样式（摩尼宝、饕餮纹）
	其他（兽面、建筑无此结构、资料短缺）
窗格栅样式	汉式格栅（正搭斜交方眼、正搭正交方眼、步步紧、灯笼纹、直棂窗、花边菱形、扇形圆形组合）
	仿汉式格栅（三交六椀菱花格心、双交四椀菱花格心、套方格心、龟背锦、冰裂纹、工字纹、黻亚纹）
	地方样式格栅（海棠纹、直棂配菱形纹、正搭斜交配圆形、盘肠纹）
	其他（玻璃、木板、假窗无格心、石雕、建筑无此构件）
梁枋彩画颜色	青、绿，青、绿、红
	青、红，绿、红
	红、青
	其他

应用ArcGIS，对五个主导因子的聚类分析结果进行核密度制图（图4-2-5～图4-2-9），将主导因子所对应建筑在空间上的分布密度进行展示，点越密集的区域代表发生率越高，并以此为基础进行主导因子聚集区域特征分析（图4-2-10）。

对主导因子文化区域进行叠合分析，可以发现五个主导因子所呈现出的不同区划结果具有重叠现象，重叠越明显代表其文化特征相似度越高，以此为依据得到初步文化分区结果。需要注意的是，初步文化分区结果出现了将地级市行政区域划分在不同范围的情况。此时，需要将划分界域下调为乡镇界域，结

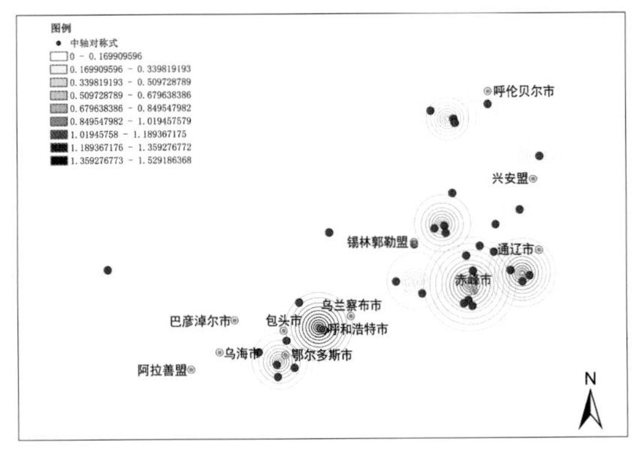

（a）中轴对称式

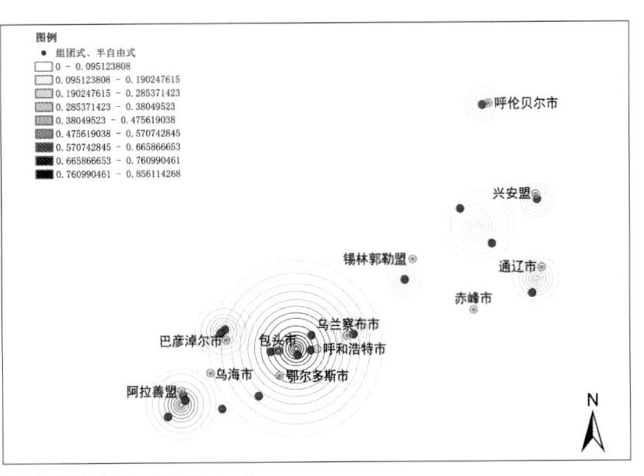

（b）组团式、半自由式

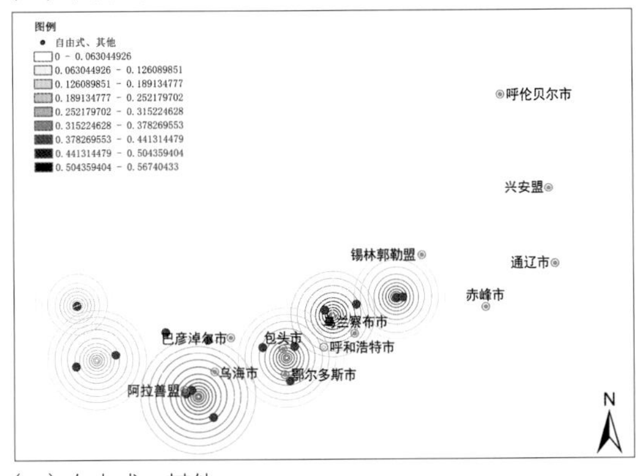

（c）自由式、其他

图 4-2-5　建筑布局形式分布核密度图

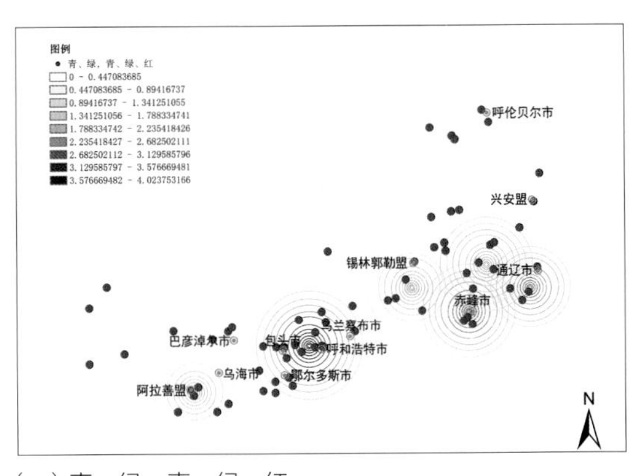

（a）青、绿，青、绿、红

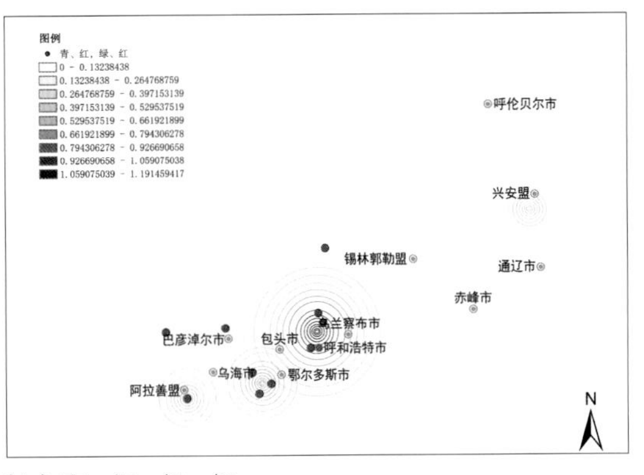

（b）青、红，绿、红

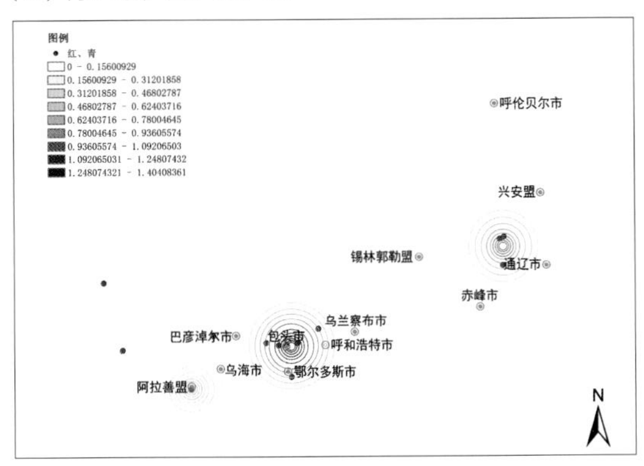

（c）红、青

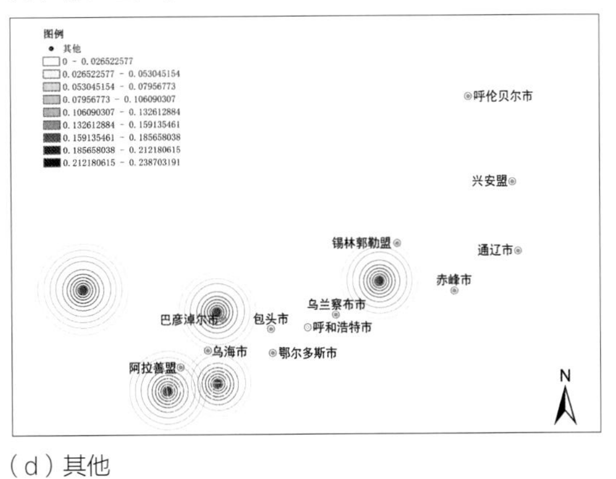

（d）其他

图 4-2-6　建筑梁枋彩画色彩分布核密度图

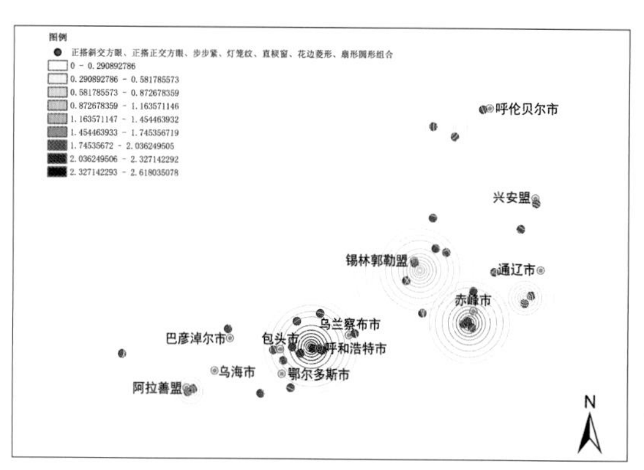

(a) 汉式格栅

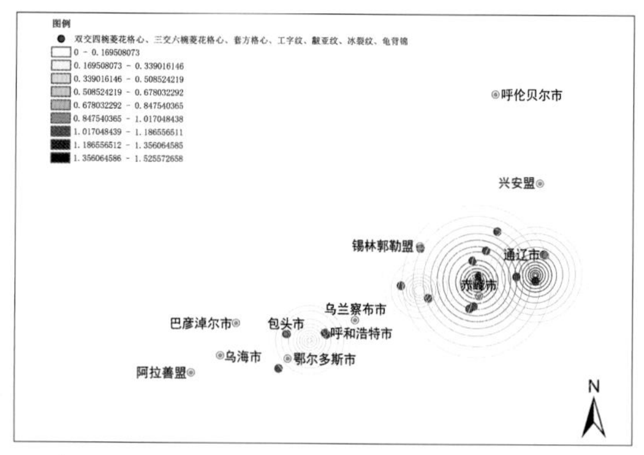

(b) 仿汉式格栅

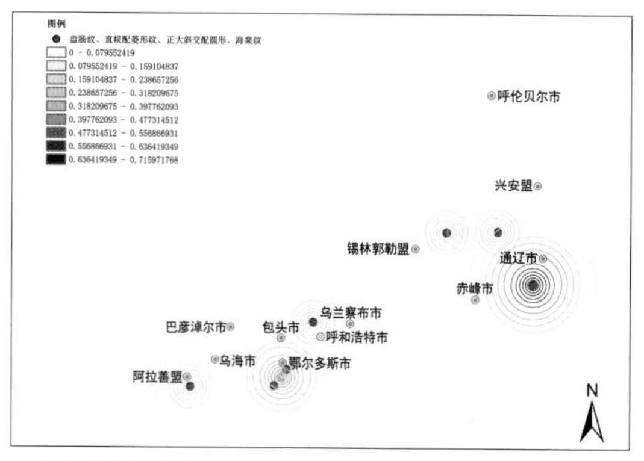

(c) 地方样式格栅

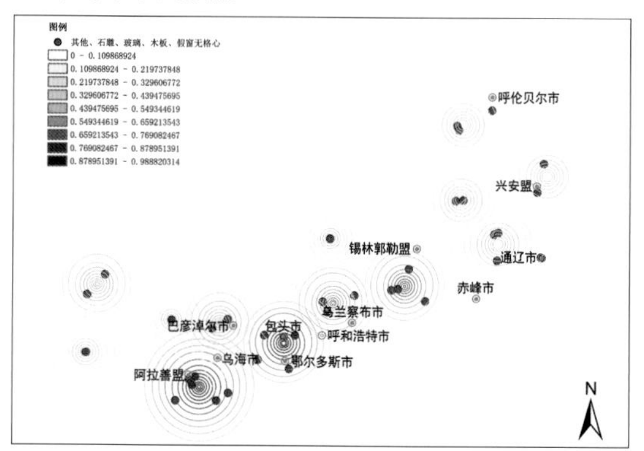

(d) 其他

图 4-2-7　建筑窗格栅样式分布核密度图

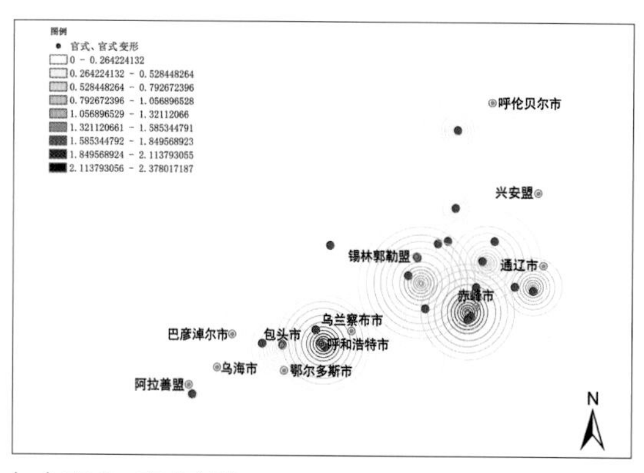

(a) 官式、官式变形

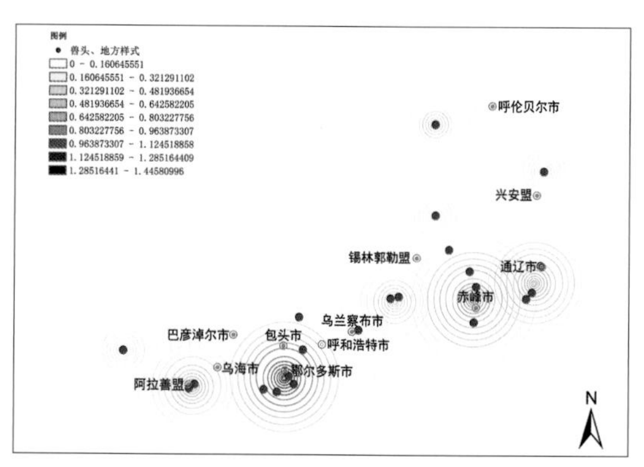

(b) 地方样式

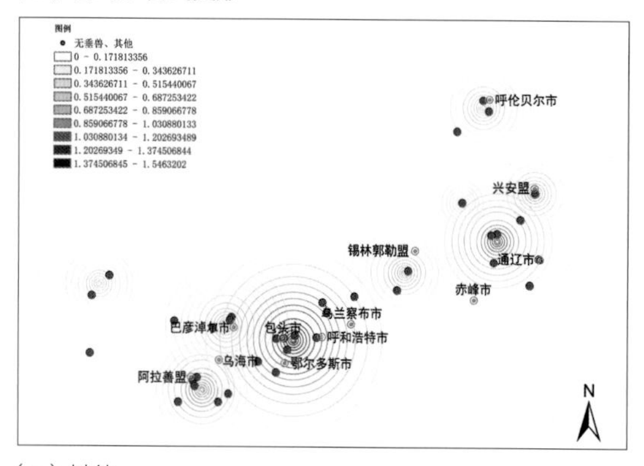

(c) 其他

图 4-2-8　建筑垂脊、垂兽样式分布核密度图

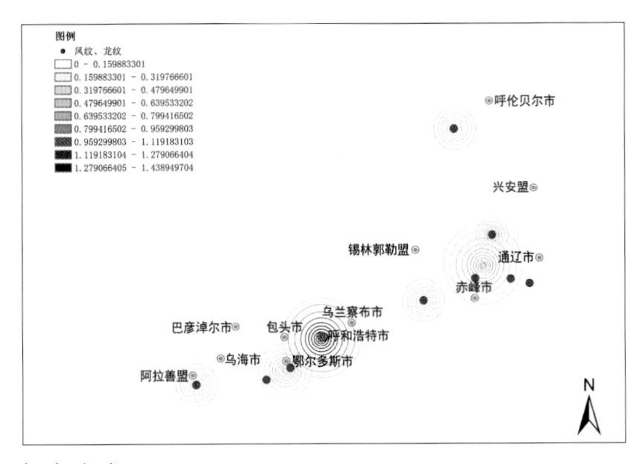

（a）官式

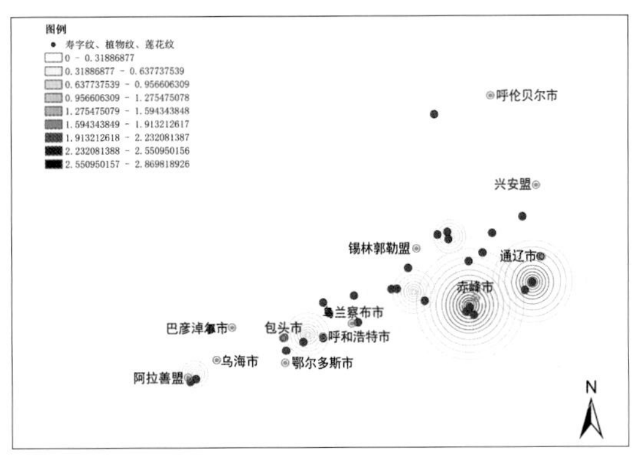

（b）官式变形

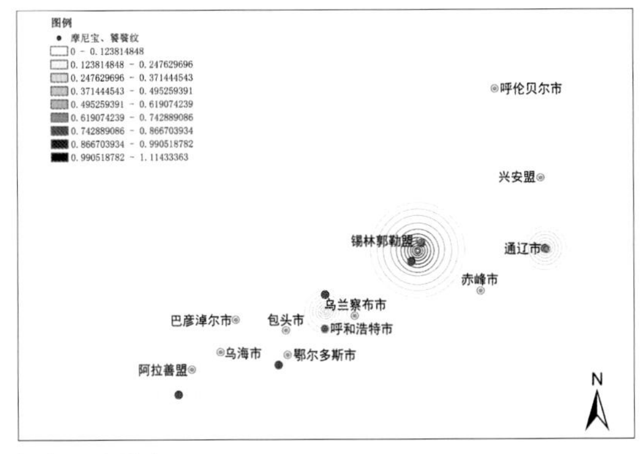

（c）地方样式

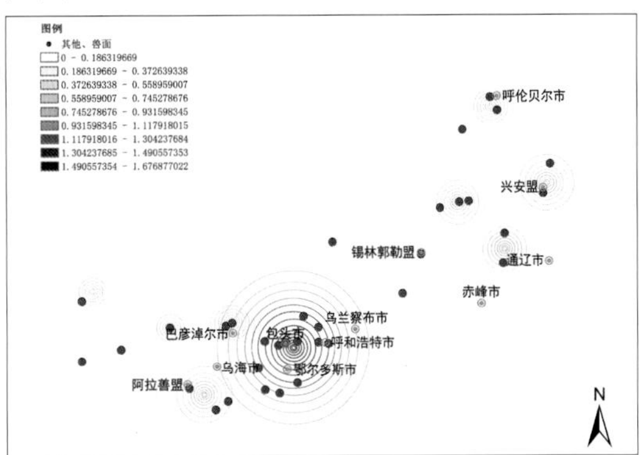

（d）其他

图 4-2-9　建筑滴水纹样样式分布核密度图

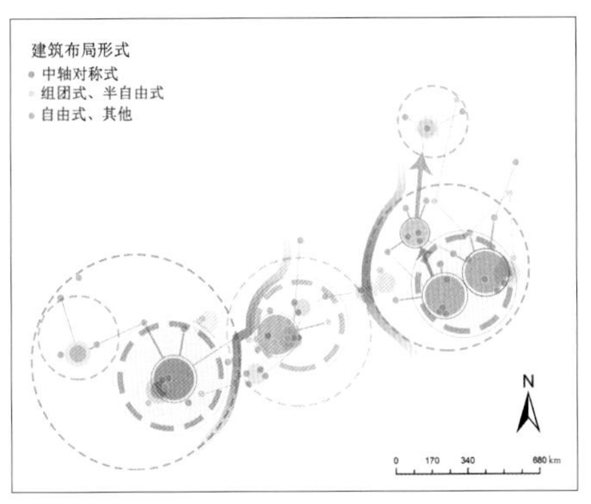

（a）建筑布局因素分区

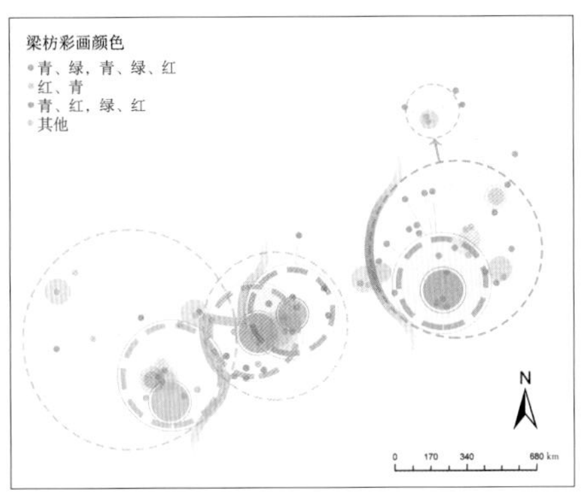

（b）梁枋彩画色彩因素分区

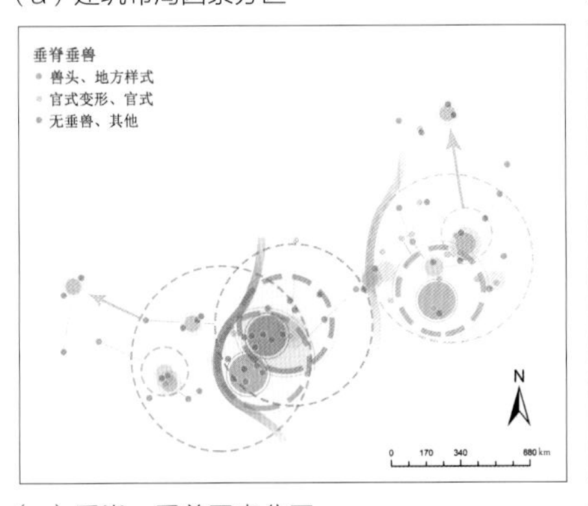

（c）垂脊、垂兽因素分区

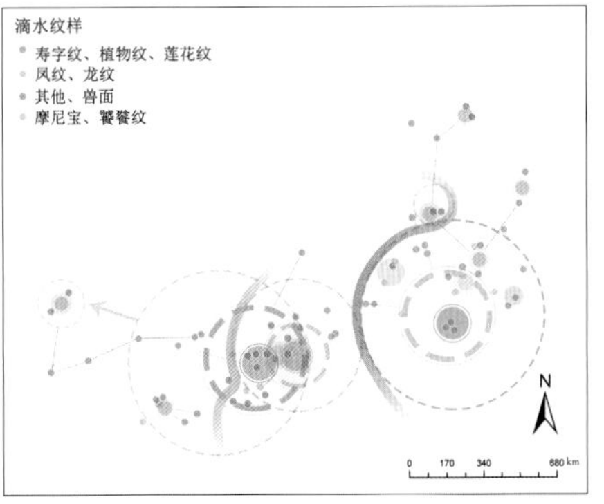

（d）滴水纹样因素分区

图 4-2-10　主导文化因子分区

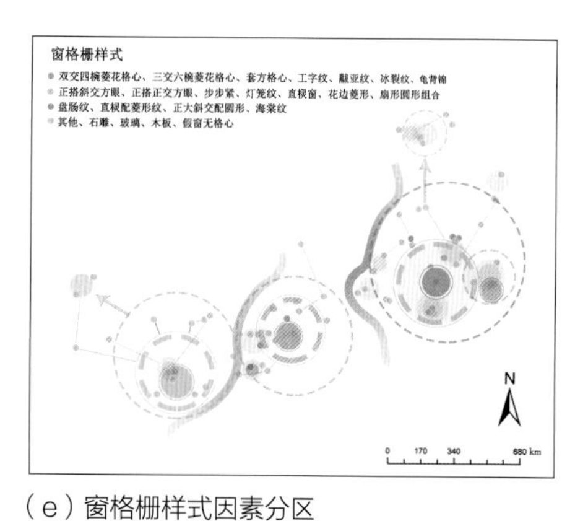

（e）窗格栅样式因素分区

图 4-2-10　主导文化因子分区（续）

合研究对象所属区域范围，同时参考其他文化因子，进行边界微调，最终分为 3 个文化区（图 4-2-11、表 4-2-12）：内蒙古东部草原蒙汉传统建筑装饰文化区、内蒙古中部土默川平原多元传统建筑装饰文化区、内蒙古西部甘青文化影响传统建筑装饰文化区。

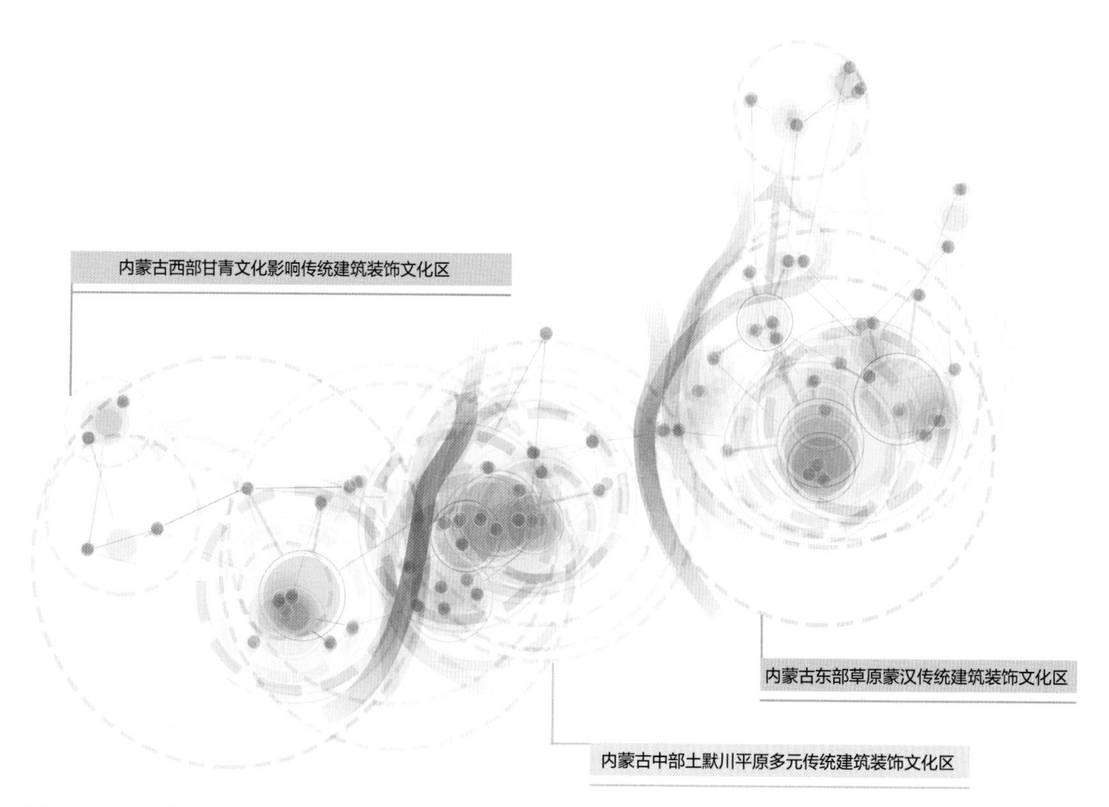

图 4-2-11　内蒙古地区传统建筑装饰文化分区示意图

内蒙古地区传统建筑装饰文化分区情况　表 4-2-12

名称	地貌	分布区域	核心区域	区域景观特色
内蒙古东部草原蒙汉传统建筑装饰文化区	草原	呼伦贝尔市、兴安盟、通辽市、赤峰市、锡林郭勒盟大部	赤峰地区	以蒙古式、汉式建筑装饰文化景观为主体，游牧民族文化特征为辅
内蒙古中部土默川平原多元传统建筑装饰文化区	平原	鄂尔多斯市达拉特旗、准格尔旗、伊金霍洛旗、乌审旗、包头市、呼和浩特市、乌兰察布市、锡林郭勒盟苏尼特左旗、苏尼特右旗	呼和浩特地区	以汉、蒙古、藏、满文化为主体，同时受近地域晋、陕地区文化辐射，形成多元文化景观特征
内蒙古西部甘青文化影响传统建筑装饰文化区	沙漠戈壁	阿拉善盟、巴彦淖尔市、鄂尔多斯市杭锦旗、鄂托克旗、鄂托克前旗	阿拉善盟阿左旗地区	以蒙古、汉文化为主体，同时受甘青地区文化影响，形成蒙古、藏文化景观特征

第三节　内蒙古地区传统建筑装饰文化区域特征

一、内蒙古东部草原蒙汉传统建筑装饰文化区域特征

（一）区域概况

内蒙古东部草原蒙汉传统建筑装饰文化区包括：呼伦贝尔市、兴安盟、通辽市、赤峰市以及锡林郭勒盟的锡林浩特市、二连浩特市、多伦县、阿巴嘎旗、东乌珠穆沁旗、西乌珠穆沁旗、镶黄旗、正镶白旗、太仆寺旗、正蓝旗。

1. 地理环境

内蒙古东部草原蒙汉传统建筑装饰文化区在地理位置上处于内蒙古自治区东北部，南依辽宁省，东南与黑龙江、吉林省相接壤，西北与蒙古国遥遥相望，东北以额尔古纳河为界与俄罗斯划界而分。

区域范围内以大兴安岭林地、呼伦贝尔草原以及科尔沁草原为主，这里有着我国最丰富的林草资源，环境气候由温凉半湿润向温凉半干旱过渡[137]。区域内形成以游牧为主、半农半牧为特色的生产生活方式。

2. 人文环境

内蒙古东部草原蒙汉传统建筑装饰文化区人口构成以汉族为主，少数民族中蒙古族占比最高，在整个内蒙古地区，东部地区蒙古族人口比例均高于其他地区。其中，通辽市蒙古族人口占比高达45.91%，是内蒙古地区所有盟市

中蒙古族所占比例最高的盟市。此外，满族人口占比也高于内蒙古其他地区（图 4-3-1）。因此，在这里，蒙古族游牧民族文化特征保留更为完整，不仅在草原牧区，草原与城市的过渡地带乃至城市中心，都可以感受到蒙古族文化在城市发展进程中的重要文化支撑作用。

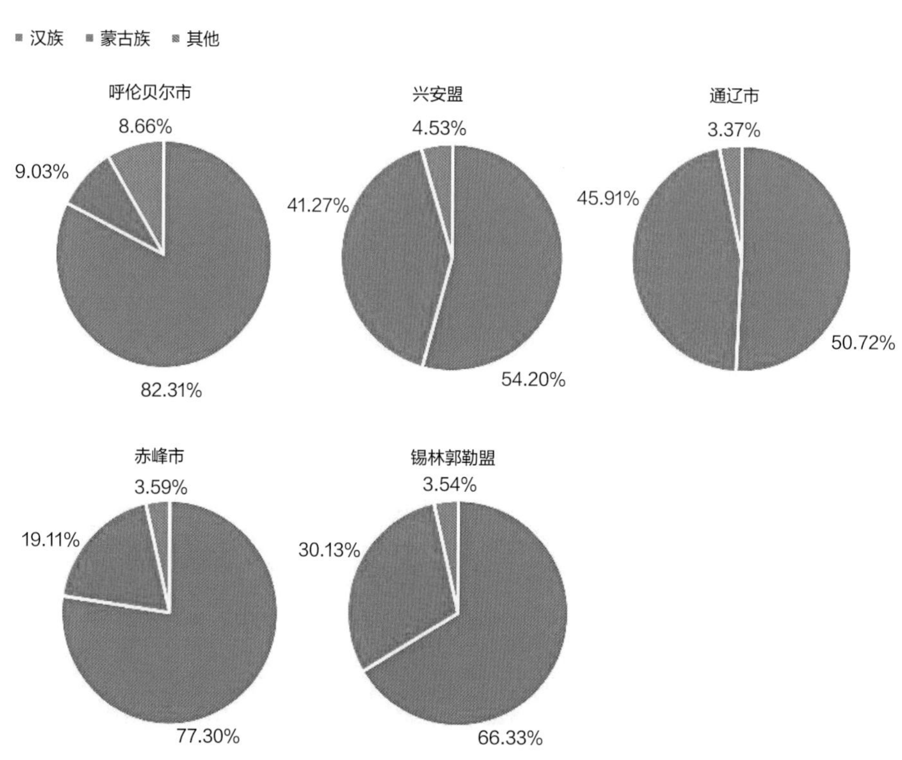

图 4-3-1 民族构成

内蒙古东部草原蒙汉传统建筑装饰文化区所辖部分区域在历史发展进程中与我国东北地区存在区域隶属关系，呼伦贝尔市（除 1 旗 1 县外）于 1969 年 7 月划属黑龙江省，1979 年 7 月由黑龙江省划归内蒙古自治区。通辽市的部分地区也曾划归辽宁省，加之地理位置上的紧邻，极大地促进了东部草原文化区与近地域省份（黑龙江、吉林、辽宁）的文化交流。内蒙古东部地区的宗教信仰种类较多，除了占主要地位的藏传佛教外，还有汉传佛教、伊斯兰教、东正教、天主教、基督教等宗教类型。以上文化内容促成了本地区建筑装饰文化现象的形成。

（二）文化核心区与边缘区

内蒙古东部草原蒙汉传统建筑装饰文化区的核心文化区为赤峰市大部分地

区，此外呼伦贝尔地区是蒙古族的发源地，因此，这里是蒙古族文化核心区，构成了蒙古族建筑装饰文化核心区。边缘文化区为兴安盟、通辽市、锡林郭勒盟的锡林浩特市、二连浩特市、多伦县、阿巴嘎旗、东乌珠穆沁旗、西乌珠穆沁旗、镶黄旗、正镶白旗、太仆寺旗、正蓝旗。

（三）区域文化特征

1. 蒙古族“源”动力的文化辐射

历史上内蒙古东部的呼伦贝尔市、通辽市是蒙古族发源地，区域中蒙古族人口占比较高，蒙古民族文化习俗保存较完整，进而影响到本文化区域的建筑文化特征。在地理位置上，呼伦贝尔市与通辽市并未紧邻，而是交替于东部地区整体区域范围，也将蒙古族“源”动力辐射于整个内蒙古东部地区，但也表现出辐射核心区向辐射边缘区文化渐弱的特征。

区域内民居类建筑装饰以蒙古族原生型装饰为主。呼伦贝尔地区的典型民居形式是蒙古包，并且将蒙古包的建筑形式、建造技艺及其建筑文化传承延续至今。蒙古包装饰以盖毡、围毡、包门装饰为主，装饰内容包括反映草原游牧生活的动植物题材与蒙古族原始宗教信仰的吉祥题材图案，装饰色彩以白色、蓝色为主，是草原环境与蒙古族文化的回应，也是蒙古族对色彩进行人文化理解后的体现。其他类型建筑装饰中，蒙古民族文化元素使用了直接甚至夸大的表现手法，与蒙古族发源地毗邻的赤峰地区，蒙古族文化特征应用了含蓄的表现形式，在装饰样式上虽也出现了相同装饰纹样，但纹样体量、典型色彩及其在建筑装饰的部位表现都有所弱化。

2. 宗教传播（路径）意图的文化表达

受文化传播意图及路径影响，内蒙古东部草原蒙汉传统建筑装饰文化区内传统建筑以藏传佛教建筑为主，建筑形式以中原汉地建筑形式为依据[138]。这一文化特征以赤峰地区更为明显，体现在建筑数量众多，文化特征集中而显著，并以赤峰地区为核心向北扩散、影响，直至北部呼伦贝尔地区。区域内藏传佛教建筑群落布局以“中轴对称式”居多，建筑装饰依据布局形式展开，形制等级较高的建筑置于中轴线上，屋顶正脊、鸱吻以中原汉地官式建筑装饰样式为蓝本进行装饰，瓦当滴水纹饰以寿字纹、植物纹、莲花纹等吉祥纹样为主；屋面的梁、枋彩画在构图、纹样方面以旋子彩画为主，彩画色彩主要以青、绿色为主调；门、窗格栅装饰样式在汉式门、窗格栅样式的基础上，点缀盘肠纹、哈木尔纹等蒙古族传统图案样式。整体来看，区域内数量众多的藏传佛教类建筑装饰主要受中原汉地文化的直接影响，装饰题材、色彩都遵照汉式建筑等级制度进行建造，地域文化与宗教文化内容被限定在礼制范式框架中进行表达（表 4-3-1）。

基于中原礼制文化影响的建筑布局 [29]　　表 4-3-1

荟福寺平面布局	梵宗寺平面布局	巴拉奇如德庙
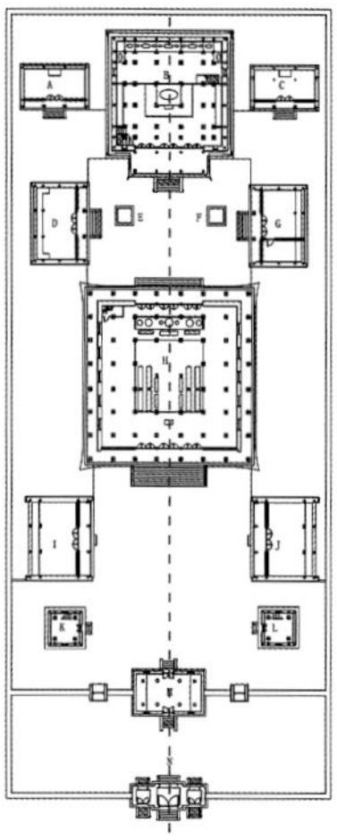	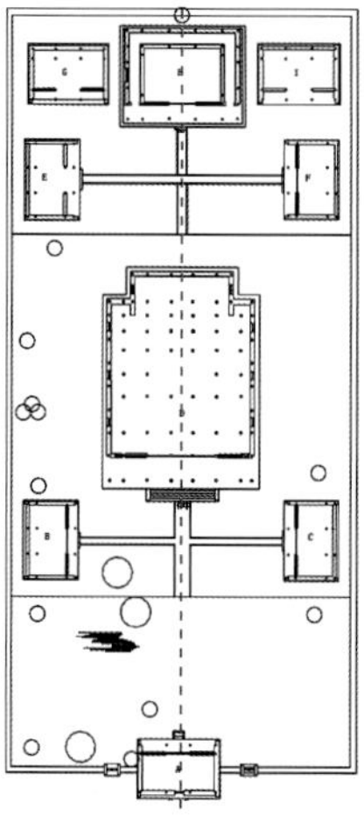	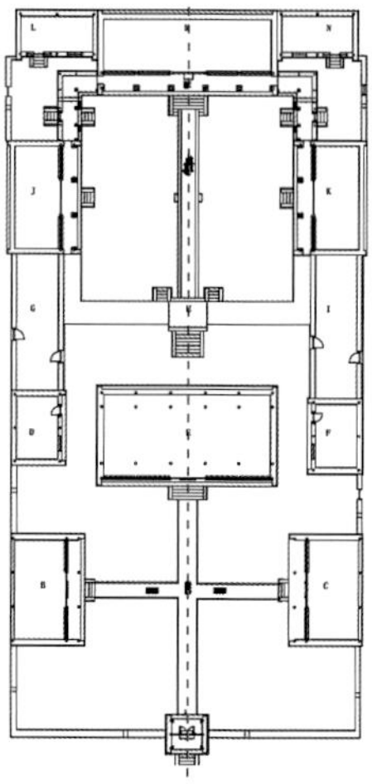

3. 异域文化特色凸显

中东铁路在内蒙古境内的修建过程，是近代史上研究中俄关系的重要组成部分。中东铁路内蒙古段沿线城市包括满洲里、海拉尔、博客图、牙克石。中东铁路修建过程中，铁路沿线地区建造了大量的附属建筑及设施，沿线建筑虽地处内蒙古境内，却是现代设计意识与铁路工业文化的产物，在建筑形式上采用工业化标准样式，同时也是俄罗斯建筑文化与本土建筑语言的对话，并且在建筑装饰符号方面得到集中体现。此外，异域文化的植入而形成的建筑形式，对内蒙古地区尤其是铁路沿线城市的整体面貌特征的形成产生了重要影响。

（四）典型建筑装饰

1. 文化核心区建筑装饰典型案例

内蒙古东部草原蒙汉传统建筑装饰文化区的文化核心区为赤峰地区。赤峰，蒙古语“乌兰哈达”，红山之意，位于内蒙古自治区东南部。赤峰是中华文明的重要发源地之一，历史文化悠久，建筑文化遗产丰富。晚商到战国时期，赤峰地区是东胡人的活动区域。辽代，今赤峰市巴林左旗和宁城县境内是辽上京、辽中京所在地，赤峰地区遗存的辽塔是内蒙古地区遗存时间最长的固定式建筑。喀喇沁亲王府，是一座融满、蒙古、汉文化于一体的清代王府建筑，喀喇沁亲王府的建筑及其装饰形式，是蒙古文化与中国历史的物化反映，也是本区域拥有中原汉地文化的核心内容。清朝时期，赤峰地区修建藏传佛教召庙192座，赤峰地区藏传佛教建筑集中体现了中原汉地建筑文化特征（表4-3-2、表4-3-3）。

赤峰地区现存典型塔幢建筑　　表4-3-2

建筑名称	位置	建筑形式	装饰特征	构筑材料	形成时期
辽上京南塔	赤峰巴林左旗林东镇城南	密檐式砖塔	砖雕装饰手法，以宗教题材为主	砖、石	辽代初期，21世纪初曾作修缮
辽上京北塔	赤峰巴林左旗林东镇城北	密檐式空心砖塔	砖雕装饰手法，以宗教题材为主	砖、石	辽代中早期，1990年抢救维修
辽代静安寺塔	赤峰元宝山区	覆钵密檐复合式佛塔	砖雕装饰手法，以宗教题材为主	砖、石	辽道宗咸雍六年（1070年），在20世纪80年代末曾做一次抢险性加固
武安州塔	赤峰敖汉旗老哈河边	密檐式砖塔	砖雕装饰手法，以宗教题材为主	砖、石	辽早期
五十家子塔	赤峰敖汉旗玛尼罕乡	空心密檐式砖塔	砖雕装饰手法，以宗教题材为主	砖、石	辽金时期，元代及近代曾重修
大明塔	赤峰宁城县大明镇辽中京城遗址	实心密檐式砖塔	砖雕装饰手法，以宗教题材为主	砖、石	辽重熙四年（1035年），历代改造修
赤峰宁城辽中京遗址内小塔	赤峰宁城县大明镇辽中京城遗址内	密檐式佛塔	砖雕装饰手法，以宗教题材为主	砖、石	金大定三年（1163年）
赤峰宁城辽中京遗址内半截塔	赤峰宁城县大明镇辽中京城遗址内	密檐式佛塔	砖雕装饰手法，以宗教题材为主	砖、石	辽道宗清宁三年（1057年）
辽庆州释迦如来舍利塔	赤峰市巴林右旗索布力嘎苏木	空心楼阁式仿木构砖塔	砖雕装饰手法，以宗教题材为主	砖、石	辽重熙年间（1047年），1989年维修塔

赤峰地区现存典型藏传佛教建筑　　表4-3-3

建筑名称	位置	平面布局	建筑形式	装饰特征	构筑材料	形成时期
荟福寺	赤峰市巴林右旗大板镇	中轴对称	汉式	歇山式建筑，汉式装饰风格为主	砖、木	1706年
真寂寺	赤峰市巴林左旗查干哈达乡	中轴对称	汉式	汉式歇山顶，汉式装饰风格为主，柱体为石柱	砖、木、石	9世纪
梵宗寺	赤峰市翁牛特旗乌丹镇北4千米处	中轴对称	汉式	汉式歇山重檐顶，汉式装饰风格为主，圆窗内纹样十分精美	砖、木、石	1743年

续表

建筑名称	位置	平面布局	建筑形式	装饰特征	构筑材料	形成时期
龙泉寺	赤峰市喀喇沁旗锦山镇西北	中轴对称	汉式	歇山式建筑，汉式装饰风格，殿门前置影壁	砖、木	始建于辽金，重修于元代（1287年）
福会寺	赤峰市喀喇沁旗锦山镇境内	中轴对称	汉式	汉式歇山、卷棚组合重檐建筑，汉式装饰风格为主	砖、木	清康熙十八年（1679年）
法轮寺	赤峰市宁城县大城子镇	中轴对称	汉式	汉式歇山重檐顶，汉式装饰风格为主，柱体为石柱	砖、木、石	1745 年
灵悦寺	赤峰市喀喇沁旗锦山镇	中轴对称	汉式	歇山式建筑，汉式装饰风格	砖、木、石	清康熙年间
毕如庙	赤峰市克什克腾旗经棚镇	中轴对称	汉式	歇山式重檐建筑，汉式装饰风格为主	砖、木、石	1644 年
根培庙	赤峰市阿鲁科尔沁旗罕苏木	中轴对称	汉藏结合式	藏式平顶遗存建筑，藏式装饰风格为主，柱体为石柱	砖、木、石	1804 年
罕庙	赤峰市阿鲁科尔沁旗罕苏木	中轴对称	汉藏结合式	藏式平顶大经堂，装饰风格以藏式为主，彩画为地方汉式彩画	砖、木、石	1674 年
巴拉奇如德庙	赤峰市阿鲁科尔沁旗巴拉齐如德苏木	中轴对称	汉藏结合式	藏式平顶建筑，装饰风格以藏式为主	砖、木、石	1689 年

呼伦贝尔地区额尔古纳河一带是蒙古族文化的发源地，留存着最为完整的游牧民族文化，文化特征悠久而浑厚，作为本文化区中蒙古族文化的核心区域，蒙古包文化在这里被完整保留下来，区域内民居建筑形式凸显出呼伦贝尔地区区域地理与文化环境特征（表 4-3-4）。

呼伦贝尔地区现存典型传统民居　　表 4-3-4

民居聚落	建筑特征	装饰特征	构筑材料	形成时期
新巴尔虎右旗蒙古包	毡包、穹顶	主体为白色，装饰图案为蓝色，门为红色，装饰图案以蒙古族传统图案为主	木、毛毡	距今 4 万年前棚屋出现，是蒙古包前身
奥鲁古雅村	斜仁柱	装饰较少，偶尔点缀以萨满教题材图案	木、桦树皮	鄂温克族传统建筑
室韦村	俄式穹顶建筑、木刻楞建筑	俄式建筑装饰样式，装饰多集中于门窗框之中	石材、木材	19 世纪末 20 世纪初
额尔古纳木刻楞	木刻楞建筑	色彩以黄、绿色为主，纹饰集中于门、窗框部分	木材	19 世纪末
中东铁路沿线建筑	俄式建筑	黄色为主，建筑檐口及窗洞是装饰的重点部位	石材、砖	19 世纪末

1）喀喇沁王府

喀喇沁王府，位于今内蒙古赤峰市喀喇沁旗王爷府镇，始建于清康熙十八年（1679 年），王府整体为中轴对称布局，由府邸、东跨院、西跨院和后花园组成，中轴线上的建筑形式主要为硬山式屋顶结构，建筑体量层层递进，逐级增大。

喀喇沁王府建筑形式为我国传统砖木混合建筑结构形式，整体外观和比例尺度规整、和谐。王府建筑用材考究、建筑装饰豪而不华。中轴线上的建筑为硬山式屋顶，屋脊简洁无装饰，瓦作采用传统筒瓦覆顶，木构件整体采用红漆刷饰，无论等级高低，除承庆楼外王府中大部分建筑梁枋均未施彩绘，檐柱雀替镂雕卷草图案，用色以黄绿色为主，底色为蓝色，色彩亮丽，飞檐椽头上饰有宗教文化图案。承庆楼是整个王府建筑中装饰最为丰富的建筑，以承庆楼梁枋彩画装饰在整个王府建筑群中最为醒目，彩画以旋子彩画为主，施以青绿色，枋心绘制草龙、锦纹，从王府建筑装饰纹样题材、装饰用色方面，既体现出中原汉地礼制建筑的等级规范，同时又具有当地的地域文化特色（表 4-3-5）。

喀喇沁亲王府装饰形式　　表 4-3-5

现状	屋顶装饰	屋面装饰	
		梁枋	
		门窗	

2）龙泉寺

龙泉寺位于内蒙古自治区赤峰市西北部，始建于辽代，是内蒙古地区少有的辽、元时期佛教建筑。龙泉寺始建时为汉传佛教寺庙，清朝时期重修时改宗为藏传佛教寺庙。

龙泉寺内建筑为典型汉式建筑，建筑群落依山而建，层次错落有致。建筑装饰方面，中原汉地建筑装饰特征明显，同时将宗教文化装饰元素融合到整体建筑装饰中。龙泉寺大雄宝殿歇山屋顶，正脊中置宝瓶，没有出现藏传佛教装饰元素法轮和金鹿，正脊两侧缀鸱吻，垂脊、垂兽、走兽保存较为完好，雕刻精美。外檐梁枋彩画形制较为规整。此外，梁枋彩画中出现了藏传佛教六字真言装饰样式，柱头部分描绘了吉祥八宝等鲜明的藏传佛教图像符号。内檐彩画多为旋子彩画形式，枋心内既有卷草纹、草龙纹、锦纹等汉式纹样，又有六字真言等宗教题材纹样（表 4-3-6）。

龙泉寺大雄宝殿装饰形式　　表 4-3-6

现状		屋顶装饰	屋面装饰			
总平面图	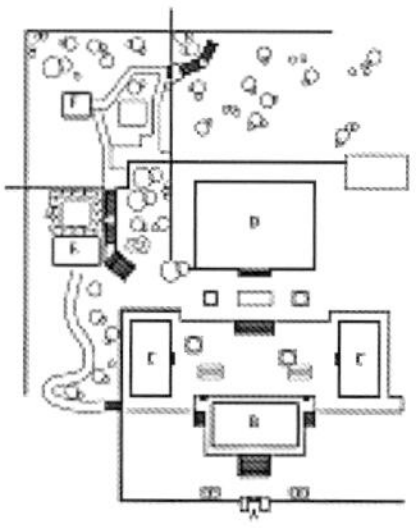	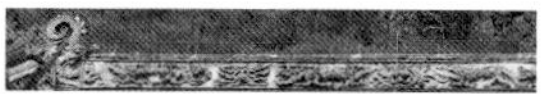  	梁枋	  		
外观			门窗		柱	

3）梵宗寺

梵宗寺位于内蒙古赤峰市翁牛特旗乌丹镇西北，始建于元延祐六年（1319年）。梵宗寺建筑群落呈中轴对称布局，坐北朝南，建筑群落依山势由南至北依次排列。

梵宗寺为汉式建筑，大雄宝殿为整体建筑群落中形制最高的代表性建筑，歇山重檐建筑，一层正脊饰祥麟法轮装饰，二层屋顶正脊饰宝瓶，宗教文化特色显著。大雄宝殿内、外檐彩画精美，贴金龙凤图案皆有绘制，体现出建筑的较高等级，枋心两侧的装饰纹样各不相同，有的是圭线光配卷草纹箍头，有的是梵文配软卡子，也有在箍头内绘佛像图案，其彩画形式是蒙古、汉文化融合的实物化体现，具有典型的地方风土彩画特征。建筑柱头饰有吞口雕饰，镂空的雀替饰有卷草纹样。内檐天花装饰规整精美，梵文、卷草纹、哈木尔纹为其基本构成元素，搭配佛教题材，营造出浓郁的宗教氛围（表 4-3-7）。

梵宗寺大雄宝殿装饰形式　　表 4-3-7

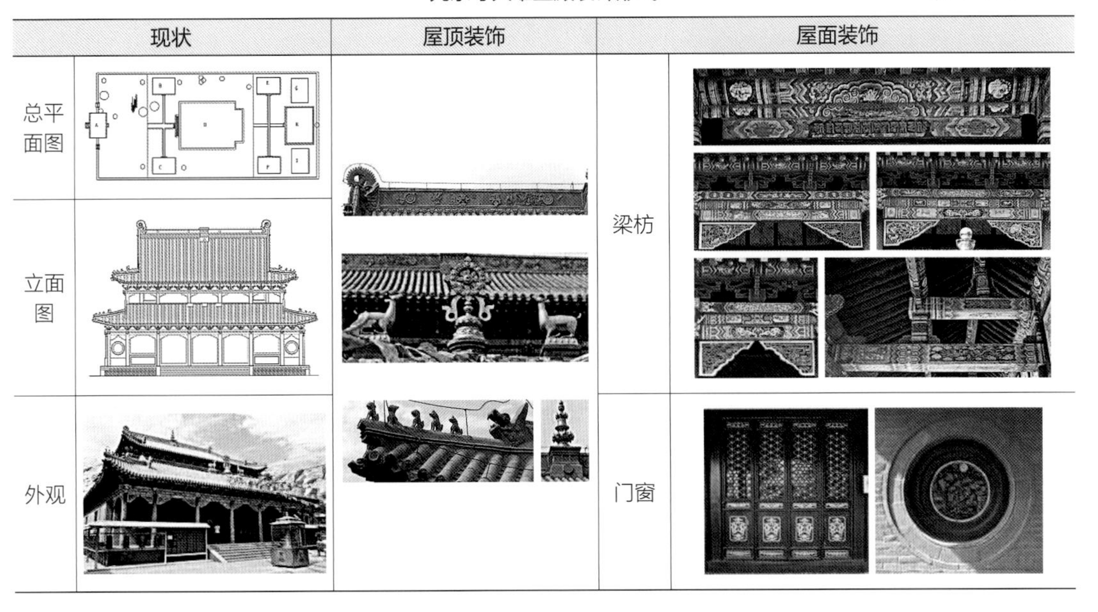

现状		屋顶装饰	屋面装饰	
总平面图			梁枋	
立面图				
外观			门窗	

4）南塔

南塔位于今内蒙古赤峰市巴林左旗，建于辽初期，是内蒙古地区现存年代最为久远的传统建筑。南塔形式为八角七层密檐式砖塔，由基座、塔身、塔檐、塔顶四部分组成，是辽代塔幢的典型样式。建筑装饰方面，南塔的砖雕艺术特色显著，雕饰工艺体现出当时高超的建造技艺，是中原汉地文化传播的体现。塔是佛教类建筑，因此在装饰题材方面，佛塔装饰以佛教类题材为主，菩萨、天王力士、飞天像均有出现。赤峰地区的辽塔样式，一方面向我们展示了更早时期内蒙古地区建筑装饰的面貌，同时也是中原汉地与宗教文化以及区域文化交融的历史鉴证（表 4-3-8）。

辽上京南塔装饰形式　　表 4-3-8

现状		塔身装饰	细部装饰
外观			
塔顶			
塔基			

5）巴尔虎草原蒙古包

蒙古族原生文化影响下，呼伦贝尔地区较为典型的民居形式主要有蒙古包、斜仁柱等移动式民居。

呼伦贝尔地区至今保留着传统的游牧生活方式，这也使得蒙古包这种游牧民族建筑形式在这里得到延续[139]。蒙古包由架木、包毡、绳带三部分组成，蒙古包外部装饰主要集中在围绳、顶饰、门窗部位，围绳既可以捆扎出菱形的吉祥图案，又可以将拆分后的蒙古包构件捆扎成一个整体，便于携带、搬运，包顶装饰不但可以象征等级，还起到了蒙古包与地面的连接固定作用，使其可以抵御草原上瞬息万变的气候变化，兼具了功能性与装饰性的双重作用。蒙古包内部装饰色彩艳丽，以红、白两色为主色调，包体的结构性构件——哈那，通常都会直接裸露在室内，哈那构件的造型与色彩是蒙古包内部空间主要装饰内容。在壁面装饰上，蒙古包的围壁、盖毡、围毡和门帘等装饰通常都是以毛毡编织，饰以云纹、回纹、犄纹、如意纹等蒙古族传统吉祥图案。现今的蒙古包装饰更加讲究，门帘多用哈木尔纹、回纹、卷草纹与寿字纹组合，蒙古包顶部盖毡多用哈木尔、盘肠图案，醒目大方、引人注目（表 4-3-9）。

巴尔虎右旗蒙古包装饰形式　　表 4-3-9

现状	包顶装饰	室内装饰

6）鄂伦春、鄂温克族斜仁柱

鄂伦春族、鄂温克族等北方狩猎民族的原始建筑形式是斜仁柱，属于移动式建筑。随着生产生活方式的变化，具有实际功能的斜仁柱已基本消失，偶见于依然以驯鹿为生的鄂温克人生活中，多见于鄂伦春自治旗和根河敖鲁古雅鄂温克族聚居区的博物馆中，或作为旅游设施存在，也有些在鄂伦春人居住的庭院中作为休闲场所。

斜仁柱的外观呈圆锥形，内部空间净高 3 米，空间底部为直径 4 米的圆形，依据季节及使用人数的差异，斜仁柱可进行大小调整，夏季时需通风、纳凉，空间会大些，冬季时需取暖，空间可小些，而这也是北方游牧民族自然生态文化观的体现。基于斜仁柱的可移动需要，斜仁柱的外观及内饰相当朴素，以实用为主。鄂伦春人信仰萨满教，在斜仁柱内正上方悬挂着桦树皮盒，里面装着神偶，是供神的地方[140]（表 4-3-10）。

7）俄罗斯族民居装饰

内蒙古东北部呼伦贝尔地区的额尔古纳市林和屯、蒙兀室韦苏木，是 19 世纪末人口流动与接触过程中形成的俄罗斯族聚居区。现存于此地大量的木刻楞建筑是俄罗斯族最为典型的民居建筑形式。木刻楞具有冬季保暖、夏季凉爽、牢固耐用等优点，因而被沿用至今。木刻楞主体结构采用圆木水平叠加而形成的承重墙，墙角转角处相互啮合牢固。屋顶为悬山双坡的纯木结构，是典型的井干式建筑。传统木刻楞不加铁钉固定，而是选用松木为材料，通过“木楔”方式，将墙身圆木进行咬合“刻楞”的方式进行固定[141]（图 4-3-2）。

图 4-3-2　内蒙古东部地区现存的木刻楞

建筑装饰方面，木刻楞外表面以油漆涂饰，门窗顶部与窗台下方的横板上做对称的镂空或浮雕图案，门窗洞口的位置装有民族特色的木质装饰框，颜色艳丽，花纹精美。上部房檐、门檐、窗檐则更多地选择了冷色调的蓝、绿、浅绿等颜色，点缀白色等明亮的颜色进行装饰，因而，木刻楞也被称为彩色立体雕塑（表 4-3-11、表 4-3-12）。

奥鲁古雅村民居（斜仁柱）装饰形式　　表 4-3-10

室韦村木刻楞民居装饰形式　　表 4-3-11

额尔古纳木刻楞民居装饰形式　　表 4-3-12

2. 文化边缘区建筑装饰典型案例

内蒙古东部草原蒙汉传统建筑装饰文化区边缘文化区主要包括兴安盟、通辽市、锡林郭勒盟的锡林浩特市、二连浩特市、多伦县、阿巴嘎旗、东乌珠穆沁旗、西乌珠穆沁旗、镶黄旗、正镶白旗、太仆寺旗、正蓝旗一带。其中，锡林郭勒盟的多伦县、正蓝旗一带与河北省紧邻，这里虽属于东部草原蒙汉装饰文化区边缘文化，却因为地理位置因素，在建筑文化方面而具有较为典型的中原汉地文化特征，以多伦县汇宗寺尤为突出。

汇宗寺，意为“青庙”，位于内蒙古自治区锡林郭勒盟多伦县城关镇北部，始建于清康熙三十年（1691年），因其殿顶覆以青蓝色琉璃瓦而得名。汇宗寺由清廷敕建，章嘉活佛住持统领内蒙古地区宗教事务的寺院，包括主庙汇宗寺、章嘉仓及善因寺三组建筑群。汇宗寺现存古建筑有山门、天王殿、后殿以及较完整的章嘉活佛仓院落。由于汇宗寺的皇家敕建背景，整体建筑风格为典型汉式风格，山门、天王殿均设有斗栱，建筑外形庄严宏丽，形制极高。汇宗寺各个庙仓装饰样式以汉式为主，但也适当地融入了地方民族特色。建筑屋脊两侧饰以吻兽，垂脊上饰垂兽，瓦当滴水处施刻动物、植物题材装饰，应用阴刻、阳雕的施刻手法，品相十分精美。汇宗寺整体装饰中以彩画最为突出，梁枋彩画形式以清中晚期建筑彩画形式为主，构图规整，形制严谨。建筑藻井、天花等处彩画相对自由，绘有佛教题材内容的佛祖画像、梵文、六字真言、八宝祥瑞等装饰纹样。建筑雀替、枋头、斗栱处则绘有蒙古族传统装饰样式（表4-3-13），是文化区域内核心文化区对边缘文化区文化辐射性影响的体现。

汇宗寺大雄宝殿装饰形式　　　　表4-3-13

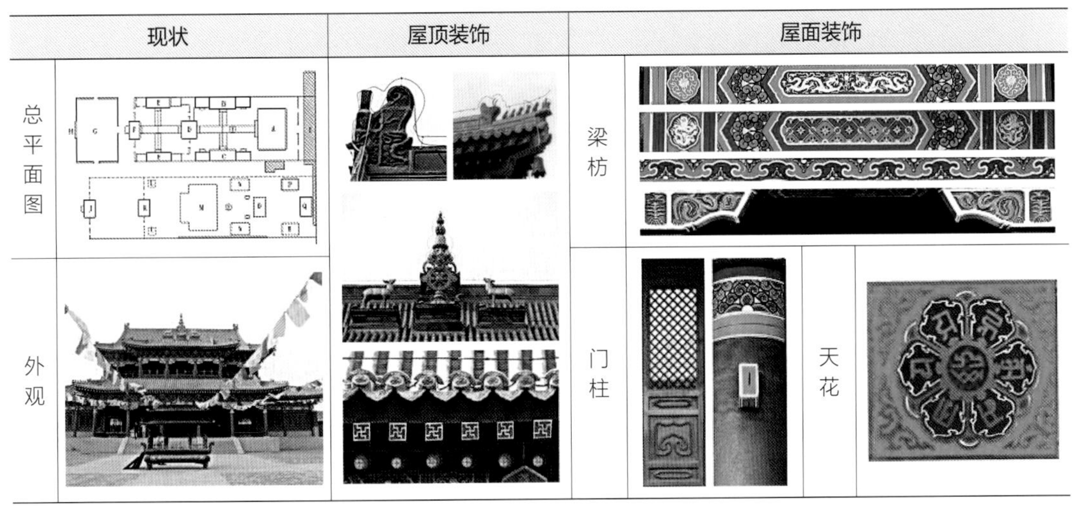

二、内蒙古中部土默川平原多元传统建筑装饰文化区域特征

（一）区域概况

内蒙古中部土默川平原多元传统建筑装饰文化区包括：鄂尔多斯地区的达

拉特旗、准格尔旗、伊金霍洛旗、乌审旗，呼和浩特市、包头市、乌兰察布市以及锡林郭勒盟的苏尼特左旗、苏尼特右旗。

1. 地理环境

内蒙古中部土默川平原多元传统建筑装饰文化区地形、地貌多样，以高原为主，由西向东分别是阴山山脉、土默川平原、乌兰察布丘陵、浑善达克沙地以及察哈尔低山丘陵，以阴山山脉为界，山脉以北俗称“后山”，山脉以南俗称“前山”。位于大青山、蛮汗山与黄河之间的土默川平原，呈三角形地势，平原上地形平坦，土层深厚，水源丰富，构成区域内主体环境基底。

区域内气候为温带季风气候，一年中寒暑变化明显，一天内昼夜温差大，年降水量偏少。当地有“一年一场风，从春吹到冬”的说法，也是对本地区气候特征的生动描述。由于气候条件的影响，内蒙古中部地区的建筑也呈现出对气候环境的应对特征，例如在建筑的防风、保暖及争取更多南向日照方面，通过建筑材料的选择、建筑方位与开窗形式的设计等手段实现[142]。

2. 人文环境

内蒙古中部土默川平原多元传统建筑装饰文化区的民族构成以蒙古族为主体，汉族占多数（图4-3-3）。使用的官方语言是汉语普通话。呼和浩特市和锡林郭勒盟历史上有大量辽宁、山西移民迁入，主要使用的汉语有东北官话和晋语；乌兰察布地区使用晋语和乌兰察布语、蒙古语中部方言。宗教文化方面，中部土默特文化景观区域的主要宗教信仰有藏传佛教、汉传佛教和伊斯兰教。

中部地区因近地域性文化辐射性影响及人口迁移等因素，山西后裔在这个汉族人口占多数的区域占据了不小的比例。中部地区各盟市中，乌兰察布地区

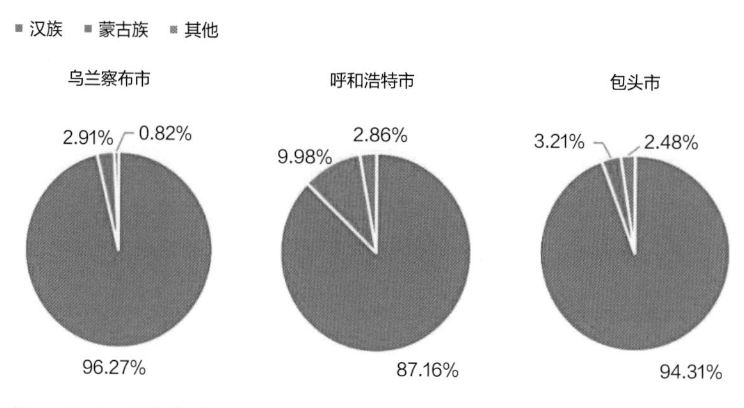

图4-3-3　民族构成

因更邻近陕西山西、河北地区，汉族人口所占比例最大，所体现出的汉蒙文化交融特点更为明显。由于中部地区与邻近晋陕地区在地形、气候条件等方面都有较多相似之处，因此在传统建筑尤其是民居建筑方面表现出较大的相似性。

（二）文化核心区与边缘区

内蒙古中部土默川平原多元传统建筑装饰文化区的核心文化区为呼和浩特市，边缘文化区包括包头市、乌兰察布市，锡林郭勒盟的苏尼特左旗、苏尼特右旗。

（三）区域文化特征

1. 蒙古、藏、汉文化鼎立平衡的装饰表现

中部土默川平原多元传统建筑装饰文化区无论从地理位置还是文化关系等方面，都表现出典型的蒙古、藏、汉文化齐头鼎立的文化特征。

明朝末年，蒙古族土默特部首领阿勒坦汗在向甘肃、青海地区扩张途中，信仰藏传佛教，藏传佛教在土默特地区广泛传播，兴建大量寺庙、佛塔，区域内集中形成了大量的藏传佛教建筑。这一时期兴建的藏传佛教建筑主要由西藏工匠和内蒙古本地工匠共同完成，西藏工匠将藏地佛教建筑文化与技术带到内蒙古地区，与本地自然环境、气候条件相适应，同时受到内蒙古地区工匠建造经验的影响，形成了蒙古、藏文化相结合的藏式及蒙藏式藏传佛教建筑形式。清朝时期，清廷为了加强对蒙古地区政治统治，在内蒙古地区广建召庙，迎来了藏传佛教建筑文化兴盛繁荣的景象。与此同时，清廷鼓励当地民众成为喇嘛，可以享受包括免除兵役等一系列优厚政策，极大地推动了藏传佛教在内蒙古地区的发展进程。这一时期藏传佛教建筑的建造主要由中原派遣工匠与邻近地区匠人共同完成。因此，也将中原汉地建筑文化带到内蒙古地区，与当地蒙古文化相融合，在内蒙古中部地区出现了大量的汉、藏、蒙古文化相结合的召庙建筑形式，对本地区整体性建筑文化的形成产生了根本性影响。

区域内藏传佛教建筑布局形式以组团式、自由式和混合式布局居多，是西藏地区藏传佛教建筑文化地域性环境与文化的适应。汉式建筑屋顶正脊、鸱吻装饰不再拘泥于官式装饰形式，出现了大量地方及宗教题材样式，建筑彩画形式以地方彩画、藏式彩画居多，彩画色彩以青、绿、红色为主，红色面积明显增多。门、窗格栅样式在汉式建筑门、窗格栅样式基础上增加了圆形、扇形图案，样式更加灵活，而圆形也是蒙古族崇尚圆形文化的体现。此外，历史上清廷与此区域的频繁往来接触，使得本地区召庙建筑装饰形制高于其他区域召庙

建筑形制。

2. 邻近山西、陕西地区建筑装饰文化的整合

中部土默川平原多元传统建筑装饰文化区毗邻山西、陕西地区，受“走西口”人口迁徙影响较大，尤其是中部地区的“归化城”，也就是今天的呼和浩特市，成为人口迁徙中众多“雁行客”的落脚点。呼和浩特地区接受了以晋文化为代表的外来文化，并与区域固有文化相融合，形成新的文化体系，也为这座千年古城带来了多元文化的繁荣景象。“走西口”的流动浪潮，推动了区域间文化的传播，缩短了区域间的文化距离，它不仅改变了当地人民的生活习惯、生产方式，同时也加大了内蒙古中部地区与我国其他地区文化的交融，这种文化交融也影响到建筑文化方面，尤以民居类建筑最为显著。在民居建筑装饰方面，砖雕、彩绘等晋地建筑装饰形式与内容被引入内蒙古中部地区的民居建筑装饰。叙事类与山水类题材的壁画装饰题材出现在藏传佛教建筑装饰中，共同印证了晋文化在内蒙古中部地区的传播与发展。

（四）典型建筑装饰

1. 文化核心区建筑装饰典型案例

内蒙古中部土默川平原多元传统建筑装饰文化区的核心文化区是呼和浩特地区，旧称“归绥”，地处我国华北地区，这里是历史上诸多王朝立都之地，历史文化深厚，明王朝赐名“归化”，明末蒙古土默特部首领阿勒坦汗来此处驻牧、筑城，清朝时期在距城东北部建“绥远城”，初步形成今日呼和浩特城区规格。呼和浩特地区建造了蒙古地区第一座藏传佛教建筑——大召，确立了藏传佛教在内蒙古地区的传播基础，逐渐成为内蒙古地区藏传佛教文化中心，“走西口”文化迁徙现象丰富了呼和浩特地区民居类建筑文化（表4-3-14、表4-3-15）。

呼和浩特地区现存典型藏传佛教建筑　　表4-3-14

建筑名称	位置	平面布局	建筑形式	装饰特征	构筑材料	形成时期
乌素图召	呼和浩特市回民区攸攸板镇西乌素图村	单体院落呈中轴对称，院落组团布置	汉藏结合式	歇山式、藏式平顶建筑组合，融合汉式、藏式装饰风格	砖木	1567年
大召	呼和浩特市玉泉区	中轴对称	汉式	藏式平顶、歇山式组合建筑，融合汉式、藏式装饰风格	砖木	1578年

续表

建筑名称	位置	平面布局	建筑形式	装饰特征	构筑材料	形成时期
席力图召	呼和浩特旧城玉泉区石头巷北端	中轴对称	藏式	藏式平顶建筑，藏式装饰风格为主，墙面涂青色十分少见	砖木	1585年
小召	呼和浩特市玉泉区小召前街	中轴对称	汉式	汉式覆绿色琉璃瓦牌楼，汉式彩画及斗栱，斗栱层数较多	石木	1621年
五塔寺	呼和浩特市玉泉区	中轴对称	汉藏结合式	平顶及歇山顶结合，融合汉式、藏式装饰风格	砖木	1727年
喇嘛洞召	呼和浩特土默特左旗	中轴对称	汉藏结合式	藏式三层平顶建筑，以藏式装饰风格为主	砖木	1615年
乃莫齐召	呼和浩特市玉泉区	中轴对称	汉藏结合式	藏式三层平顶建筑，融合汉式、藏式装饰风格	砖木	1669年

呼和浩特地区现存典型传统民居　　表4-3-15

民居聚落	建筑特征	装饰特征	构筑材料	形成时期
古城坡村	平顶、坡顶建筑	土、石材质肌理形成主要装饰效果，有的具有斗栱等构件装饰	土、木、石	16世纪后
托县河口村	晋风民居为主	歇山式门楼具有典型晋风民居特点，墀头、斗栱等装饰精美	砖、木	乾隆年间
雷胡坡村	窑洞式民居	拱形砖、土窑洞民居，多以拼砖进行装饰	砖、土、石	16世纪中后期
老牛湾村	窑洞式、双坡、单坡顶民居	砖石混搭窑洞式民居，拱形门窗	砖、土、石	16世纪后

1）大召

大召位于今内蒙古呼和浩特市玉泉区，蒙古语称“依克召”，建于明神宗万历七年（1579年），赐名“弥慈寺”，清初重新修葺后赐名“无量寺”。大召是内蒙古地区建造的第一座召庙建筑。

大召建筑风格以汉式建筑为主，大雄宝殿为汉藏结合式建筑。在建筑装饰方面，吸取了蒙古、汉、藏各民族的装饰文化特征。大雄宝殿建筑一层为藏式平顶建筑形式，屋顶四角缀鎏金经幢和蒙古族精神崇拜——苏力德，是宗教文化与民族文化的典型代表；建筑二层为歇山式建筑，屋脊正中置宝瓶，两侧为黄琉璃刻龙鸱吻，样式精美。檐下斗栱、梁枋、拱眼壁的彩画等级较高，沥粉贴金，构件中装饰纹样饱满多样，既有藏式、蒙古式的文化特征，又体现出礼制文化对建筑的约束，是内蒙古地区敕建召庙的集大成之作（表4-3-16）。

大召大雄宝殿装饰形式 表 4-3-16

<table>
<tr><th colspan="2">现 状</th><th>屋顶装饰</th><th colspan="4">屋面装饰</th></tr>
<tr><td>总平面图</td><td></td><td rowspan="2">
</td><td rowspan="2">梁枋</td><td colspan="3" rowspan="2"></td></tr>
<tr><td>立面图</td><td></td></tr>
<tr><td>外观</td><td></td><td></td><td>窗</td><td></td><td>柱</td><td></td></tr>
</table>

2）席力图召

席力图召又名“延寿寺”，位于今内蒙古呼和浩特市玉泉区。席力图为蒙古语，意为“首席”“法座”。

席力图召为汉藏结合式建筑，建筑装饰融合汉、藏、蒙古文化特征，样式精美。以大雄宝殿为例，布局形式为前经堂，后佛殿，经堂是藏式平顶建筑，佛殿为汉式重檐歇山顶，屋顶正脊砖雕卷草纹，两侧置鸱吻，正中置鎏金法轮，左右两侧为牝牡双鹿、经幢、宝瓶装饰。大雄宝殿梁枋彩画为藏式彩绘，彩画中绘有火焰宝珠、“福、禄”吉祥用语等题材纹样，表达了人们对美好生活的憧憬，彩画构图依建筑构件尺度进行排列。内檐的彩画内容十分丰富，尤其是藻井内部的坛城装饰，颜色艳丽多彩，天花多以蓝色为底色，四角绘卷草纹、哈木尔纹，中间绘龙凤纹、牡丹纹等纹样。大雄宝殿的柱体是典型的藏式柱式，梁托上以盘绕卷草纹为主，下面缀多层纹样。建筑正中悬挂清廷御赐满、蒙古、汉、藏四体“延寿寺”匾额，文字四周金龙盘绕于祥云之中，雕刻精美，表现了不同民族文化间的交流融合（表 4-3-17）。

3）和硕恪靖公主府

和硕恪靖公主府位于今内蒙古呼和浩特市新城区，始建于清代康熙年间，是清朝“满蒙联姻”政策的产物。

席力图召大经堂装饰形式　　　　表 4-3-17

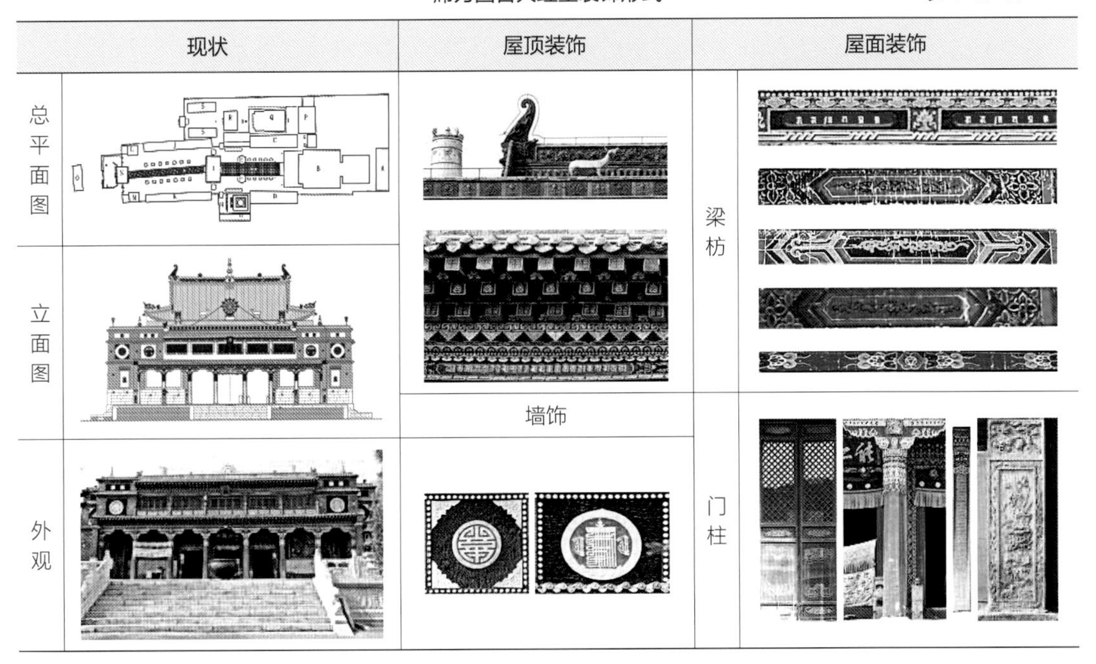

现状		屋顶装饰	屋面装饰	
总平面图			梁枋	
立面图				
		墙饰	门柱	
外观				

和硕恪靖公主府整体建筑布局是一套四进六院府邸，前朝后寝。和硕恪靖公主府建筑属于典型的大式木构架建筑形式，其建筑风格采用传统官式建筑风格，朴实、素雅。院落由南向北依次排列有前殿、大殿、仪门、公主寝殿，建筑空间序列等级鲜明。府内建筑方正对称，格局协调。建筑装饰方面，府内主体建筑硬山式屋顶上置有五脊六兽，建筑彩画样式以旋子彩画形式居多，且等级较高的建筑上枋心内绘有贴金龙纹。仪门雀替装饰形式十分精美，为镂空卷草纹木雕样式，勾勒金边，具有浓厚的中原汉地文化特征（表 4-3-18）。

公主府装饰形式　　　　表 4-3-18

现状	屋顶装饰	屋面装饰	
		梁枋	
		门窗	

2. 文化边缘区建筑装饰典型案例

内蒙古中部土默川平原多元传统建筑装饰文化区的边缘文化区为包头市、乌兰察布市，锡林郭勒盟的苏尼特左旗、苏尼特右旗。相较于文化核心区的主体性文化特征，文化边缘区更易受到邻近区域文化的影响。因此，内蒙古中部土默川平原多元传统建筑装饰文化边缘区建筑装饰文化显现出更加丰富多彩的一面。

1）五当召

五当召位于今内蒙古包头市石拐区，始建于清乾隆十四年（1749 年），五当召系章嘉活佛属庙。

五当召总体布局以西藏札什伦布寺为蓝本，呈组团式布局形式，召庙内各殿宇依山势错落有致，但整体布局内涵以藏传佛教“曼陀罗”式为指导，体现出藏传佛教仪轨文化与僧伽组织制度。五当召整体建筑装饰特征以建筑平面布局中建筑的空间关系为导向，处于山顶平缓中心位置的苏古沁殿建筑形制最高、单体体量最大、装饰等级最高也最为丰富，随着离中心距离渐远，其他建筑的形制、体量及装饰等级也渐次减弱。五当召建筑形式为藏式建筑，平屋顶，顶盖不设瓦，墙壁厚重。外墙涂饰白色与红色涂料，体现西藏地区建筑典型色彩关系。建筑窗口为梯形，边框涂黑色。殿顶中央放置鎏金宝塔，四角陪衬着塔形幢幡。建筑屋面梁枋、柱施以藏式彩绘（表 4-3-19）。

五当召苏古沁殿装饰形式　表 4-3-19

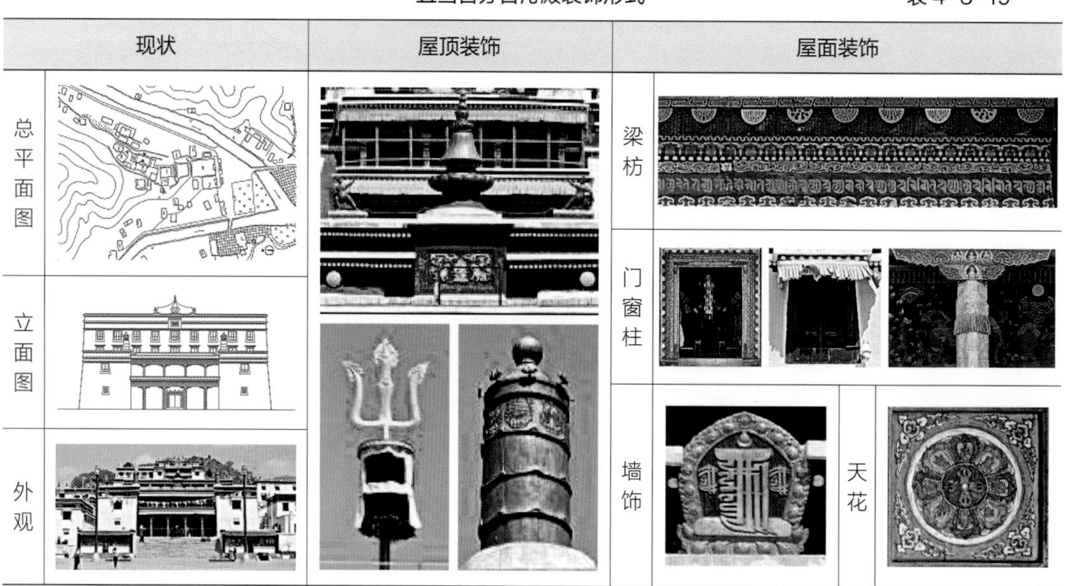

2）隆盛庄民居

隆盛庄，位于内蒙古乌兰察布市丰镇市东北部，由于地理位置关系，汉代时隆盛庄地区就是守卫边塞的驻地，明洪武二十九年（1396 年），山西人陆续迁徙到隆盛庄地区进行耕种、定居，清道光至光绪年间，隆盛庄地区一度发展成为塞外重要的军事和贸易中心，常住人口增加，形成了集中性民居聚落。

隆盛庄是中原地区与北方草原地区文化交融之地，在这里形成了草原文化、农耕文化、商贸文化融合的局面，隆盛庄地区民居是最好的实证。民居形式以晋地民居为原型，院落布局为三合院或四合院的规整形式。民居为砖木结构，大多数为硬山式屋顶，富裕人家在屋顶正脊砖雕植物纹样装饰，相对简陋的民居也会在屋脊上通过瓦当交替排列，形成装饰样式。隆盛庄民居中墀头是装饰的重点部位，选择寓意美好的植物纹样，采用浮雕、透雕的方式，进行装饰。隆盛庄民居门楼是现存保存较好的建筑部位，门楼样式以汉式门楼为原型，但充分考虑旅蒙商贸往来的实用性，以拱形门楼居多。民居院落中多设置砖墙影壁，影壁上部装筒瓦，用砖砌成歇山式、硬山式盖顶，影壁中心用砖雕成吉祥寓意题材的图案进行装饰（表 4-3-20）。

隆盛庄民居装饰形式　　表 4-3-20

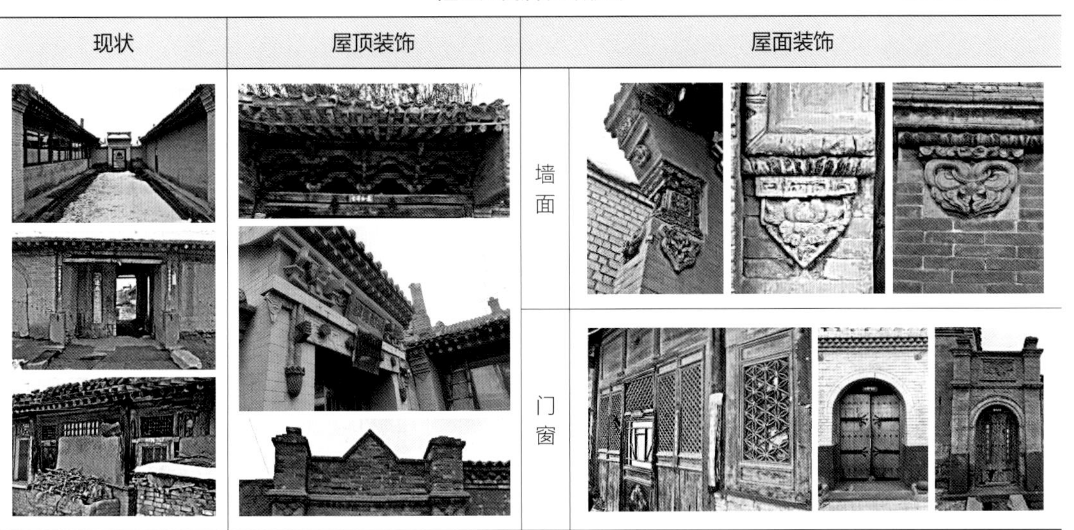

三、内蒙古西部甘青文化影响传统建筑装饰文化区域特征

（一）区域概况

1. 地理环境

内蒙古西部甘青文化影响传统建筑装饰文化区位于内蒙古高原的西部，祁连山脉的北部，包括：阿拉善盟、巴彦淖尔市、鄂尔多斯市杭锦旗、鄂托克旗、鄂托克前旗。

内蒙古西部甘青文化影响传统建筑装饰文化区以巴彦淖尔—阿拉善高原和鄂尔多斯高原为主，地形地貌复杂多样。区域内常年气候干燥，风化现象严重，沙漠和戈壁面积辽阔。河套平原地区介于阴山和鄂尔多斯高原之间东西走向的沉积盆地，地势平坦[143]，是内蒙古西部地区主要农耕地带，受农耕生活影响的因素，河套地区形成了更加集中的民居聚落形式。西部地区气候典型特征是温带大陆性气候，常年降水量较少、日照充足。由于气候的影响，西部地区的传统建筑以冬季防寒保温为主，形成了窗洞南大北小的建筑特点。

2. 人文环境

民族构成方面，区域内以蒙古族为主体，汉族人口占多数（图4-3-4）。民族文化方面，这里保留着蒙古族原生的文化形态，蒙古族的传统活动包括祭敖包、那达慕大会等依旧保留至今。流传在鄂尔多斯草原上的蒙古族婚礼以及成吉思汗祭祀活动，是蒙古族传统文化的延续。这里是内蒙古藏传佛教传入较早的地区，因此，西部文化景观区域内佛教建筑大多以藏地建筑形式为蓝本，蒙藏文化特征明显。

历史上，阿拉善盟与宁夏地区有着紧密的联系。阿拉善周边地区的宁夏回

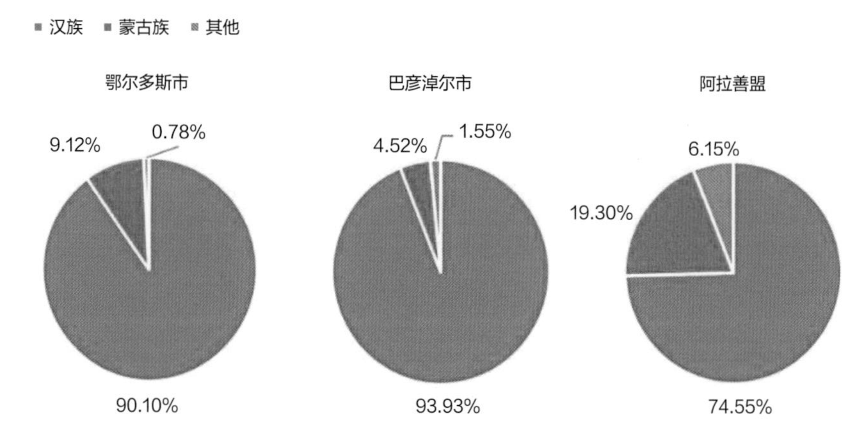

图4-3-4 民族构成

族人来此定居，回族的信仰、习俗对阿拉善地区影响重大，并且在阿拉善地区建造了一批清真寺建筑，历史上区域间的行政隶属关系变化，促进了区域间的文化交流。

在地理位置方面，内蒙古西部地区与甘肃省、宁夏回族自治区、陕西省相邻，向北与蒙古国接壤。历史上多次区域划分的变迁、人口的迁移、地理环境的相似等因素导致内蒙古西部地区与甘肃、宁夏、陕西等地的文化产生多种交融现象，在建筑方面同样受到近地域文化的影响，呈现出一定的相似性。

（二）文化核心区与边缘区

内蒙古西部甘青文化影响传统建筑装饰文化区的核心区为阿拉善盟一带，但由于阿拉善盟地区沙漠面积广阔，因此，这里的传统建筑主要集中在巴彦浩特地区，也就形成了本区域的核心文化区——阿拉善盟巴彦浩特地区，文化边缘区包括鄂尔多斯市杭锦旗、鄂托克旗、鄂托克前旗以及巴彦淖尔一带。

（三）文化景观特征

1. 区域内环境特征的装饰回应

内蒙古西部甘青文化影响传统建筑装饰文化区以巴彦淖尔、阿拉善高原和鄂尔多斯高原为主，地形地貌特征多样。巴彦淖尔—阿拉善高原平均海拔1000～1500米，呈缓坡地势，被若干小型丘陵分割成单独的盆地状。黄河环绕在鄂尔多斯高原西、北、东三面，南面接壤陕西、山西、宁夏黄土高原，海拔1100～1500米。西部地区是典型的温带大陆性气候，具有年降水量少而不匀、风大、日照充足、寒暑变化显著的气候特征。春季气温骤升，多大风天气；夏季短促而炎热，降水集中、量少；秋季气温剧降，霜冻早来；冬季严寒漫长。区域内典型的自然环境特征，是构成本地区建筑装饰文化的重要环境基础。以阿拉善地区为例，典型的地理环境及气候条件，使得阿拉善地区呈现出气候干燥、风化现象严重、沙漠和戈壁面积辽阔的现状，整体城市面貌以沙色调为主，阿拉善地区建筑装饰色彩以暖色系为主，黄色居多，形成了当地建筑主体色调，当地多风沙、干燥的气候，使得建筑表面肌理粗糙。

2. 邻近多种地域文化影响特征显著

在地理位置方面，整个内蒙古西部地区与甘肃省、宁夏回族自治区、陕西省相邻。历史上多次区域划分变迁、人口迁移、地理环境相似等因素导致本区域与甘肃、宁夏、陕西地区的文化产生多种交融现象，在建筑方面同样受到近地域文化的影响，呈现出一定的相似性。历史上，阿拉善盟与宁夏有着紧密的联系，阿拉善周边地区的宁夏回族人来此定居，回族人民的信仰、习俗对阿拉善地区产生了重要影响。阿拉善定远营地区历史上曾隶属于宁夏，宁夏地区的文化内容对阿拉善定远营地区的影响甚至覆盖了内蒙古地区的主体文化特色。

历史发展中，鄂尔多斯所辖区域多次与今甘肃、宁夏、陕西地区发生变动，因此鄂尔多斯的传统建筑无论是从形制还是装饰元素都有与甘肃、宁夏、陕西地区相互融合、影响的内容，此外清朝时期的移民活动也加剧了鄂尔多斯地区与中原文化的交流。鄂尔多斯海流图庙单体建筑形式出现了窑洞式建筑，从宗教文化层来看，窑洞式建筑形式并不能与藏传佛教文化有所关联，但如果将近地域文化影响因素考虑，这一建筑现象能够表达出更丰富的文化内容。

（四）典型建筑装饰

内蒙古西部甘青文化影响传统建筑装饰文化区的核心区为阿拉善盟巴彦浩特地区，也是本书研究的文化区域内传统建筑的主要分布区域，因此，书中只以阿拉善盟巴彦浩特地区传统建筑装饰为例进行案例分析。

阿拉善系蒙古语，译为“五彩斑斓之地”。阿拉善盟位于内蒙古最西部，地理坐标介于东经97°10′～106°53′、北纬37°24′～42°47′之间，南至东南方向，与宁夏紧邻，北部与蒙古国接壤。受历史朝代更迭等政治因素影响，以及地理位置上与宁夏地区紧邻，促进了阿拉善地区与宁夏地区的文化交融。阿拉善地区与西藏、青海地区较为接近，因此在藏传佛教文化传播方面，体现出文化的原发地特征，这一点在阿拉善地区藏传佛教建筑形式上具有显著体现。位于今巴彦浩特市王府街北侧的定远营，是现存较为完整的王府型城镇，定远营内和硕特亲王府、延福寺以及定远营民居，既吸取了中原汉式建筑文化特色，又融合了西北地区建筑形式，同时还吸收了西洋建筑艺术特色，是本区域文化多元性的实物体现（表4-3-21、表4-3-22）。

阿拉善地区现存典型传统民居　　表4-3-21

民居聚落	建筑特征	装饰特征	构筑材料	形成时期
定远营	歇山、卷棚式建筑	马鞍式院门较为常见，以及叠涩式院门造型简洁大方	砖、石、木	1730年后
巴丹吉林嘎查	平缓单坡屋顶、蒙古包	平缓坡顶建筑屋顶多无瓦，多为土坯加干草进行建造	土、木	16世纪后

阿拉善地区现存典型佛教建筑　　表 4-3-22

建筑名称	位置	平面布局	建筑形式	装饰特征	构筑材料	形成时期
延福寺	阿拉善左旗巴彦浩特镇王府街北侧	双轴线对称	汉藏结合式	歇山式、平顶相结合，藏式装饰风格为主，汉式天花	砖木	1731 年
红塔庙	阿拉善盟阿拉善左旗敖伦布拉格镇境内	自由式	藏式	藏式平顶建筑，藏式装饰风格为主	砖木	—
巴丹吉林庙	阿拉善盟阿拉善右旗巴丹吉林沙漠腹地	自由式	汉藏结合式	歇山式、平顶相结合，藏式装饰风格为主，汉式窗格栅	砖木土	1755 年
达力克庙	阿拉善左旗豪斯布尔都苏木陶力嘎查	自由式	汉藏结合式	歇山式、平顶相结合，藏式装饰风格为主	砖木	1819 年
库日木图庙	阿拉善盟阿拉善右旗雅布赖苏木境内	自由式	汉藏结合式	歇山式、平顶相结合，藏式装饰风格为主，壁画精美	砖、木	1860 年
朝克图库伦庙	阿拉善盟阿拉善右旗朝克图呼热苏木驻地	自由式	汉藏结合式	歇山式、平顶相结合，藏式装饰风格为主	砖、木	1739 年
图库木庙（妙华寺）	内蒙古自治区阿拉善盟阿拉善左旗图库木苏木境内	中轴对称	汉藏结合式	歇山式、平顶相结合，藏式装饰风格为主，两侧耳房顶部装饰独特	砖、木	1756 年
沙日扎庙	阿拉善盟阿拉善左旗乌力吉苏木境内	自由式	汉藏结合式	歇山式、平顶相结合，藏式装饰风格为主，黄色琉璃瓦与边玛墙皆备	砖、木	1797 年
夏日格庙	阿拉善盟阿拉善右旗阿拉坦敖包苏木境内	自由式	汉藏结合式	歇山式、平顶相结合，藏式装饰风格为主	砖、木	1768 年
阿拉腾特布西庙	阿拉善盟阿拉善右旗阿拉腾特布希山	自由式	汉藏结合式	歇山式、平顶相结合，藏式装饰风格为主，墙面红、青两色搭配	砖混结构	1938 年
额济纳西庙	阿拉善盟额济纳旗达来呼布镇驻地	自由式	汉藏结合式	歇山式、平顶相结合，藏式装饰风格为主	砖、木	1751 年
广宗寺	阿拉善左旗贺兰山南巴润别立镇境内	自由式	汉藏结合式	歇山式、平顶相结合，融合汉式、藏式两种装饰风格	砖、木	1757 年
额济纳新西庙	阿拉善盟额济纳旗东风城宝日乌拉嘎查境内	自由式	藏式	藏式平顶建筑，藏式装饰风格为主，夯土墙体，破败严重	砖、木、土	1882 年

续表

建筑名称	位置	平面布局	建筑形式	装饰特征	构筑材料	形成时期
喀尔喀庙	阿拉善盟额济纳旗达来呼布镇苏泊淖尔苏木驻地	自由式	藏式	藏式平顶建筑，藏式装饰风格为主，夯土墙体	土、木	1933 年
福因寺（北寺）	阿拉善左旗	自由式	藏式	藏式平顶建筑，藏式装饰风格为主	砖、木	1799 年

1. 广宗寺

广宗寺，又称“噶丹旦吉林”，位于今内蒙古阿拉善盟阿拉善左旗，始建于清高宗二十二年（1757 年）。

广宗寺建筑风格以藏式为主，同时结合汉式风格，黄琉璃瓦盖顶，依山建造，集蒙古、汉、藏寺院之大成。大经堂为蒙藏结合式建筑形式，蒙古式特征主要体现在圆形屋顶造型方面，虽建筑屋顶为类圆形攒尖顶，但其形式文化来源于蒙古包穹顶造型，覆黄琉璃瓦是建筑高形制的体现。大经堂的彩画用色鲜艳，彩画纹样构图丰富、紧凑，纹样题材以植物纹为主，也有龙纹及六字真言装饰出现，形成了与其他文化区域截然不同的装饰文化特征（表 4-3-23）。

广宗寺（南寺）大经堂装饰形式　　表 4-3-23

现状		屋顶装饰	屋面装饰	
总平面图			梁枋	
外观			柱	

2. 阿拉善王府

阿拉善王府，又名和硕特王府，位于今内蒙古阿拉善盟阿左旗，始建于清雍正九年（1731 年）。

阿拉善王府建筑群落依中原汉地官式建筑样式布局、建造，画栋雕梁、典雅精致，府后原有花园，奇花异木遍植其间，楼台亭榭幽雅可观。王府院落呈四合院布局形制，建筑布局中将蒙古族文化礼制融入其中，整体平面呈东西向长方形，院落宅门向东开启。主体建筑为硬山顶建筑，屋顶正脊砖雕卷草纹饰，两侧以鸱吻装饰。建筑檐廊内施以精致的彩绘，彩画形式以旋子彩画为蓝本，但在彩画纹饰、施色方面又不拘一格。建筑外檐装饰彩画以点金旋子彩画为主，同时出现独特的民族装饰纹样，整体建筑风格别致，富有地域特色（表 4-3-24）。

和硕特亲王府装饰形式　　表 4-3-24

现状		屋顶装饰	屋面装饰			
总平面图	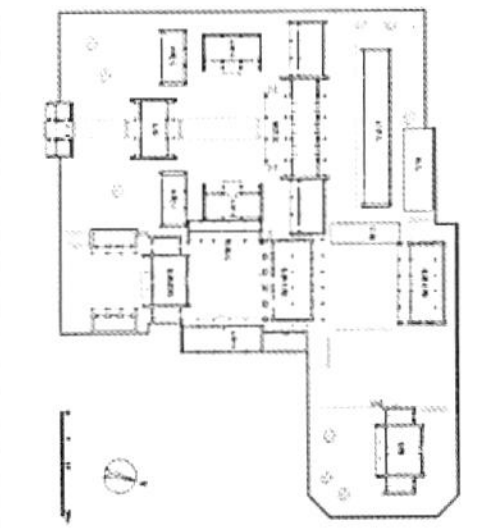	 	梁枋			
			墙饰		门柱	
外观						

3. 定远营民居

定远营，又名定远城，位于内蒙古自治区阿拉善盟巴彦浩特镇，是今巴彦浩特的旧称。定远营城内兴建了王府、寺庙以及四合院住宅，其中，位于城内头道巷至四道巷的传统民居为清代保存至今较为集中的古建筑群。定远营民居院落布局及单体建筑高度效仿北京四合院形式，院落由正房、厢房、院门及院墙组成。但与北京四合院相比有很多不同之处，宅门位于中轴线上直对正房，这也是蒙古族居住文化的体现，当地民居比较有特色的是马鞍形门楼，装饰手法多以砖雕为主，在院门的正脊、墀头等处搭配精美的雕花，瓦当滴水也饰有精美纹样。民居在建造与装饰方面将草原文化与中原文化融为一体，也是历史上蒙古、满、汉民族文化融合的鉴证（表 4-3-25）。

定远营民居装饰形式　表4-3-25

本章小结

从文化区划的角度解读建筑装饰文化现象可以厘清许多问题：首先，有助于在特定空间范围内观照建筑装饰文化现象本身；其次，可以通过文化区域的构建与分析，厘清建筑装饰文化景观的生成、发展过程。内蒙古地区传统建筑装饰文化景观在空间区域地理环境及文化因素影响下，呈现出典型的区域性特征。强调文化在共时状态下的空间分异特征的相关研究，属于文化地理学的研究范畴。显著而稳定的物质基础、隐含而丰富的文化内核、包容而有别的艺术表征构成本地区文化区划的形成导因。

内蒙古地区传统建筑装饰具有显著的文化区域分异现象，是内蒙古地区作为我国文化景观区划中西北部牧业文化大区中的内蒙古文化区下的文化亚区的区域文化特征。

本章首先依据建筑装饰文化特征及内蒙古地区传统建筑装饰文化自身特点，制定文化区划原则与方法，确定内蒙古地区传统建筑装饰文化区划方案。将建筑单体形式、屋顶滴水样式、屋顶垂脊样式、建筑窗格栅样式及建筑彩画色彩作为区划主导因子，对主导因子进行因子聚类分析，应用 ArcGIS 进行主导因子可视化；结合其他因子，同时将行政区域因素纳入考虑范围，通过地图叠合的方式，将内蒙古地区传统建筑装饰文化区划分为三个区域，即：内蒙古东部草原蒙汉传统建筑装饰文化区、内蒙古中部土默川平原多元传统建筑装饰文化区、内蒙古西部甘青文化影响传统建筑装饰文化区，在对各文化区域环境分析的基础上，确定出三个文化区域的核心文化区域边缘文化区，厘清三个区域的文化特征：内蒙古东部草原蒙汉传统建筑装饰文化区呈现出蒙古族“源”动力的文化辐射、宗教传播（路径）的文化表达及异域文化特色凸显的文化特征；内蒙古中部土默川平原多元传统建筑装饰文化区呈现出蒙古族、藏族、汉族文化鼎立平衡的装饰表现、邻近山西地区装饰文化整合的装饰文化特征；内蒙古西部受甘肃、青海文化影响传统建筑装饰文化区呈现出区域内环境特征的装饰回应、邻近多种地域文化影响特征显著的装饰文化特征。

第五章

内蒙古地区传统建筑装饰文化特质

内蒙古地区传统建筑装饰是本地区地域文化的物化表达，是集物化表现与文化表征于一体的文化景观形式。现象和本质是事物存在的两个方面，在特殊的、个性的、具体的现象背后，蕴藏着事物相对稳定、深刻的本质[144]。内蒙古地区丰富的建筑装饰现象背后，是本地区特有的建筑生境背景及其在经历文化融合、变迁过程中形成的有别于其他地区建筑装饰的文化特质。前文中通过载体解构、历史变迁、空间分异三个方面对内蒙古地区传统建筑装饰进行了时间、空间层面的详述。在此，采用“分而和之”的研究路径，依据对内蒙古地区传统建筑装饰在时间、空间范畴的本体解构，对其在构成、文化、艺术、技术等方面的特质进行解析，探究内蒙古地区传统建筑装饰在漫长的历史发展进程中，在装饰构成、装饰文化、装饰艺术及装饰技术方面蕴含的文化特质（图 5-0-1）。

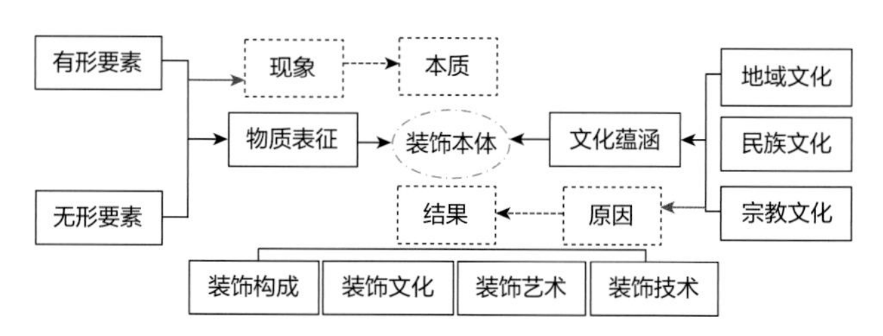

图 5-0-1 建筑装饰文化特质构成

第一节 装饰构成的形意契合

装饰是运用符号的方式将文化内涵直观表现出来的艺术形式[145]。建筑装饰作为表现形式的艺术符号，需要在建筑载体中借助一定的语法结构，建构其逻辑关系，借助特定的构图关系组织装饰元素，传达装饰美的内涵。柏拉图指出，现实事物是理式的派生物，而理式是一切事物的本质，是众多个别事物中的一般性，囊括事物的外部形状与内在结构。建筑装饰作为建筑文化语言表达的途径之一，可视为一种承载文化的物化载体形式，既承载着建筑文化思想、价值、理念，也受建筑结构、材料等物质要素的约束作用[146]，最终形成建筑装饰千差万别的外在形式，建筑装饰构成关系是其装饰形式的根本所在。

内蒙古地区传统建筑装饰的构成形式，在物质形式层面表现出装饰符号对装饰构件的形态契合特征，形成对建筑载体的形体“适应”关系。在文化层面表现出符号的意指性，通过装饰符号与建筑文化的语义契合关系，强调出建筑装饰是符号化的形式语言，具有信息传达、表意的功能。

契合,《辞海》中解释为“投合、符合、相通”，包含和谐、统一、整体的意义，是对文化的呼应与现象的表达。契合研究可以实现文化属性、载体形式、装饰形态三者之间关系的系统研究。其中，文化属性是能够被认识、作用并传承的一种存在，是不同文化层级之间彼此关联、渗透而形成的文化有机体[147]；载体形式是文化属性在物质层面的实际承载者；文化属性与载体形式间相互影响又相互制约，共同作用于建筑装饰形态的形成。建筑装饰构成依据文化与载体对于装饰形态的作用，可分为物质因素和文化因素两个方面，并且呈现出基于二者的不同构成特征。

一、装饰构成的层级交叠性

建筑装饰是涵盖两个层级三个方面内容的复合概念，包括建筑、装饰及建筑装饰，是装饰形式依附于建筑载体之上而形成的整体建筑装饰形态，建筑是装饰的载体和存在的前提，建筑装饰的形态受到建筑构件形态、结构功能、材料等建筑主导因素的制约，同时也受到建筑的文化性、地域性、民族性等附属因素的影响。其中，建筑主导因素对装饰的构成形态、尺寸及比例关系的形成起约束作用，民族性、地域性等文化内容作为意识形态范畴对装饰形式具有影响作用。

（一）主导层面

物质主导因素主要由形态构图的几何原理、装饰与建筑的图底关系、建筑载体构件的形状三个方面构成，三者共同作用于建筑装饰形态的构图形式。

内蒙古地区传统建筑装饰，是在特定区域环境下、一定历史时期内形成的装饰形式与内容。建筑载体的整体造型及建筑构件形态、尺度限定了装饰的具体形态，使装饰形式对建筑载体呈现出契合的特征。建筑载体材料的物理特性及肌理特征，对建筑构件的加工工艺和视觉效果，以及建筑装饰的具体样式产生影响，建筑装饰的形成过程是对建筑载体的适应过程，建筑载体的物质因素对建筑装饰的样式形成起主导约束作用。在广泛实地调研与现象分析研究中发现，依附于不同建筑载体之上的装饰形式其形态样式具有明显的变化：瓦当中的装饰图案以圆形适合纹样的形式出现，建筑额枋上的装饰图案多以二方连续的形式适合其长方形的建筑构件形态（表 5-1-1）。

主导因素影响下的装饰形式特征　　表 5-1-1

建筑构件	建筑实例	装饰纹样	结构类型
雀替梁托			
拱券窗			
屋脊梁			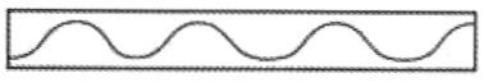

（二）附属层面

建筑装饰是特定的语言符号形式，是符号意义的携带者，任何一种符号都有其相应的文化意义，因而在符号学中将符号的所指称为“意指”，代表符号自身意义和符号传播意义。内蒙古地区传统建筑装饰在形成过程中除受到地域建筑载体形态的制约外，其所处地域、民族等文化对建筑装饰的形成与形态具有重要影响，此时，建筑装饰与文化之间具有文化呼应关系。

建筑学层面的地域文化包括自然环境、文化习俗及宗教文化等方面，它们在时间上具有稳定性、一致性及持续性特征。藏传佛教建筑自 16 世纪随着藏传佛教传入内蒙古地区，在内蒙古地区形成了蒙古式、藏式、汉式结合的宗教类建筑形式；中原地区与北方游牧民族的边疆贸易往来促使蒙古式、汉式的民居类建筑出现；清廷为统治民族边疆地区而设立的衙署府第促使蒙古、满、汉相结合的衙署府第建筑形式形成。随之也形成了具有地域特色并兼具其他文化特色的地域建筑与装饰形式：席力图召柱头上出现的虎头龙角的装饰图案造型，通过对西藏地区藏传佛教建筑装饰比较，虎头造型是藏传佛教建筑中常用的装饰图案造型，与龙角的结合是汉文化对装饰形态的影响（表5-1-2）。因此，文化因素对建筑装饰的形成具有重要影响，是建筑装饰形成的附属因素。

柱头装饰样式　　表5-1-2

殿名	菩提过殿	活佛府邸	美岱庙	古佛殿
建筑全貌				
柱头装饰		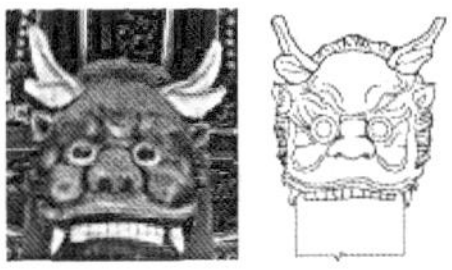	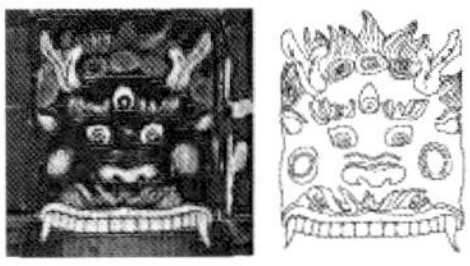	

内蒙古地区传统建筑装饰构成形式具有形式化契合和意境化契合两种典型特征。实质上，两种契合可看作同一建筑装饰形态的两个方面，两者共同作用于建筑装饰形式，是内蒙古地区传统建筑装饰构成的典型特征。

二、基于主导层面的形式契合

形式契合是指装饰形式与载体构件之间的形式关系，剖析装饰形式与载体构件之间相适应的形态关系，是揭示装饰构成特质的重要方面。装饰形态被抽取了具体形象内容，抽掉文化内涵，其构成规律与特征便会浮现出来[148]。通过前期调研、分析，内蒙古地区传统建筑装饰在装饰构成方面具有几何镶嵌、空间连续、复合叠加的构成特征，形成协调、平衡的整体装饰形态。

（一）几何镶嵌

几何镶嵌是指单一几何形体通过叠加、重复方式形成的整体性装饰样式，构成特征为功能明确、造型简洁。建筑中的门、窗、铜饰等构件形式规整，并呈现模式化，装饰形式以几何形为基本单位，依据建筑构件形态，以二方连续、四方连续的方式进行反复排列，形成有秩序的整体形式。位于内蒙古鄂尔多斯地区乌审召大经堂窗格栅装饰以菱形为基本单元形，通过平移、对称方式形成无限关联重复的网格形态（图 5-1-1）。大经堂梁枋装饰，为适应梁枋的扁长形状，对装饰单元形进行重复排列，并在单元形内填充相应的犄纹、卷草纹、哈木尔纹，形成一种带状镶嵌装饰形式（图 5-1-2）。位于内蒙古呼和浩特的席力图召大经堂墙面铜饰运用中心对称的方式进行装饰图案排列，以四分之一圆为基本单元体，通过旋转对称和反映对称的方式形成中心对称图形，通过单元形的旋转、移动后组合成完整图形（图 5-1-3）。

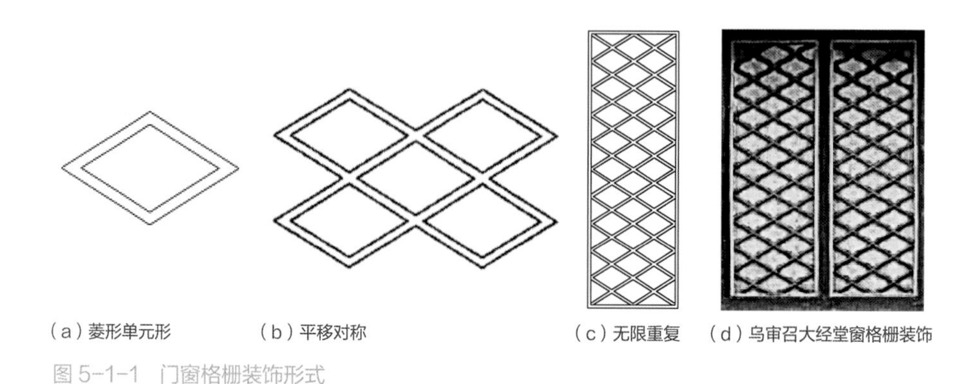

（a）菱形单元形　（b）平移对称　（c）无限重复　（d）乌审召大经堂窗格栅装饰

图 5-1-1　门窗格栅装饰形式

三角单元形 → 填充图案 → 围绕轴线进行平移对称和反映对称

→ 单元形重复运用，形成带状镶嵌

图 5-1-2　几何镶嵌形态构成示意图

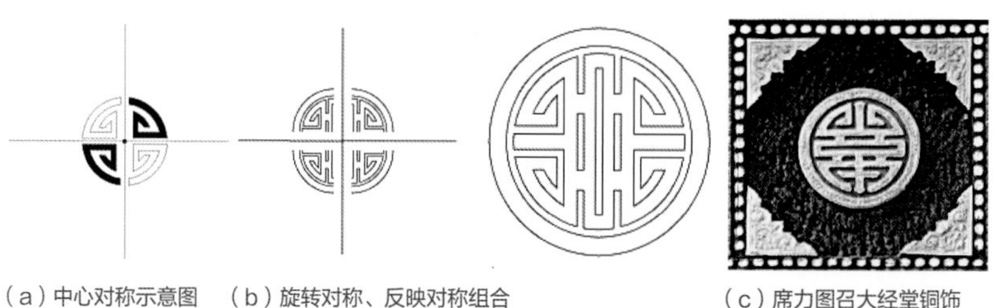

（a）中心对称示意图　（b）旋转对称、反映对称组合　（c）席力图召大经堂铜饰

图 5-1-3　铜饰装饰形式

中原地区植入的建筑类型，将中国传统建筑的礼制文化特征一并带入内蒙古地区。中国传统建筑立面纵向的三段式布局、横向的中轴对称形式，使得建筑装饰形式约束在建筑整体框架中。中轴对称形式表现在建筑构件的分布规

律、建筑装饰的排列关系，而这些内容几乎贯穿内蒙古地区衙署类建筑装饰形态。以呼和浩特市将军衙署为例，建筑群整体呈纵三路中轴对称式布局，建筑群落中各单体建筑也是中轴线对称形式，进一步探微至建筑装饰，鸱吻、脊饰、梁枋、雀替、柱子等同样以中轴对称为布局原型左右分布，而这些内容正是通过对称、重复的几何构图方式，形成平衡、稳重的视觉效果，进而传达此类建筑的文化特征。

（二）空间连续

建筑装饰形态多是根据载体构件形态、尺度发生适应性变化，表现出空间连续性形态契合关系。以龙纹为例，首先将龙纹简化，看作一条只有一个端点的射线，点代表龙头，线代表龙身，分析在不破坏龙纹连续性的前提下，龙纹在不同建筑构件中发生的形态变化，根据龙头的位置可分为龙头在上、龙尾在下的腾龙，龙头在下、龙尾在上的降龙两种形态[149]。

位于内蒙古呼和浩特的席力图召古佛殿内柱饰，龙纹造型为适应柱身的圆柱形状，以缠柱式降龙形态布局呈现（图 5-1-4）。呼和浩特大召菩提过殿屋顶瓦当滴水装饰中龙纹，为适应构件形状，龙纹以首尾相连的环形和“S”形出现（图 5-1-5），雀替上的龙纹形态因藏式梁托和汉式雀替建筑构件之分会略有不同，藏式建筑中梁托直接与柱子顶端相连，无须插入柱头之中，裸露部分较大，整个梁托呈现为带状，因此龙纹呈现条带状的行龙纹；汉式建筑中雀替因被柱子分为左右两部分，外形呈三角形，龙纹则相应转化为近似三角形环绕或紧凑的“S”形（表 5-1-3）。

图 5-1-4　席力图召古佛殿降龙形态

（a）大召菩提过殿的瓦当滴水装饰

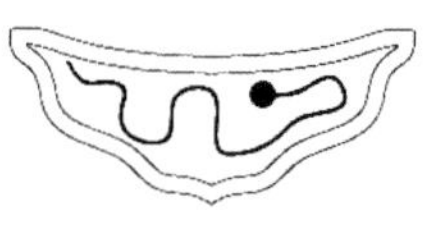

（b）滴水“S”形示意图

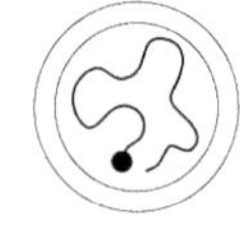

（c）瓦当环形示意图

图 5-1-5　瓦当滴水中的龙纹形态

雀替装饰中的龙纹形态　　表 5-1-3

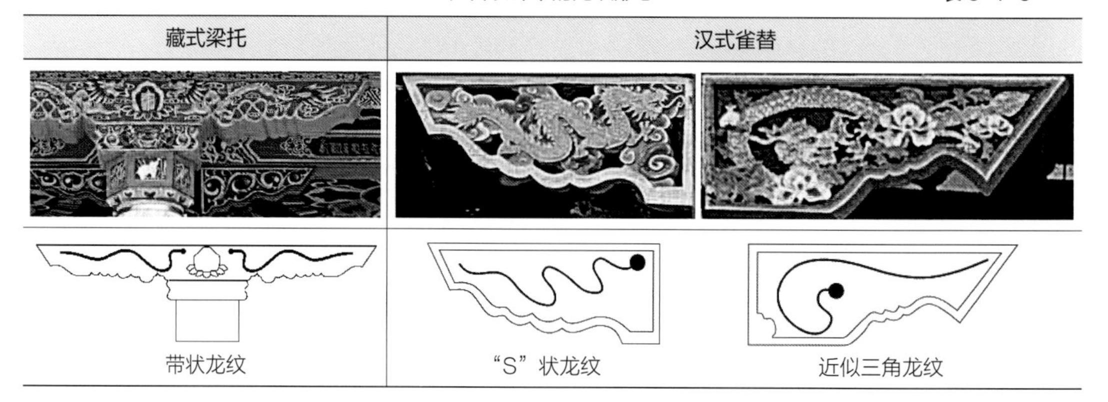

藏式梁托	汉式雀替	
带状龙纹	“S”状龙纹	近似三角龙纹

（三）复合叠加

单一的几何构成体系看似合乎理性，但形式特征往往是机械的，难以反映具有复杂组织关系的装饰形态[150]。装饰形态与建筑载体之间的关系应当是适宜、整体的，无论怎样的载体形式，采用何种表现手法，装饰形态都需要按照某种构成规律和组织原则形成彼此间的和谐关系[151]。

宗教类建筑中藏传佛教建筑是内蒙古整体区域范围内分布较多、影响力最为显著的传统建筑类型之一。藏传佛教文化中对宇宙观有着独特的理解，它们将“曼陀罗”视为藏传佛教宗教文化的“图示”语言，指代一切圣贤、功德的聚集之处。因此，藏传佛教建筑从建筑布局到建筑装饰，均可看作对“曼陀罗”图示的物化表达。“曼陀罗”空间布局中，讲究建筑与环境的空间围合关系，通过突出中心形成层次关系，以表现佛法的至高无上，反映在建筑装饰构图形式中，既要考虑建筑构件对装饰形式的制约，也要关照藏传佛教文化因素影响下建筑装饰表达的层次关系，这就需要多种构图形式复合叠加、共同参与，实现装饰形式对宗教文化的回应（图 5-1-6）。

衙署府邸类建筑虽处于内蒙古地区，但依然受中国传统“中庸”思想影响，在建筑装饰整体性构图时，十分注重增加视觉中心吸引力，形成建筑装饰的“焦点式”构图，而这一构图形式，是将局部装饰构图进行整体性整合，即

（a）阿拉善延福寺

（b）希拉木伦庙

（c）葛根庙

图 5-1-6　基于文化特征与建筑布局的装饰契合

对装饰元素按照装饰意图进行的复合性整合。将军衙署门前照壁上“屏蕃朔漠”四字与府门相对而立，互为对景，虽是简单字样却成为空间的焦点，将文字所具含义的重要性进行强调，在形态的视觉关系上既吸引了人们的目光，又形成了鲜明的主次关系。

三、基于附属层面的文化契合

文化契合是指建筑装饰物化形式与文化内涵的有机融合，主要探讨文化层面的内容。建筑装饰通过运用具象或抽象的表达方式，将民族性、地域性等文化内容通过装饰符号的媒介进行建筑化表现，形成富有节奏、秩序的艺术形象[152]。内蒙古地区传统建筑装饰受游牧民族草原文化、中原礼制文化以及藏传佛教为主的宗教文化等多文化影响，形成了在建筑建造形式方面以汉式建筑及蒙古式建筑原型为蓝本，同时沿用其传统建造工艺的建筑文化内容。反映在建筑装饰方面，装饰形态、题材、色彩中表现出在汉式、蒙古式、藏式等固有样式基础上的多种文化相互融合。具体来讲，内蒙古地区整体文化特征是由政治、社会、宗教、民族多方面汇集而成。中原地区汉文化的输入集中于明清时期的对蒙古政策，主要是为了巩固边疆统治，有着浓郁的政治色彩；历史上诸如“走西口”“闯关东”“跑口外”等人口迁徙，将我国汉族建筑文化元素与内蒙古地区文化相结合；藏传佛教文化的传播将召庙建筑一并传入内蒙古，蕴含着蒙古、藏、汉等多民族文化交融的历史特征；内蒙古地区的草原文化来源于自身的游牧文化和最初的信仰——萨满教，具有崇尚自然、崇拜万物的文化特征，虽然游牧生活方式和萨满教的原始宗教文化已被取代，但其中诸多元素和精神被保留下来，这些丰富而宝贵的历史文化进程及其凝结而成的建筑装饰文化内涵，最终表现为形理共生、形意合一、多元融合的文化特征。

（一）形礼共生

礼制的出现确立了血缘与等级相重叠的秩序关系，使得礼制等级贯穿整个封建社会。封建社会时期，对于“尊卑有序”文化的体现可谓淋漓尽致，用制度规范等级的做法，建筑艺术的营造过程中自然而然地渗透着“求其观”与“辨贵贱”的相互关系[153]。无论是处于汉文化核心文化区的中原地区，还是处于边缘文化区的内蒙古地区，等级制度的影响无处不在，建筑装饰的题材、色彩等都是作为彰显建筑社会等级的重要手段，遵从建筑的社会属性，这一点在一定程度上也体现出内蒙古地区传统建筑装饰形式与文化的统一性特征。

建筑构件中，门作为建筑的出入口，自古以来便是显示主人地位的标志和象征，内蒙古地区传统建筑植入了中原汉地建筑形式，在建筑院落大门形式中，依据建筑形制、等级，应用汉地常见的广亮大门、金柱大门等，门上的门钉数量以及铺首、包叶处的纹样、色彩、材质充分彰显建筑等级。

装饰色彩中，黄色在中原汉地一直为帝王及其特准的建筑所专用，等级最高。在藏传佛教文化中，黄色同样是最为尊贵的色彩，多用于金顶、宗教器物中，居于建筑的主导位置。内蒙古地区的皇家敕建召庙，形制较高，召庙中主体建筑屋顶覆黄色琉璃瓦，呼和浩特市大召大雄宝殿即典型实例（图 5-1-7）。

（a）大召大雄宝殿

（b）阿拉善广宗寺黄楼庙

（c）阿拉善福因寺大经堂

图 5-1-7　基于礼制文化的装饰色彩

建筑彩画主要包括和玺彩画、旋子彩画、苏式彩画。和玺彩画等级最高，因其以龙为母题，多为帝王专用，在题材、色彩、工艺选择上极为严苛；旋子彩画等级次之，但用途更为广泛；苏式彩画相对较为随性，用途最为自由。内蒙古地区位于文化边缘区，区域内建筑形制相较于中原汉地建筑，其等级较低，因此本地区传统建筑中梁枋彩画虽然样式精美、丰富，但极少有和玺彩画，大多是旋子彩画与地方彩画，即便是形制较高的建筑中，也是通过彩画用金量的多少寓意建筑等级。

（二）形意合一

自然界中的动物、植物因其特有的品质而被人们赋予相应的文化内涵与精神品格，并形成文化共识。在建筑文化表达中，也就有了借物抒情、以物照己的表达方式[154]。内蒙古地区传统建筑装饰中通过装饰题材的“形似”和“谐音”等手法对自然界中文化的表现。

形似，是装饰形态本身直观的意境表达。内蒙古地区传统建筑的形制大多采用汉式坡屋顶做法，沿用了汉式屋顶鸱吻、走兽的装饰，由于鸱吻属水，因此有“避火”之意[155]。垂脊和戗脊兽的原始功能是筒瓦上的帽钉，为防止雨水渗入，后续逐渐丧失了功能性意义，以象征吉祥的瑞兽形象出现在传统建筑屋顶。门上铺首，其上的兽首多为“椒图”，即龙九子之一[156]，是权势的象征，也被赋予驱邪禳灾的寓意。龙具有帝王的象征和吉祥寓意，在建筑装饰中通常位于重要位置，既体现地位，又是汉文化在内蒙古地区运用融合的力证。

谐音，是建筑装饰借音表意的重要方法。在装饰图案名称与吉祥寓意的发音相近时，往往借助装饰图案名称，表达吉祥寓意。如使用四只蝙蝠围着中央一个“福”字，借用蝙蝠的“福”字音，意为“五福临门”；佛教八宝之一的宝瓶，与“平”谐音，寓意佛佑平安[157]。鹿，在传统概念中是长寿的代表，又与“禄”谐音，有着福运、俸禄的象征。内蒙古地区传统建筑装饰中，将蒙古、汉、藏等民族文化中的吉祥寓意与装饰题材相结合，表达民族文化中的“特定”寓意。

（三）多元融合

蒙古民族早期的游牧文化特征，形成了浪漫心态和洒脱风格的草原文化。蒙古族的传统装饰源于代表动物、植物、天体等自然环境基本元素的抽象提取，注重强调平衡性和对称性。建筑装饰中表现为代表民族精神信仰的图腾，如苏力德、鹿、骆驼等。苏力德，一种图腾演化的方式，被看作部落和氏族的代表，具有鼓舞士气、民族兴旺的象征。鹿是古代物候节律文化的典型代表，鹿角的形象也有着岁岁更新之意，在蒙古族图案中鹿头花便有生命的寓意，在萨满神话中灵鹿具有沟通光明与幽冥的神力，在宗教文化和图腾崇拜中有特殊意义[43]；骆驼，作为蒙古族五畜之一，有沙漠之舟的美誉，在建筑中常作为吉祥图案出现，表达蒙古民族对骆驼的崇拜。蒙古族喜欢的颜色有白、红、蓝、黄等。黄色是受到汉文化和藏传佛教文化的影响；白色是乳汁的象征；蓝色代表着苍天；红色代表火和鲜血（表5-1-4）。而以上装饰内容，虽然是在同一民族文化中表达装饰寓意，但其装饰内容的“原型”确实来源于不同民族、地域文化，最终融合于同一民族文化中。

内蒙古地区民族色彩偏好　　表5-1-4

色彩	情感寓意	产生缘由
白	圣洁、美好、吉祥	与游牧民族的民族习惯和生活方式有关，发达的畜牧业与其对奶制品的喜爱，使得白色在日常生活中随处可见
红	热情、温暖、欢快	火在生活中可以产生热量、驱逐野兽、烹煮食物、照亮黑暗、生命的延续等，这与蒙古族生活中对火的崇拜密切相关
蓝（青）	神圣、永恒、长生	源于蒙古族宗教信仰，表达生命在苍天庇护下的繁衍生息
黄（金）	尊贵、权利、富有	受到藏传佛教文化的影响，有着鲜明的宗教特征，此外中原地区也以黄色为主

内蒙古地区藏传佛教类建筑装饰基本延续藏式建筑和谐、统一、对称的构图与审美特征。藏式召庙建筑材料以木质和石质为主，边玛墙作为有着宗教含义的建筑构件，原始的做法是使用晒干的“红柳”铺搭而成，由于内蒙古地区材料的稀缺使得建造形式简化，部分召庙建筑在原有位置涂抹相应的棕红色加以代替（表5-1-5）。边玛墙上铜制鎏金宝镜同样是蕴含宗教文化的器物。屋顶的祥麟法轮，常有两只金鹿侧卧形成屋顶的构图中心，表示佛祖释迦牟尼在鹿野苑首次传法，有着“轮转不停，万劫不息”“凡有祥麟法轮的殿堂皆为经堂”的说法[158]。经幢置于屋顶四角有除障悟道之意。锡拉木伦庙显宗殿，屋顶中心放置祥麟法轮，四角放置经幢，正立面门窗挡板绘有佛教八宝的图案，柱式为十二角方柱，梁上刻有堆经、梵文等宗教饰物，以木雕、彩绘工艺为主，空间层次丰富，对比强烈，色彩鲜亮，彰显华丽。衙署类建筑中宗教文化的影响同样显著，清将军衙署建筑中典型宗教文化内容出现在西跨院，影壁墙处由大象、猴子、野兔、鹧鸪组成的“和气四瑞”装饰内容是藏族传统吉祥主题，有团结和睦之意。建筑屋顶的宝刹，山墙处的十相自在、吉祥八宝等图案，这与原本西跨院在建立之初储藏书籍和衙署寺庙的功能会有所关联，是与藏传佛教文化和衙署文化的相互融合。

内蒙古地区传统建筑装饰形态在形式化契合和意境化契合的共同作用下，与地域文化结合形成相对应的装饰构成形式，充分体现出内蒙古地区传统建

西藏地区与内蒙古地区藏式装饰构件对比 表 5-1-5

西藏地区	内蒙古地区
 阿里扎西岗寺边玛墙	 准格尔召五道庙边玛墙
 西藏地区祥麟法轮	 内蒙古地区祥麟法轮

筑装饰形态的复杂性和多样性，同时也彰显出建筑装饰构图的“理式”化特征。

第二节 装饰文化的植入涵化

内蒙古地区遗留至今的传统建筑是我国北部边疆地区历史文明进程的鉴证，建筑装饰文化在形成、发展历程中，形成自身的艺术存在与文化景观类型，而其形成与发展是在文化的植入与涵化的过程中逐步完善，从建筑装饰文化的历时性过程来看，文化的“植入”与“涵化”是内蒙古地区传统建筑装饰文化的特质所在。

推动事物发展的重要因素是其核心驱动力，是指可以促使被动者运动的事物 [159]。内蒙古地区传统建筑装饰作为建筑文化的一部分，同时又构成自身完整的文化系统，所表现的艺术文化与装饰形态是基于文化动力因素下的生成物。内蒙古地区传统建筑装饰文化在历史发展进程中所经历的驱动因素，映射在建筑装饰文化景观中，呈现出“自上而下”与“自下而上”双轨并驱的文化传播形式，并表现出不同的发展路径与特征。

一、双轨并驱的文化传播

传播模式是指利用图像形式对传播现象进行简化描述，用以表明传播过程的主要组成部分以及这些部分之间的相互关系。在传播模式概念中，着重强调传播要素的相互关系，并且通过传播要素得以体现。哈罗德·拉斯韦尔（Harold Lasswell）提出经典的5W传播模式理论，指明了传播要素与过程及其关系[160]。5W要素包括：控制分析、内容分析、媒介分析、受众分析、效果分析，分别对应传播中的传播主体、传播内容、传播渠道、传播对象及传播效果。

传播主体是文化传播的发出方，对传播内容有着绝对的控制权，传播渠道包括文化传播的方式与媒介。本书将内蒙古地区传统建筑装饰文化形成发展过程中形成的“主体—内容—渠道”在具体传播过程中，基于不同逻辑顺序最终形成不同的传播效果，视为传播模式。内蒙古地区传统建筑装饰文化是在传播者身份、传播意图控制下，选择合适的传播路径，发生的一场文化传播运动，包括基于明确意图的文化植入与文化接触过程中发生的文化涵化两种文化传播模式。

二、同形异构的文化植入

（一）同形——装饰形制的整体植入

内蒙古地区发生的文化传播过程，首先是基于中原地区对内蒙古政治统治目的而进行的“自上而下”文化植入。明朝初年，明廷对待汉传佛教、藏传佛教及其他宗教的政策并不一致，上层阶级将藏传佛教作为特殊宗教信仰，没有视为可以普及的宗教来对待，在与喇嘛上层关系逐步修好后，明廷对待藏传佛教的态度逐渐发展转变，加之同时期边疆地区局势动荡，加快了明廷对藏传佛教态度的转变。明成化时期开始，皇室成员可以自由信奉包括藏传佛教在内的各种宗教，但明廷的影响在文化形态中并未有决定性显现。16世纪晚期，土默特部首领阿勒坦汗在向青藏高原拓展势力的过程中，与三世达赖喇嘛索南嘉措的青海会面为开端，接受了藏传佛教，打开了藏传佛教在蒙古地区广泛传播的局面，在阿勒坦汗的大力倡导和扶植下，藏传佛教格鲁派首先在土默特、鄂尔多斯等漠南蒙古地区传播，藏传佛教成为蒙古地区重要的精神文化核心，在政治、经济、文化等领域对蒙古社会形成深远的影响[29]。藏传佛教建筑跟随阿勒坦汗的治略路线一并传入内蒙古地区，因此，这一时期传入内蒙古地区的藏传佛教建筑以“藏式”母体整体植入的方式进行。位于今呼和浩特地区的大召（1578年始建，1579年竣工）是藏传佛教再次传入内蒙古地区的第一座寺庙，大召的建立是藏传佛教文化在传播主体意愿支配下的具体传播内容。据《万历武功录·俺达列传下》、《全边记略》卷5、《明实录》等记载，仰华寺会盟时，阿拉坦汗承诺在归化城（今内蒙古自治区呼和浩特市）建寺弘法，据以建立大召，成为漠南蒙古地区政治、宗教文化中心。大召在建筑形式及功能组成上沿袭了西藏地区建筑形式，位于中轴线上的大雄宝殿与西藏措钦大殿的空间构成相近，建筑装饰内容也将西藏地区的文化一并沿袭。此外，形成于这一时期的席力图召、美岱召，与同时期位于今蒙古国的额尔德尼召具有“同源”特征[161]，其形成的建筑装饰形制对本地区后续建筑文化产生了重要影响。

清朝建立后，清廷对蒙古政策发生变化，通过宗教以“柔顺”蒙古地区，以消除蒙古对中原的威胁，为藏传佛教在蒙古地区的继续发展提供了政治机缘。为了尽快推广藏传佛教，清廷示掌权的喇嘛拥有与旗长同等的待遇和权力，清廷采取拨款的方式大力支持蒙古地区的寺庙修建。在朝廷的庇护和蒙古僧俗等上层势力的大力提倡下，内蒙古地区出现了大量的召庙，同时，众多汉传佛教寺庙被改建为召庙。据相关文献考证[88-93]，至17世纪，内蒙古地区藏传佛教寺庙约近3000座。但这一时期传播主体的差异，形成了以“中原”礼制文化植入为主导的藏传佛教建筑形式，并且在建筑装饰方面同样特征明显。藏传佛教建筑为代表的宗教建筑在内蒙古地区的植入，是将建筑文化背后的宗教文化、政治文化等一并植入内蒙古地区，是建筑文化表征下文化意图的体现，因此，是“形制”的整体性植入（图5-2-1）。此外，内蒙古地区衙署府第类建筑，无论是建筑布局、形制还是建筑装饰等方面，将中原“礼制文化”依据“法典规矩”照单全收，以整体形式将建筑文化植入内蒙古地区。

内蒙古地区的民居建筑，固然有本地区游牧民族文化下形成的移动式建筑，但在历史文化进程中，多因素促进下，形成了数量众多、分布广泛、类型丰富的固定式民居建筑，而且成为内蒙古地区主要居住建筑形式。固定式民居

（a）汇宗寺大雄宝殿

（b）善因寺护法殿

图 5-2-1 形制整体植入建筑实例

建筑文化是以人为文化传播媒介，通过直接传播的形式传入本地区，因此，建筑文化的主体内容得到了较好的保留。

（二）异构——装饰形式的个体微差

异构是指包含不同民族、文化背景的个体重新组合，是文化传播过程中，在不断适应、融合、消解过程中逐步形成适应的必然结果。基于前文分析，内蒙古地区传统建筑装饰文化是在建筑文化的整体性植入下完成的，在这场文化传播的过程中，我们不可忽视环境因素、文化因素、人为因素等对于建筑文化的影响，甚至发生重新组合的现象。

内蒙古地区衙署类建筑多为清代礼制的产物，建造初始许多中原汉地工匠直接参与建造，因此受满族与汉族文化影响显著。但其蒙古贵族为主的居住群体，且位于地区特色鲜明的地理环境基底，将蒙古族审美、信仰等文化特征融入此类建筑文化，通过建筑装饰题材、色彩、形式等微观层面得以展现。

位于阿拉善盟阿左旗阿拉善王府的修建由王爷直接从京城请来工匠参与建造，极大地促进了王府建筑及其装饰形式对中原汉地文化的吸取，具体表现在屋顶鸱吻、走兽兼备，斗栱彩画艳丽丰富等方面。同时依照蒙古族文化，王府将宅门开向东面，建筑平面呈长方形，东西长，南北短，而这些形式正是蒙古族住居文化的体现。王府墙体为白色，素有“沙漠白宫”的美誉，体现了主人对于民族色彩“白色”的崇尚。位于今乌兰察布市苏尼特德王府建筑装饰中，也可以见到民族文化融合的实例，该王府建筑参照了中原汉地王府建筑形制，同时加入了蒙古族少数民族地区建筑装饰艺术和蒙古族的信仰艺术元素，在建筑正门前八角影壁后，设置了两根高高竖起的彩色旗杆和蒙古族权力象征的“苏力德”（图 5-2-2）。另外，在大门外侧布置了拴马桩和王公贵族们骑马用的骑马石（又称上马石），是蒙古草原文化的体现（图 5-2-3）。

图 5-2-2　苏尼特德王府的“苏力德”

图 5-2-3　上马石

民居类建筑相较于其他类型建筑，规制要求较少，主要源于对环境与文化要素的传承。内蒙古地区固定式民居在从外部传入过程中，无论是基于什么样的促动因素，都是跟随文化携带者一并传入此地，使其文化原型较完整地保留下来。但在与传入地相互适应的过程中，不可避免地受到传入地自然、人文环境的影响，建筑形式“母体”保留下来的同时，装饰形式发生了适应性变化。清康熙二十九年（1690 年），康熙帝痛击噶尔丹军取得重大胜利；翌年，与蒙古王公贵族等人员，在今内蒙古锡林郭勒盟多伦县会盟，除应允建召庙外，并赞同蒙汉之间的通商事宜。中原汉地商人来这里经商并定居下来，成巨然一大都市，故有“漠南商埠”之称[①]。多伦县固定式民居形式主要以北京、河北地区迁入为主。但多伦县民居又有所不同，围绕宗教建筑而建的民居，其建筑形式及装饰样式受到当地宗教文化有形空间和无形教义的影响，多伦县善因寺周围民居以寺庙为中心进行布局，建筑形式以善因寺为建筑摹本建造，民居大多为硬山式屋顶，屋脊两侧缀有吻兽，屋檐下方用多层砖石承托，墀头装饰精美砖雕，建筑装饰题材多使用佛教文化题材装饰（表 5-2-1）。

① 任月海. 多伦汇宗寺［M］. 北京：民族出版社，2005：2-5.

善因寺周边民居装饰形式　表 5-2-1

三、亦步亦趋的文化涵化

内蒙古地区传统建筑装饰文化的形成是在历史进程中，与其他文化的接触、交流过程，也是文化传播过程中进行的文化涵化实践。作为文化根基的北方游牧民族文化接触了传播至此地的中原文化、藏传佛教文化以及邻近地域文化之后，对于在地理区域上自成单元的独立文化区域形成重要的文化冲击，各种外来文化在这里传播，加速促进了“游牧”向“定居”文化的转变，对本土建筑文化同样构成了根本性影响。因此，内蒙古地区发生的这场文化传播改变了原有文化形态，在文化学领域称为“文化涵化”。

文化涵化是人类学文化变迁理论中的重要概念，是指一种文化从其他文化中获得新的文化信息并形成适应过程的文化传递、交流。文化接触是发生文化涵化的前提，通过一段时间的接触，形成文化间的取代、整合、吸取、附加、创新。内蒙古地区建筑装饰文化的涵化过程，我们可以从：取代——宗教传播的文化渗透、吸取——建造技艺的文化互通、整合——人口迁徙的文化带入三方面进行考察，这场文化涵化的最终结果是带来文化的创新，促使内蒙古地区建筑装饰文化的最终形成。

（一）取代——宗教文化的传播渗透

历史上明朝末期，由于蒙古族人民对藏传佛教的信仰，以土默特地区、鄂尔多斯地区等漠南蒙古地区为首，蒙古各地掀起了信仰藏传佛教、修建寺庙的热潮。阿勒坦汗青海会晤之后，在今内蒙古呼和浩特地区建造了供奉释迦牟尼佛像的大召——内蒙古地区所建立的第一座召庙。此后数十年间，阿勒坦汗的子孙、亲信，蒙古各部的封建贵族们争先恐后地修建寺庙、塑造佛像、供奉喇嘛。纵观明朝时期蒙古社会中的藏传佛教：以蒙古土默特部的阿勒坦汗与藏传佛教格鲁派领袖索南嘉措三世达赖喇嘛在青海仰华寺的会面为开端，藏传佛教第二次正式进入广阔的蒙古地区。在以阿勒坦汗为首的漠南蒙古贵族的推崇和扶植下，仅数十年时间，藏传佛教风靡蒙古各阶层，影响到蒙古社会的政治、经济、文化等各个领域，成为能够左右蒙古社会的重要精神力量。

藏传佛教在内蒙古地区的发展过程中与固有萨满教的争斗结束后，一个特别引人关注的现象是，藏传佛教吸收了蒙古社会中早已成型的民间宗教及信仰礼仪传统，这使得内蒙古地区的藏传佛教在其发展过程中形成为适应当地社会历史条件的、民族性的、地域性的宗教文化。蒙古人除其固有萨满信仰外，还存在许多民间宗教的表现形式，如祈祷长生天、祈祷火等信仰。随着藏传佛教的传入，蒙古人对火的崇拜被佛教同化了。自从藏传佛教再度传入内蒙古地区后，凡是信奉佛教的场所，拜火也就成了蒙古佛教的礼仪制度，成为喇嘛们日常生活中仪式之一。随着藏传佛教在内蒙古地区的传播，古代蒙古人的宗教信仰和民间信仰仪礼等被佛教同化从而成为蒙古佛教崇拜体系中的一部分，然而，其实质和宗旨没有变。这也是佛教能够迅速成为蒙古人精神文化不可分割的部分而长期存在，并适应于蒙古民族文化的重要原因。

历史上内蒙古地区的原始宗教——萨满教与藏传佛教在教义、宗法的相互碰撞过程中，逐渐找到了共同生存的契合点，当然，不可忽略的事实是，强势文化对弱势文化的主导性融合。萨满教在其教义、仪轨方面与藏传佛教进行了糅合、再生，其结果是萨满巫师改穿喇嘛服，萨满法器被藏传佛教所用法器取代。在建筑文化中也进行了通融、互代，萨满教中的敖包祭祀行为，成为内蒙古地区藏传佛教仪式中的重要部分，敖包布局与寺庙建筑群落布局相呼应，并形成围合空间（图 5-2-4）[82]。敖包中的装饰内容构成藏传佛教建筑空间中宗教文化“氛围”的塑造媒介。此外，基于萨满教的祖先崇拜，藏传佛教建筑中形成了“成吉思汗”祭拜殿堂空间。然而，很明显的是，在这场宗教文化的涵化过程中，本土原始宗教终究被来自政治管理意图的文化形式所取代。

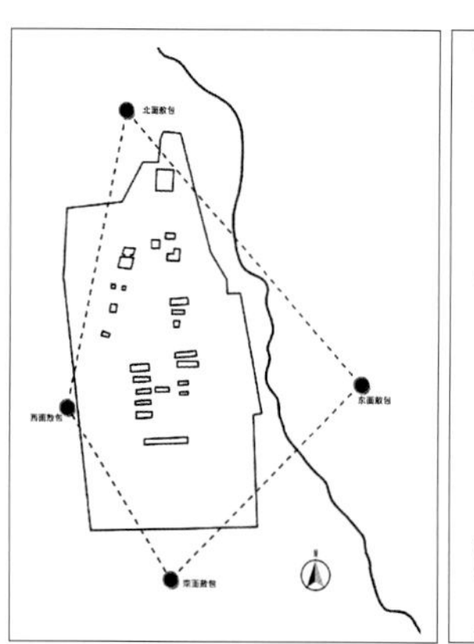
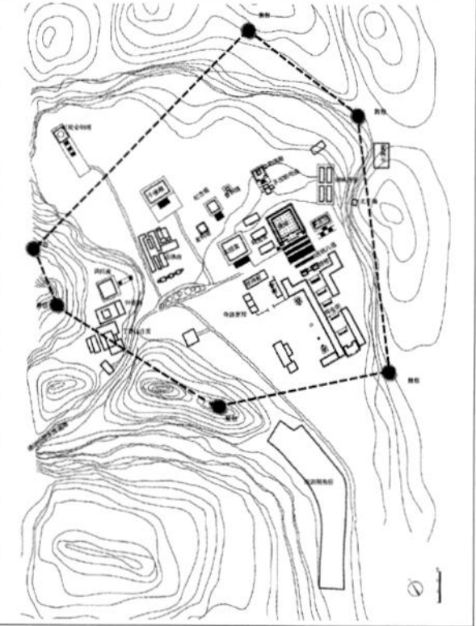
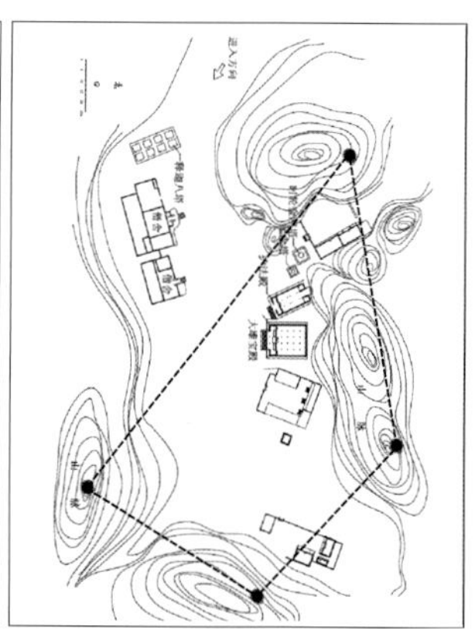

图 5-2-4 敖包围合的宗教空间[82]

（二）互通——建造技艺的文化适应

内蒙古地区在历史发展进程中受到多方文化的影响，自然也有来自于建造技艺的文化交流与适应，多种文化背景下的建造技艺与本地区传统、朴实的建筑材料所互通，而建筑材料的材质、肌理本身生发出建筑装饰文化的本体韵味。

内蒙古地区自然环境造就了天然的建筑材料——生土、木材、石材，多种文化背景下的建造技艺，被建筑材料所互通。就地取材是内蒙古地区民居建筑的典型取材方式，因此，建筑形式、外观、装饰样式产生了和自然充分融合的特征。例如，内蒙古中西部地区阴山山脉附近，土质适宜，这里建造了大量的靠崖式窑洞，当地人称之为“土窑”，窑洞的整体空间掩盖在山体下方，只有门面裸露在外，配上当地生产的木材制成门窗，朴素而实用，原生材料自然的肌理与来自于山西、陕西地区的窑洞建造技艺有机融合（图 5-2-5）。位于呼和浩特市清水河县，在地理位置上邻近陕西地区，基于文化交流、扩散的影响，清水河地区民居形式依旧以窑洞居多，但清水河地区石材较多，且石质适宜于进行垒砌建造，本地区的窑洞形式主要为石砌窑洞，窑洞与山体并未形成绝对的依赖关系，而仅是筑以窑洞形式，窑洞的装饰内容依然集中在门窗部分，借助石材的砌筑形式形成丰富的墙面肌理。

建造技艺的互通也体现在文化的交流融合过程中。据《俺答汗列传》载，自明末，内蒙古周边汉人因生计原因，逃荒到内蒙古地区。从嘉庆年间开始，就有山西人民来到归化城土默特部地区，而这一时期迁入内蒙古地区的大多是农民，迁徙人口自身的节俭习惯也一并带来，在建筑规模、形式、装饰中一并

(a)

(b)

图 5-2-5　内蒙古地区土窑

体现出来。因此，内蒙古地区这一时期广建的民居及宗教建筑在不同程度上受到迁入人口建造技艺的影响。此外，内蒙古大部分地区是蒙古族、汉族杂居，汉族来源于数次、多地的人口迁徙，蒙汉交流的便利也促使了建筑材料就地取材，建造技艺因材互通的特质。

此外，内蒙古地区的传统建筑技艺更多地延续了游牧民族的传统手工技艺，从蒙古包的选材、制作到包体搭建，充分融入了牧民的生产生活，男女老少的牧民们都会参与到这一建造活动过程中，其技艺也被一代代传承下去，并且在民族文化融合过程中进行建造技艺互通和弥合。

（三）整合——人口迁徙的文化带入

北元时期，蒙古土默特部首领阿勒坦汗大力发展农业经济，在土默特地区兴建板升①村落，汉族人民以板升为中心形成散居分布的居住模式，此时，已有少量汉族移民开始迁入内蒙古地区。自明朝中期至清朝中晚期，山西、陕西、河北等地的汉族移民迁入内蒙古地区，汉族和蒙古族人民在生产技术、语言习俗等方面不断交流、互相渗透。清康熙时期，流民自发性地迁入内蒙古地区，主要分布在今内蒙古东部与西部利于耕作之地，以解决流民生计。清雍正时期，实行“借地养民”政策，大量河北、山东等省流民移入昭乌达盟等蒙古腹地[116]。19 世纪中期，清政府为解决财政危机，采取“移民实边”政策，向内地农民全面放垦，蒙古地区的汉族人口迁入达到高潮。历史上，中原地区向

① 板升，是指丰州滩（今内蒙古呼和浩特）蒙古族、汉族人民的聚居地，有城、屋、堡子之意。

内蒙古地区的移民历时 300 年，移民来源涵盖山东、河北、山西、陕西、甘肃五大内地行省，移民走向包括山西移民以归化城土默特、察哈尔右翼为中心，同时向东、西两个方向延展，覆盖整个内蒙古地区；山东移民以哲里木、昭乌达、卓索图三盟为中心，不断向西扩展，零星移民已达阿拉善地区[①]。进而，在内蒙古地区形成三大移民圈，即西部的晋北移民圈、中部的河府移民圈、东部的鲁冀移民圈。

历时 300 余年的"人口迁徙"，在内蒙古地区文化融合进程中产生了重要影响，这一影响在内蒙古的中西部地区体现尤为明显。位于内蒙古中部、黄河以北、阴山以南的呼和浩特、包头地区，即古之"敕勒川地区"。汉地移民来到这里务农或经商，依靠自己家乡的技艺建造房屋，来内蒙古的汉族人口以山西、陕西最多，其次来自于河北、北京、天津等地。移民到内蒙古分成两类，一类以务农为主，另一类以经商为主。晋风民居便是随着晋地人口迁徙带到内蒙古地区的建筑文化。内蒙古晋风民居广义上来讲属于山西民居的辐射范围，属于晋文化的一支，但严格来讲，内蒙古的晋风民居是在吸收了蒙古、藏、满等民族文化元素，融合了陕西、河北等地民居特点，在山西民居建筑母体的基础上，形成的内蒙古地域民居形式。随着人口迁徙一并带入的多元文化，在内蒙古地区形成了文化大融合的景象，整合形成了适应于本地域的建筑及其装饰文化。

第三节　装饰艺术的审美蕴涵

审美是人与自然、社会环境之间形成的一种形象的和情感的关系状态，是一种社会文化活动，包括"审"与"美"两个方面，"审"表示人的主体介入，"美"指代客体对象，审美是人对客体对象的感知和认可的活动过程，包括前审美、审美、后审美三个阶段。人类的艺术创造物，需要通过感知、体验才能获得艺术表象背后传达的艺术体验，这也是在观照、感受、认知、领悟的交替过程中实现的递进式体验过程，对应装饰艺术的物化本体、文

① 内蒙古自治区编辑组，《中国少数民族社会历史调查资料丛刊》修订编委会．蒙古族社会历史调查 [M]．北京：民族出版社，2009.

化内涵[162]。建筑装饰艺术的存在是一个被感知、被认同的历时性过程，是在满足物质功能的基础上，包含内容持续积累、影响范围不断扩散的艺术表现形式。内蒙古地区传统建筑装饰，在历史的积累过程后，形成了厚重的艺术文化积淀。要感知、领悟其艺术特质，需要经过审美过程，结合本地区建筑装饰构成、装饰文化等方面的文化特质，最终表现为审美形式的和谐统一性、审美秩序的文化主导性、审美意境的语言意译性三个方面的特质。

一、审美形式的和谐统一性

和谐与统一是装饰形态的重要特征，也是其成立的基本条件。和谐是指事物内部元素之间趋于完美的组织结构，统一是指各组织要素在和谐的组织关系下形成的整体。建筑装饰形式通过构成元素形成复杂的结构系统，“形”是构成建筑装饰的最基本因素，包括点、线、面。内蒙古地区传统建筑装饰形式，在特定区域发展历史背景下，形成了三种模式：本土式、植入式、融合式，但就装饰形态来看，又将各个不同模式下生成的建筑装饰归于同一装饰艺术语境下，具有装饰形态构成要素的同一性，遵循装饰艺术形式美法则，通过点、线、面的具体形态特征，形成装饰意义与装饰美的表达。

点，在几何学中解释为构成形态的基本单位，点没有大小，没有形状，只有位置，点也是线的起点或终点，线与线的交点，还可以是视觉的中心[163]。点的存在有其生存范围及相对关系，在某一关系范围内的点可能在其他范围中是以面或体的形态出现。换言之，点脱离了环境将失去其意义。因此，我们将点置于建筑装饰的实底范畴，会发现点的形式不仅具有了自身特征，还常常通过具体形状呈现出来。内蒙古地区大量的汉式建筑，为了强调建筑的规制、稳重，常常用到中轴对称构图的形式。以藏传佛教建筑为例，汉式藏传佛教建筑屋顶正中大多会放置宝瓶等宗教吉祥物，屋脊两侧出现鸱吻，形成点状装饰效果，抛开其文化意义，屋顶点状装饰物的出现，稳定了建筑对称构图形式。除了独立存在的点之外，建筑构件的端头也可以构成点，这类点由于处于线的端头，因而依据线的走势具有了向外延伸的动力。汉式建筑大屋顶的飞椽，其结构功能是增加屋檐出挑深度，成排的飞椽端部所形成的点，沿建筑屋顶并列排开，上面施绘宗教题材的装饰纹样，众多绘有宗教寓意的点汇集在一起，从形态走势上突出了汉式建筑的屋顶走势，从环境氛围上强调了建筑的文化功能，进而形成点元素与建筑整体形态及文化内涵的统一（图 5-3-1）。

（a）增加建筑稳定性

（b）强化屋顶走势

图 5-3-1　点元素的装饰形式

线，几何学中解释为既有位置又有长度，是点移动的轨迹，只有长度单位，没有宽度单位。在空间关系中，线是面与面的交界，也是面的围合。与点相同，线也有其生存的范围和相对关系，绝对的线是不存在的，但现实中的线不仅具有长度，还具有宽度，但其宽度是在相对视域范围下，一旦超出限定范围，线就会趋于面。此外，线包括直线、曲线等，具体又可细分为水平线、垂直线、自由曲线、几何曲线，不同形态的线会产生不同的视觉效果，因为“每种线最基本的来源乃是同一个东西——力”[164]。线是构成建筑装饰的基本要素，建筑的结构构件、外形轮廓都是通过线进行表达和划定。建筑的轮廓线是将建筑与周围环境相分离的边界，既有实际物理作用，又有心理暗示，内蒙古地区藏式召庙建筑，移植西藏地区建筑原型，建筑外轮廓勾勒出平稳、厚重的藏式碉房造型。蒙古包的轮廓线与天际线形成和谐关系，将洁白的蒙古包消融在茫茫草原中，而蒙古包建筑主体结构，是由交叉排列的桅杆构成的，当地人称“哈那”，哈那构件以线性重复排列，既起到建筑结构支撑的作用，又呈现出富有节奏的韵律美，哈那也是蒙古包的典型装饰。线元素除了以独立形态出现在建筑装饰中，有时也会以建筑中面的边缘或面与面的交界形式出现。内蒙古地区衙署建筑与宗教建筑是植入型建筑，其中来源于中原汉地的建筑形式是其主流，但相较于中原木构建筑形制、装饰的丰富与精美，移植到内蒙古后进行了一定的简化，但其建筑文化精髓依然不变。汉式建筑坡屋顶交会处依旧会有屋脊，屋脊的出现有其建筑构造的功能性需要，但屋脊的形成来源于屋顶交会的线，勾勒出建筑屋顶挺拔俊秀的轮廓，垂脊部位的线条则表现出大屋顶自

（a）强调建筑轮廓

（b）强调建筑屋顶的舒展姿态

图 5-3-2 线元素的装饰形式

由舒展的姿态（图 5-3-2）。

面，在几何学中的解释为面具有长度和宽度，是线移动的轨迹，与点和线相比较，面的活动范围和方式受限较多，因此表现力有限。因为面是线移动的轨迹，因此面会有直面、曲面之分，也会形成体。建筑中的面会表现在建筑墙面、地面、顶面等界面。面具有很强的限定性，是赋予建筑空间意义的主要媒介。内蒙古地区晋风民居，入口处常设照壁，从功能上起到塑造过渡空间的作用，照壁表面以面的形态呈现出来，上面雕刻吉祥寓意图案，给人以未进其屋、先睹其义的空间感受（图 5-3-3）。建筑门窗在长度和宽度关系上趋于面的形态，藏式建筑门体宽大，施以红色，上面绘制丰富的宗教题材图案，在整个藏式建筑中，显得格外突出，汉式建筑开窗面积较大，虽然窗格栅是由条状构件搭接而成，但在一定视阈范围内，呈现出面的形态特征。窗格栅依据建筑等级、文化寓意差异，出现了不同的格栅样式，是建筑文化的重要表现形式。

图 5-3-3 面元素的装饰形式

二、审美秩序的文化主导性

秩序是社会活动与行为同建筑装饰形态之间所形成的历史建构，是审美体验的深度层次。内蒙古地区传统建筑装饰是在社会文化环境的影响下形成的，主要包括内蒙古地区固有民族的文化基础，来自政权统治需要而形成的文化制度，以迁徙人口为载体发生的多元文化融合。其中，文化制度包括政治制度下的礼制文化与宗教制度下的宗教文化，文化自身所规定的内容，反映在建筑装饰文化中以合乎规范的秩序组织装饰内容。

内蒙古地区衙署类建筑具有严格的等级制度，其建筑装饰与清代官式建筑装饰风格和布局极为相似，从建筑等级、建筑类型到建筑群、建筑个体，从建筑空间布局到建筑外观形态以及设计思想等，无不渗透着“礼制”的内涵[165]，体现在依据建筑功能及使用者地位的差异，施以对应的装饰形式。以“礼制”为准则的空间布局与装饰形态，既有普遍的物质需求，更重要的是精神层面对于秩序和法度的体现与向往[166]，使建筑装饰样式成为厘定礼法的手段。

“满蒙联姻”是清朝加速对蒙古地区管理实施的政策，漠北蒙古正式纳入满蒙联姻政策体系是从和硕恪靖公主与喀尔喀蒙古土谢图汗部的联姻开始[167]，因此，公主府第的建造在满蒙关系中具有特殊地位。公主府作为皇室宗亲的府邸，虽地处边塞，但与当地各级官员府邸相比，建造形制差异显著。依《大清会典》中“清太宗：皇帝之女，中宫所出者，封固伦公主；妃嫔所出及中宫抚养宗室女下嫁者，封和硕公主”，恪静公主封号为“和硕公主”。康熙皇帝为褒奖公主远嫁联姻，封“恪靖”的封号，始称“和硕恪靖公主”。雍正时期，和硕恪靖公主又被封为“恪靖固伦公主”[168]。公主府第建筑与公主身份相符，处处体现着相一致的文化秩序：府门上金钉数横七纵七共四十九颗，与郡王府（和硕公主府）规制相吻合，这与当时下嫁蒙古时“和硕公主”的封号是相符的。奈曼王府的主人具有蒙古郡王和固伦额驸的双重身份，王府大院处处散发着威严的气息，建筑形制严格遵守封建等级制度。《奈曼旗志》记载“门前矗立一对石雕狮子二道串堂门，前廊后厦，大红明柱，丹青彩绘，雕梁画栋，龙头燕尾，木雕花墩。”迎恩堂前龙的形象极为具象，四爪分明，四爪龙图案是身份地位的标志。迎恩门檐柱的楹联标有“百年藩属边塞漾熙和，三代姻亲庙堂奉忠勤”的字样，彩画、匾联、文字等装饰展现出建筑的身份、等级，体现了蒙古王公对清王朝的效忠之心。

中国传统儒家思想的“中庸”礼仪，通过建筑装饰秩序得以体现。装饰形式中的对称与均衡关系，通过等量等形或等量不等形的形式秩序，表现于装饰内容之中[169]，正如中庸之道的运用并非平庸无为，而是恰到好处。无论“轴线对称”还是“前堂后室”，正堂院落都是其绝对中心所在，体现“择中立宫”“局中为尊”的礼制思想，轴线上建筑装饰华丽多样，东西侧建筑形制较低，装饰简洁，突出中心，礼制有序。

蒙古人原始信仰萨满教，在藏传佛教格鲁派传入蒙古后，萨满教的地位逐渐被取代，历经宗教信仰文化变迁，最终走向与藏传佛教融为一体的文化道路[170]。藏传佛教文化体现在寺庙僧伽组织、藏传佛教仪轨等方面，并且有其文化制度，通过装饰符号意义的所指表达佛事、教义等文化内容，构建宗教氛围的神圣感，这种文化秩序移植到其他类型建筑中，同样可以构建出相应的审美体验。伊金霍洛旗郡王府中应用了大量的藏传佛教装饰，表达建筑中的宗教文化内容。“堆经”作为藏传佛教殿堂门框和梁枋中常用的装饰形式，受其建筑构件长条状外形制约，采用二方连续的形式出现，郡王府中以砖代木，“堆经”不施色彩，只保留其形。佛教八宝之一的盘肠纹具有延绵不断和长寿的寓意，亦有吉祥结之称，在郡王府的门楣处搭配卷草纹以高浮雕形式出现，是对民族文化审美的体现。鹿在佛教中代表自然、和谐，在中原地区因象征长寿而备受尊崇，在蒙古族文化中又是古代“物候历法”文化的典型化石，有“鹿鸣开春”的说法，被古代北方民族普遍奉为图腾[43]。苏尼特德王府是兼顾藏传佛教建筑风格和清廷汉式宫殿建筑风格的建筑群，宗教符号折射到建筑装饰中使得建筑整体风格较一般实用性建筑会更为宏伟靓丽，将精神信仰潜移默化地寄托于艺术审美的表达[42]。王府的建造者是朝廷册封的亲王，地位崇高，王府所在地亦是旗内政治、宗教、经济活动的中心，宗教氛围的营造尤为重要，以马为屋顶走兽体现蒙古族对马所怀有的情感，也是萨满教对于图腾崇拜信念的表达，同时展现出内蒙古人民依赖自然、敬畏自然、祈求自然的思想，携图腾为饰以求吉祥。

三、审美意境的语言意译性

意译包含意与译，意指意义，包含语言的思想内涵；译指转义，对语言意义进行不拘泥于语言直义的思想加工。建筑装饰艺术形式通过具有通识性、普遍性的语言进行意义的表达。意境是指能令人领悟、感受到的意味无穷的艺术境界，是创作者和欣赏者在审美意识层面的共识，是独立于审美者而自在存在的美，也是经过审美者的审美感知活动后，形成的被审美者所感知的美。审美者将现实美经过主观感受加工后，形成由主观与客观高度融合后的意境美，是超越现实层面，更高一级层面的审美建构。这一建构过程的实质是人类审美活动的最高层次，是从物质层面向精神层面逐层深入的终结。人们通过语言进行思想的交流，在语言传递、理解的过程中进行意图、观点的领悟。建筑装饰语言表现在建筑造型、材质、工艺、图案、色彩等方面，是建筑装饰语言在“言、象、意、境、蕴”的逐级递进，具体指向了言显象、象表意、意筑境、境达蕴的层级关系。

前文中提到清代的将军衙署是正一品将军府，等级和礼制贯穿于建筑文化及其物质形式的始终，所有装饰语言的叙述均需围绕这一主题展开。面对衙署中大到廊院古建、亭碑石塑，小到砖瓦雕饰、节点细部，都充斥着浓厚的庙堂气息，色彩庄重，形式规整，构图严密，以严谨的装饰语言刻画出官式衙署类建筑空间的地位与威仪。种种文化缩影的符号秩序井然地相融于各装饰节点中，营造出礼制文化主导下多元文化的空间意境。

“昔人论诗词，有景语、情语之别，不知一切景语，皆情语也”[171]。书法字画所营造的意境模式展现出“一字一音一义变幻事物万千”的韵律美学[172]。匾额楹联是中国古建筑独有的装饰构件与艺术形式，通过简洁的造型搭配文字的平仄对仗促成极致美学。匾额楹联是传统文化在建筑装饰中对于意境的物化，直述作者所思所想，是植入型建筑对传统建筑意境空间营造的完美传承。将军衙署内通过匾联装饰以达抒情咏志，通过文字的撰写，表达将军对政治理想的追求：门前影壁上的“屏藩朔漠”表达了将军的家国情怀，衙署大门“漠南第一府”与“屏藩朔漠”交相呼应[173]。仪门楹联“柳营春试马，虎帐夜谈兵”出自汉代名将故事典故，生动地勾勒出卫国戍边的军旅情景。阿拉善王府迎恩堂的门前同样出现这一楹联，展现了朝廷守将以及蒙古王公对于卫戍边疆的坚定信念，王府内正堂、折房、回事处三座建筑门前分别悬挂：“议论作社稷谋，事业为黎民福”“佳气生朝夕，清言见古今”“有为有猷有守，曰清曰慎曰勤”，以示时刻以国泰民安、政通人和、勤勉清廉为己任，二堂檐柱悬古篆楹联“政唯求于民便，事期可与人言”等，以上体现出一品封疆大吏执政为民的家国情怀，更是通过匾额楹联装饰，塑造文化空间意境。喀喇沁王府中，楹联所营造的意境氛围则是另一番意境。以中路建筑为例，轿厅悬挂“欲平天下岂鞍马，须问轿前是路人”楹联，抒发了王爷体恤民情的温婉心境；悬挂于回事处的“日月经天，厚德载物；江河行地，自强不息”楹联取天高悬日月，地厚载山河，生机无限，生生不息之意。议事厅作为整个建筑群的高潮部分，是王爷与贵族们商议盟旗大事之所，檐柱楹联悬挂“善可举贤智能辅政，仁当济世德以泽民”，堂内悬挂“品节详明德性坚定，事理通达心气和平”，正中高悬康熙皇帝亲笔题写的匾额“大邦屏藩”，彰显了喀喇沁王府在镇守边疆的重要地位[174]。中路轴线的承庆楼曾是王府家庙，悬挂“独有慈悲随佛念，自言空色是吾真”的楹联，既是历代喀喇沁亲王及家眷信奉藏传佛教的佐证，又生动表达了主人的文化信仰。清朝末年，王府西院设立的“崇正学堂”，是蒙古族第一所近代学校[175]，门上撰“书塾”二字，楹联写“崇武尚文无非赖尔多士，正风移俗是所望于群公”等，营造出贴近民生发展、心忧家国、尊师重教的不同意境空间。

以上针对装饰艺术审美的特征研究，是内蒙古地区传统建筑装饰文化特质的重要方面。装饰形态以建筑装饰基本形态点、线、面在空间的排布，形成特有的空间秩序，进而产生基于审美视觉的和谐统一。装饰秩序是从社会文化活动对建筑装饰的影响角度出发，体验建筑装饰的秩序美。装饰意境是以对美学认识的“言、象、意、境、蕴”五个阶段逐级递进，深入感受建筑装饰艺术的美学内涵。

第四节　装饰技术的生态适宜性

内蒙古地区传统建筑装饰文化中蕴含着典型的文化生态观。文化生态观将人类的建造行为方式、技艺形式与环境紧密相连，形成了技术手段对环境的适应，表现为“低技术”的自然生态观、技术选择的因地制宜观两方面特征。

一、“低技术”的自然生态观

“低技术”是指依据地域环境特征自发形成的建造技术，主要反映在传统技艺等方面。第三章对内蒙古地区传统建筑装饰载体进行了系统解构，全面廓清了本地区不同类型建筑装饰生成背后的生境基础，以及基于对环境的适应而进行的建造活动与结果，充分展现出内蒙古地区传统建筑中所具有的原生态技艺文化。

夯土技艺是我国中西部广大农村地区的传统建造技艺，一直流传至今，以夯土技术制作而成的夯土块成为当地房屋建筑的主要材料，因此，也就有了夯土建筑是典型民间流传的传统技艺的说法。内蒙古中部与西部部分地区有着适宜的土壤环境，利用夯土建造建筑具有就地取材、造价低廉、工艺简单、环保舒适等特点，因此成为夯土建筑的主要分布区域。夯土建筑的制作工艺是以生土为原材料，将适宜的泥土导入模具，经过捣实的过程，制成土墙，然后再进行形体搭建。使用朴实的“低技术”工艺，并没有忽略建筑的艺术美，而是通过充分发挥建筑材料固有的材质肌理与色彩，同时将中国传统建筑精华适宜地纳入建筑整体结构，形成地域文化特色。以夯土建筑屋顶为例，夯土建筑主体结构材料以夯土工艺为主，但建筑屋顶形式多样，包括“人”字双斜坡式、单斜坡式、平顶式、车轱辘式、鹌鹑式等，具体屋顶形式的选择是对自然环境的适应过程。其中，“人”字双斜坡式屋顶建筑形式在内蒙古中部地区被广泛应用，但出于经济能力的考虑，部分建筑屋顶两坡不覆瓦，仅在屋椽上覆盖一层干草，混以泥浆，形成十分朴素的视觉效果，也有在两坡交界处以砖铺砌成单脊，或在单脊处砌花格女儿墙作装饰，在屋面的出檐处进行椽子外露的形式，可视为当地民居典型的装饰内容（图 5-4-1）[28]。在建筑建造及形式形成过程中，既充分考虑建筑的适用性，又是建筑装饰形式尊重文化生态观的体现。

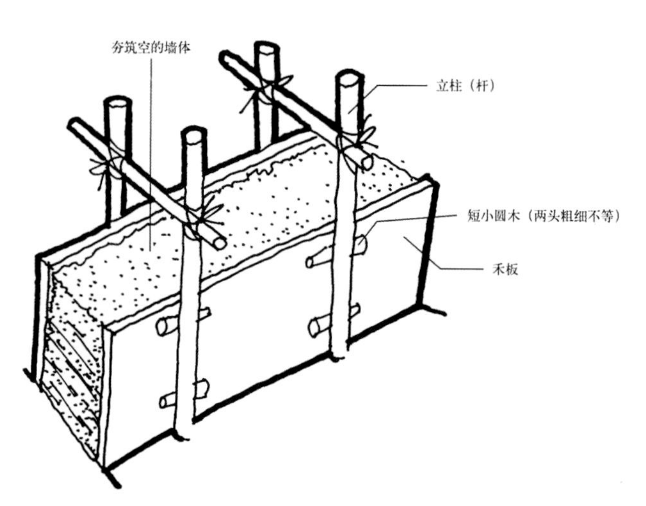

图 5-4-1 夯土建筑工艺[28]

传统工艺的适宜性也表现在内蒙古地区原生型建筑蒙古包的装饰形态中。蒙古包是内蒙古地区最具代表性的民居形式，传承历史悠久，由于内蒙古地区东西跨度大，区域内地理、气候环境差异显著，蒙古包的建造材料、构成方式在不同地区存在显著差异，表现在装饰方面呈现出包体色彩及肌理装饰效果的差别。毡包是内蒙古地区广泛使用的蒙古包形式，外部多用白色包毡围合，装饰部位由蒙古包各结构部分综合组成，大到套瑙的彩绘、挂毯的形式，小到绳索的编制，包体结构处处都有装饰内容。内蒙古鄂尔多斯及内蒙古东部地区柳树资源丰富，出现了柳编包的蒙古包形式，虽然没有明显的装饰部位及构件，但是柳条的材质、规律的编制组织形成了极佳的装饰效果，有些牧民会在蒙古包门窗附近进行花样编制，对包体进行装饰。内蒙古东部的呼伦贝尔地区盛产芦苇，将蒙古包顶部的毛毡用芦苇编织成苇帘代替，围墙用柳条编制，整体装饰效果来自于覆盖物的特殊质感，芦苇、柳条的褐色与挂毯、地毯、家具的丰富色彩相互搭配，形成了自然清新又充满民族地域特色的装饰面貌（表 5-4-1）。

蒙古包类型及材质　　表 5-4-1

类型	蒙古包	柳编包	芦苇包
室外	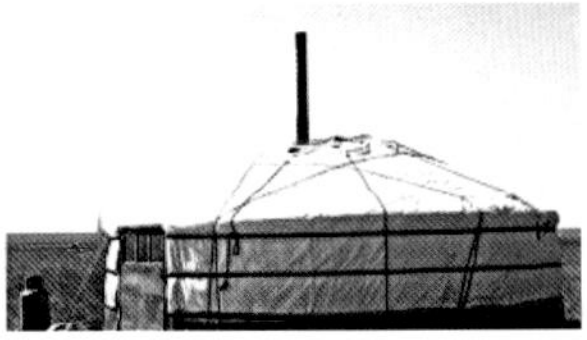		
室内			
分布区域	广泛分布于内蒙古的牧区	鄂尔多斯、锡林郭勒、赤峰等有丰富柳树资源的地区	内蒙古东部广阔草原区域，人们一直居住于芦苇包
材质	 木材、毛毡等	 木材、柳条等	 木材、芦苇等
特征	以白色为主，搭配各种蒙古族图案	材质肌理特征显著，门窗处编制图案	材质肌理特征显著，门窗处编织图案

内蒙古地区传统建筑装饰带给我们很多启示，在以自然生态观为指导的“低技术”策略下，通过原始的选择判断与建筑技艺创造的建筑艺术，回应了文化生态理念下人与自然的和谐关系。

二、技术选择的因地制宜观

内蒙古地区传统建筑的技术特性可以总结为“因地制宜”。“因地制宜”的原意是根据土地实际情况，栽种适宜的树木。在建筑文化生态观的背景下，因地制宜意指依据自然环境，选择适宜的材料与建造方法进行建筑建造活动。

内蒙古地区传统建筑“因地制宜”的技术观：

首先，体现在就地取材。内蒙古地区地处我国北部边疆，位于蒙古高原周沿地带，属于典型的高原型地貌区，区域范围由东北向西南延伸，呈狭长形，横跨经度28°52′，受经向地域分异影响，内蒙古地区东西向自然环境差异显著且区域性特征明显。位于内蒙古东北部的呼伦贝尔市满洲里、博客图、牙克石地区，现存大量的传统木刻楞建筑，内蒙古地区木刻楞建筑的由来主要有两个方面，一是呼伦贝尔市的额尔古纳市林和屯、蒙兀室韦苏木和恩和俄罗斯民族乡等俄罗斯族聚居区，二是中东铁路内蒙古段沿线建筑。虽然来源不同，但内蒙古地区木刻楞却适宜生长在本地区，主要基于内蒙古东北部大兴安岭林地，有着丰富的木材资源，这也让原本从俄罗斯移植此地的建筑形式，因为有了适宜的取材地而在内蒙古地境生存下来，并且很好地适应了当地自然、气候特征。而木刻楞建筑檐口、门楣、窗套装饰精美的木雕，将俄罗斯的艺术审美表现得生动和谐（图5-4-2）。博客图市位于林区地带，这里的建筑主要采用俄罗斯传统木构建筑形式，人字形木屋架、木质屋面、铁皮屋顶，虽造型朴实，但更加讲究实用性，当地居民充分利用屋顶空间，放置生活闲置物品。尽管建筑形式朴实，但在建筑屋面的檐下、窗口处，大多刻绘精致的装饰纹样来装饰建筑。

其次，表现为因材施艺。内蒙古地区的传统建筑是在文化传播过程中形成、发展乃至定型的，这一过程势必会将来自不同区域文化背景的建筑跟随文化携带者一并传入本地区。以内蒙古地区藏传佛教建筑中的藏式建筑为例，建筑形式以西藏地区建筑为原型，藏式建筑墙面装饰十分考究，建筑外墙面色彩由红、白两色构成，上端的红色部分是边玛墙，取材于当地的边玛灌木，经过捆扎、染色而成，是藏式建筑的典型特征，也是重要的装饰内容。移植

图 5-4-2　木结构建筑

到内蒙古地区的藏式建筑，没有了相同的建造材料，但本地区劳动人民发挥主动性，就地取材、因材施艺，建造出形式趋同的建筑外墙装饰形式，既满足了本地区建筑建造的可能性，也很好地延续了西藏地区文化的“原真性”（图 5-4-3、图 5-4-4）。

图 5-4-3　西藏地区边玛墙做法

图 5-4-4　内蒙古地区边玛墙做法

本章小结

本章在前序章节关于文化载体、文化变迁、文化现象三个层面研究的基础上，对内蒙古地区传统建筑装饰众多现象背后的深层次本质进行探究，力图揭示内蒙古地区传统建筑装饰在装饰构成、装饰文化、装饰艺术以及装饰技术方面蕴含的典型文化特质。

装饰构成方面，内蒙古地区传统建筑装饰的构成形式，在物质形式层面表现出装饰符号对建筑构件的形态契合特质，形成对建筑载体的形体“适应”关系，在文化形式层面表现出符号的意指性，通过装饰符号与建筑文化的语义契合关系，强调了建筑装饰是符号化的建筑语言，肩负信息文化传达、表达建筑语意的功能；建筑装饰在形成、发展过程中，形成自身的艺术文化系统，而其形成与发展过程是以文化的涵化与转型为动因，内蒙古地区传统建筑装饰在历史发展进程中所经历的驱动因素，映射在文化层面中，呈现出“自上而下”与“自下而上”双轨并驱的文化传播形式，并表现出的不同发展路径与特征。装饰艺术方面，建筑装饰的存在是一个被感知、被认同的历时性过程，是在满足物质功能基础上，包含内容持续积累、影响范围不断扩散的艺术表现形式。内蒙古地区传统建筑装饰，在历史的积累过程后，形成了厚重的艺术文化积淀，表现为审美形式的和谐统一性、审美秩序的文化主导性以及审美意境的语言意译性三个层面的审美蕴涵；内蒙古地区传统建筑装饰文化中蕴涵着典型的文化生态观，并且将人类的建造行为方式、技艺形式与本地区环境紧密相连，表现为“低技术”的自然生态观与技术选择的因地制宜观。

第六章

结语

内蒙古地区传统建筑装饰文化研究是一个复杂且多元的研究课题。复杂，是内蒙古地区的文化根基于北方诸多游牧民族文化，造就了本地区建筑文化中囊括众多少数民族文化特征；多元，是在历史文化进程中，多民族、宗教文化的传入，中原礼制文化的辐射，加之内蒙古地区广阔的地域范围、丰富且有别的地理环境、东西向延长形区域边界等所形成的区域文化内容。现存于内蒙古地区的传统建筑装饰是本地区历史文化发展的永久见证，也是我国珍贵的历史文化遗产。全书在遵循从整体到局部、由表及里、自下而上、层层深入的逻辑框架下，以文化景观理论为基础，对内蒙古地区传统建筑装饰进行了载体、时间、空间三个维度的文化阐释，形成如下研究结论：

（1）内蒙古地区传统建筑装饰是一个多层级文化系统，涉及构成要素、组织结构、系统功能三个层级，文化系统中各层级要素既相互关联，又具有独立性特征。全书以系统论为指导，建立了文化景观视野下的内蒙古地区传统建筑装饰文化研究逻辑构架，构建出既体现建筑装饰整体共性，又观照个体差异的研究路径与框架。

（2）建筑的功能类型构成了本功能类型建筑不同于其他类型建筑的文化特质，并直接影响其建筑装饰文化特征。全书从建筑装饰载体维度，对内蒙古地区民居类、衙署类、宗教类建筑装饰的形式及特征进行系统研究，揭示出不同类型建筑装饰的文化结构。

（3）全书阐明了内蒙古地区传统建筑装饰的文化历时性变迁与空间分异规律及特征。首先，揭示出内蒙古地区传统建筑装饰的文化历时性变迁的过程与规律。内蒙古地区传统建筑装饰文化，承载了北方游牧民族从分散到统一，再到与中原文化相互交融的历史过程，滋养出丰富、包容的建筑装饰文化内容与形式，这些过程及内容交集于内蒙古地区传统建筑装饰的文化变迁过程之中。内蒙古地区传统建筑装饰的文化变迁是在经历内在因素与外来因素双重作用下，发生的一场跨越民族、地域范围，影响广泛、成果丰硕的文化变迁运动，经历了产生、发展、繁荣的文化变迁过程，呈现出渐变性、突变性，最终平衡回归的整体性文化变迁规律；其次，揭示出内蒙古地区传统建筑装饰的文化区域分异现象。首先，依据建筑装饰的文化特征及内蒙古地区传统建筑装饰文化的自身特点，制定出内蒙古地区传统建筑装饰文化区划方案；其次，在普查式调研、数据分析的基础上，构建出内蒙古地区传统建筑装饰文化区划主导因子，通过 Arc GIS 地理信息系统，准确标示出主导文化因子在空间上的分布与结构特征，通过地图叠合方式，同时结合其他因子，将内蒙古地区传统建筑装饰文化区域划分为三个文化区，厘清各文化区域特征；最后，对各文化区的生境基础、建筑装饰现象、区域文化特征进行分析，拓展了传统建筑装饰研究的广度与深度。

（4）基于以上研究内容，全书采用“分而和之”的研究路径，探究内蒙古地区丰富的建筑装饰现象背后所蕴含的建筑装饰文化特质。分别从装饰构成、装饰文化、装饰艺术、装饰技术四个层面，揭示出内蒙古地区传统建筑装饰构成的形意契合、建筑装饰文化的植入涵化、建筑装饰艺术的审美蕴涵以及建筑装饰技艺的生态适宜的文化特质。

全书撰写过程中，突破以往单一学科研究、个案研究、片断研究的局限性，从文化景观理论视角，全面廓清了内蒙古地区传统建筑装饰文化的本质面貌，形成以下创新性研究成果：

（1）构建了基于文化景观理论的内蒙古地区传统建筑装饰文化研究理论构架。

（2）廓清了内蒙古地区传统建筑装饰的文化结构。以文化景观理论及文化景观构成为基础，结合建筑装饰文化特征，得出内蒙古地区传统建筑装饰文化构成体系，揭示出内蒙古地区传统建筑装饰的文化结构。

（3）发现并解析了内蒙古地区传统建筑装饰文化的时空特征，划定出内蒙古地区传统建筑装饰文化区，揭示了内蒙古地区传统建筑装饰文化空间分异特征。

（4）揭示了内蒙古地区传统建筑装饰的文化特质。

全书从宏观、中观、微观相结合的多层次视野，深入展示和解读了位于我国北方少数民族地区的珍贵文化遗产。研究过程中形成了自己的研究特色：历史过程与典型案例相结合、文化现象与文化区域相结合、文化载体与区域环境相结合，呈现出内蒙古地区传统建筑装饰文化的全面信息，为未来的继续研究提供充实基础。

内蒙古地域广博，历史上传统建筑的真实数量还在进一步普查，全书在研究过程中以“普查式调研、重点研究”的思路，抽取了部分主要案例进行分析，因此研究数据尚不能涵盖内蒙古地区这份建筑文化遗产的全部内容。全书撰写过程中，将研究重点放在了传统建筑装饰文化现象及规律的分析方面，对地区性传统建筑装饰技术专题的研究，有待专项开展。此外，由于篇幅限制，目前书中对于建筑装饰文化现象的描述因过于追求全面而导致描述略显浅薄，使得挖掘深度受限，在后续研究中将继续深入。书中引用的大量实例，是基于不同视角选取的代表性案例，只是实地调研资料的冰山一角，由于篇幅所限，无法全部呈现。但值得欣慰的是，研究过程中构建了传统建筑装饰数据库，通过研究思路，将调研数据进行数字化存储，希望可以将内蒙古地区传统建筑装饰这份珍贵的文化遗产清晰、完整地保留下来，以共享给有志于此项研究的同仁。

参考文献

[1] 钢格尔，毛昭辉，王鸣中，等. 内蒙古自治区经济地理［M］. 北京：新华出版社，1992.

[2] 吴良镛. 人居环境科学导论［M］. 北京：中国建筑工业出版社，2001.

[3] 晏昌贵，梅莉. "景观"与历史地理学［J］. 湖北大学学报（哲学社会科学版），1996（2）：103-106.

[4] 罗伯特·迪金森. 近代地理学创建人［M］. 北京：商务印书馆，1980.

[5] 汤茂林. 文化景观的内涵及其研究进展［J］. 地理科学进展，2000（1）：70-79.

[6] 邓辉. 卡尔·苏尔的文化生态学理论与实践［J］. 地理研究，2003（5）：625-634.

[7] 张祖群，赵荣. 多元文明交融视野下的文化景观视点——以西南地区为例［J］. 重庆大学学报（社会科学版），2004（3）：151-155.

[8] 李旭旦. 人文地理学［M］. 上海：中国大百科全书出版社，1984.

[9] 汤茂林，汪涛，金其铭. 文化景观的研究内容［J］. 南京师大学报（自然科学版），2000（1）：111-115.

[10] 王云才. 传统地域文化景观之图示语言及其传承［J］. 中国园林，2009（10）：73-76.

[11] 王恩涌. 人文地理学［M］. 北京：高等教育出版社，2000.

[12] 单霁翔. 从"文化景观"到"文化景观遗产"（上）［J］. 东南文化，2010（2）：7-18.

[13] SAUER C.O. The Morphology of Landscape［J］. University of California Publications in Geography，1925，2（2）：19-53.

[14] 鲁道夫斯基. 没有建筑师的建筑［M］. 高军，译. 天津：天津大学出版社，2011.

[15] C. 亚历山大. 建筑的永恒之道［M］. 赵冰，译. 北京：知识产权出版社，2002.

[16] 原广司. 聚落之旅［M］. 陈靖远，金海波，译. 北京：中国建筑工业

出版社，2019.
[17] 肯尼斯·弗兰姆普敦．现代建筑——一部批判的历史［M］．张钦楠，译．上海：生活·读书·新知三联书店，2004.
[18] 吴良镛．广义建筑学［M］．北京：清华大学出版社，2011.
[19] 邹德侬．中国现代建筑史（上、下）［M］．北京：中国建筑工业出版社，2020.
[20] 邹德侬，戴路．印度现代建筑［M］．郑州：河南科学技术出版社，2002.
[21] 张彤．整体地区建筑［M］．南京：东南大学出版社，2003.
[22] 戴志中，杨宇振．中国西南地域建筑文化［M］．武汉：湖北教育出版社，2003.
[23] 周学鹰，马晓．中国江南水乡建筑文化［M］．武汉：湖北教育出版社，2006.
[24] 吴庆洲．中国客家建筑文化（上、下）［M］．武汉：湖北教育出版社，2008.
[25] 汪永平，沈飞，王璇．昌都民居的地域特色与装饰艺术风格——以贡觉县三岩民居和左贡东坝民居为例［J］．中国藏学，2010（3）：61-67.
[26] 赵盈盈．藏东民居建筑装饰艺术研究［D］．南京：南京工业大学，2012.
[27] 艾木拉姑丽·卡得尔，吐尔洪江·阿布都克力木，阿卜杜如苏力·奥斯曼．基于二进小波变换及局部二值模式特征的图像检索［J］．计算机系统应用，2014（23）：198-202.
[28] 张鹏举．内蒙古古建筑［M］．北京：中国建筑工业出版社，2015.
[29] 张鹏举．内蒙古藏传佛教建筑［M］．北京：中国建筑工业出版社，2012.
[30] 张鹏举，高旭．内蒙古地域藏传佛教建筑形态的一般特征［J］．新建筑，2013（1）：152-157.
[31] 何红艳，乌兰托亚．旋转的世界——论蒙古族图案的装饰意象［J］．装饰，2013（6）：122-124.
[32] 张曼娟．蒙古族传统图案对于现代设计的应用价值［J］．内蒙古艺术，2009（2）：97-99.
[33] 乌兰托亚，海日汗．蒙古族图案结构原型之分析——兼论蒙古族图案的

构成方法［J］. 艺术探索，2011（12）：43-48.

[34] 梁绘影. 蒙古族民间图案应用研究［J］. 装饰，2005（6）：109-110.

[35] 王军，乔婷，曾泽军. 现代建筑外部装饰中蒙古族传统图形的运用［J］. 江西建材，2015（2）：37.

[36] 谷岩，李晋锟. 蒙古族传统装饰图案在建筑中的应用［J］. 山西建筑，2014（2）：229-230.

[37] 薛芸. 蒙古族装饰图案在地域性建筑中的语义表达［D］. 呼和浩特：内蒙古工业大学，2007.

[38] 侯晓鹏，杨保华，苗小伟. 基于符号学的蒙古族图案数据库研究［J］. 内蒙古民族大学出版社（社会科学版），2014（3）：29-31.

[39] 吴珊丹. 蒙古族传统图案的数字化技术研究［D］. 呼和浩特：内蒙古农业大学，2010.

[40] 阿·马·波滋德涅耶夫. 蒙古及蒙古人［M］. 刘汉明，张梦玲，卢龙，译. 呼和浩特：内蒙古人民出版社，1983.

[41] 白音那. 蒙古族民间图案［M］. 呼和浩特：内蒙古人民出版社，1983.

[42] 徐英. 中国北方游牧民族造型艺术［M］. 呼和浩特：内蒙古大学出版社，2006.

[43] 阿木尔巴图. 蒙古族图案［M］. 呼和浩特：内蒙古大学出版社，2005.

[44] 阿木尔巴图. 蒙古族美术研究［M］. 沈阳：辽宁民族出版社，1997 .

[45] 阿木尔巴图. 蒙古族民间美术［M］. 呼和浩特：内蒙古人民出版，1987.

[46] 鄂·苏日台. 蒙古族美术史［M］. 呼和浩特：内蒙古文化出版社，1997.

[47] 发现者旅行指南编辑部. 发现者旅行指南——内蒙古［M］. 北京：旅游教育出版社，2016：44.

[48] 李允鉌. 华夏意匠：中国古典建筑设计原理分析［M］. 天津：天津大学出版社，2005：275.

[49] 姜娓娓. 建筑装饰与社会文化环境：以二十世纪以来的中国现代建筑装饰为例［M］. 南京：东南大学出版社，2006：23.

[50] 楼庆西．中国传统建筑装饰［M］．北京：中国建筑工业出版社，1999：265．
[51] 吴焕加．建筑趋势与社会趋势［J］．建筑师，1989（6）：9．
[52] 孙瑞祥．当代中国流行文化生成机制与传播动力阐释［M］．北京：中国社会科学出版社，2018．
[53] 陈慧琳．人文地理学［M］．第3版．北京：科学出版社，2013：123．
[54] 丹尼尔·贝尔．资本主义文化矛盾［M］.赵一凡，译．北京：生活·读书·新知三联书店，1989：160．
[55] 封孝伦．人类生命系统中的美学［M］．合肥：安徽教育出版社，2013：363-364．
[56] 陈慧琳，郑冬子，黄成林．人文地理学［M］．第2版．北京：科学出版社，2008：141．
[57] SPENCER J E，THOMAS W L．Introducing Cultural Geography［M］．New York: Wiley，1973．
[58] 李旭旦．人文地理学概说［M］．北京：科学出版社，1985：143．
[59] 司马云杰．文化社会学［M］．北京：华夏出版社，2011：305．
[60] Cultural Landscape [R/OL]．[2020-07-01]http://whc.unesco.org/en/culturallandscape．
[61] National Park Service. The Secretary of the Interior's Standards for the Treatment of Historic Properties with Guidelines for the Treatment of Historic Properties with Guidelines for the Treatment of Cultural Landscapes［R］．Washington D.C.:U.S.Department of the Interior National Park Service，1996．
[62] SPIRN A W. The Language Landscape［M］．Yale University Press，New Haven London，1998：15．
[63] 卜菁华，孙科峰．景观的语言［J］．中国园林，2003（11）：54-57．
[64] 范龙．媒介的直观——论麦克卢汉传播学研究的现象学方法［D］．武

汉：华中科技大学，2007.

[65] 陈治邦，陈宇莹．建筑形态学［M］．北京：中国建筑工业出版社，2006：37．

[66] 贝塔朗菲．一般系统论［J］．自然科学哲学问题丛刊，1979（2）．

[67] 朱炳祥．符号内涵的历时性还原——一个原始文化研究的基本方法［J］．中南民族学院学报（社会科学版），1995（95）：55-59．

[68] 张超．水土保持区划及其系统构架研究［D］．北京：北京林业大学，2008．

[69] 伊东忠太．中国建筑史［M］．上海：上海书店，1984：46．

[70] 李丽，邵龙．基于深度访谈的建筑装饰构成体系研究［J］．室内设计与装修，2021（7）：120-121．

[71] 周清澍．内蒙古历史地理［M］．呼和浩特：内蒙古大学出版社，1993：157-158．

[72] 王卓男，王敏，李志忠．阿拉善定远营古城建筑文化研究［J］．南方建筑，2015（1）：49-55．

[73] 张立华．草原蒙古清代喀喇沁王府建筑研究［D］．呼和浩特：内蒙古工业大学，2009．

[74] 刘子暄．清代喀喇沁亲王府建筑特征研究［J］．自然与文化遗产研究，2019（12）：143-147．

[75] 昆冈．钦定大清会典［M］．台北：新文丰出版股份有限公司，1976．

[76] 盖山林．蒙古族文物与考古研究［M］．沈阳：辽宁民族出版社，1999：104．

[77] 李丹．从清代古建筑看呼和浩特市将军衙署的文化符号［J］．内蒙古大学艺术学院学报，2007（3）：65-69+112．

[78] 骆涛．被遗忘的王爷府——对内蒙古四子王旗王爷府文化景观的考察研究［D］．南昌：南昌大学，2014．

[79] 李则鑫．奈曼地区传统建筑彩画装饰艺术研究［D］．大连：大连理工大学，2019．

[80] 宿白．藏传佛教寺院考古［M］．北京：文物出版社，1996．

[81] 韩瑛，李新飞，张鹏举．基于都纲法式演变的内蒙古藏传佛教殿堂空间分类研究［J］．建筑学报，2016（2）：95-100．

[82] 张鹏举．内蒙古地域藏传佛教建筑形态研究［D］．天津：天津大学，2011．

[83] 杜娟，刘大平，刘冲．蒙古地区藏传佛教大召范式的新文化地理学解读［J］．建筑学报，2020（7）：99-104．

[84] 王晓朝．文化视域与新世纪宗教文化研究的基本走向［J］．世界宗教研究，2002（3）：24-30．

[85] 方晓风．再论装饰［J］．装饰，2020（12）：12-17．

[86] 弘学．藏传佛教［M］．第3版．成都：四川人民出版社，2012．

[87] 乌恩，崔文静，马宁．内蒙古地区各宗教流源概述［J］．内蒙古统战理论研究，2012（6）：18-21．

[88] 德勒格．内蒙古喇嘛教史［M］．呼和浩特：内蒙古人民出版社，1998．

[89] 博·达布尔．蒙古建筑史（上、下册）［M］．新蒙古文版．乌兰巴托：ADMON出版社，2006．

[90] 策登丹巴．蒙古寺庙大全［M］．新蒙古文版．乌兰巴托：蒙古国国家博物馆文物出版社，2011．

[91] 苏宁巴雅尔．蒙古寺庙历史考究［M］．新蒙古文版．乌兰巴托：蒙古国国家博物馆文物出版社，2001．

[92] 乔吉．内蒙古寺庙［M］．呼和浩特：内蒙古人民出版社，1994．

[93] 内蒙古自治区建筑历史编辑委员会．内蒙古古建筑［M］．北京：文物出版社，1959．

[94] 李悦铮．试论宗教与地理学［J］．地理研究，1990（10）：71-79．

[95] 陈宇，刘世声．探讨藏传佛教色彩文化对西藏民居建筑的影响［J］．现代装饰，2012，（2）：129-130．

[96] 蒙古学百科全书编辑委员会．蒙古学百科全书·宗教卷（蒙古文版）［M］．呼和浩特：内蒙古人民出版社，2007：323．

[97] 包昌德．浅谈蒙古族建筑文化［J］．首届中国民族聚居区建筑文化遗产国际研讨会，2010：40-46．

[98] 蒋广全．中国清代官式建筑彩画技术［M］．北京：中国建筑工业出版社，2005．

[99] 张昕，陈捷．晋系风土建筑彩画——五台山佛寺五彩画概述［J］．华中建筑，2009（3）：238-242．

[100] 柏景，陈珊，黄晓．甘、青、川、滇藏区藏传佛教寺院分布及建筑群布局特征的变异与发展［J］．建筑学报，2009（学术专刊）：38-43．

[101] 邓位．景观的感知：走向景观符号学［J］．世界建筑，2006（7）：47-50．

[102] 宝贵贞．近现代蒙古族宗教信仰的演变［M］．北京：中央民族大学出版社，2008．

[103] 吉·阿尔云，王炽文．蒙古土尔扈特牧民的婚礼［J］．世界民族，1988（5）：60-61．

[104] 王福革，赵亚婷．《蒙古秘史》礼制研究［J］．西北民族大学学报，2018（1）：103-107．

[105] 佟德富．蒙古语族诸民族宗教史［M］．北京：中央民族大学出版社，2007：25-30．

[106] 王子林，李公君．中国北方萨满造型艺术研究［M］．吉林：吉林美术出版社，2011．

[107] 埃马努埃尔·阿纳蒂．艺术的起源［M］．刘建，译．北京：中国人民大学出版社，2007．

[108] 盖山林．阴山岩画［M］．北京：文物出版社，1986．

[109] 尤玉柱，石金鸣．阴山岩画的动物考古研究［M］．北京：文物出版社，1986．

[110] 陶克涛．毡乡春秋［M］．北京：人民出版社，1987：29．

[111] 丛亚娟．蒙古族传统家具图案的影响因素研究［D］．呼和浩特：内蒙古农业大学，2013：54．

[112] 陶瑞峰，白佳怡．东北满族民居的文化与演变［J］．区域治理，2019（37）：245-247．
[113] 苏联科学院，蒙古人民共和国科学委员会．蒙古人民共和国通史［M］．巴根，译．北京：科学出版社，1958：44．
[114] 王强．内蒙古地区蒙古族毡帐建筑装饰艺术［D］．呼和浩特：内蒙古工业大学，2006．
[115] 于明．中华文明的一源：红山文化［M］．北京：中国档案出版社，2002．
[116] 闫天灵．汉族移民与近代内蒙古社会变迁研究［M］．北京：民族出版社，2004：5．
[117] 杨宇亮．滇西北村落文化景观的时空特征研究［D］．北京：清华大学，2014．
[118] HELD K. Lebendige Gegenwart:die Frage nach der Seinsweise des tranzendentalen Ich bei Edmund Husserl［J］. Martinus Nijhoff，1966，5．
[119] WALDENFELS B. Phanomenologie in Deutschland:Geschichte und Aktualitat［M］. Husserl Studies，1988，（5）143．
[120] 吴必虎，刘筱娟．中国景观史［M］．上海：上海人民出版社，2004．
[121] 卢云．文化区：中国历史发展的空间透视［A］// 中国地理学会历史地理专业委员会．历史地理 第九辑［C］．上海：上海人民出版社，1990：81-92．
[122] 胡兆量．中国文化地理概述［M］．北京：北京大学出版社，2001：1-35．
[123] 刘沛林，刘春腊，邓运员，等．中国传统聚落景观区划及景观基因识别要素研究［J］．地理学报，2010（12）：1496-1506．
[124] 孟祥武，张莉，王军，等．多元文化交错区的传统民居建筑区划研究［J］．建筑学报，2020（22）：1-7．
[125] 李靖，杨定海，肖大威．海南岛传统聚落文化分区及区际过渡关系研究——从海南岛传统民居平面形制及聚落形态类型谈起［J］．建筑学报，2020（22）：8-15．

[126] 刘大平．中国传统建筑装饰语言形态研究［D］．哈尔滨：哈尔滨工业大学，2000．

[127] 朱光亚．中国古代建筑区划与谱系研究［C］// 陆元鼎，潘安．中国传统民居营造与技术［M］．广州：华南理工大学出版社，2002：5．

[128] 彭丽君，肖大威，陶金．核心文化圈层中民居形态文化分异初探［J］．南方建筑，2016（1）：51-55．

[129] 克拉克・威斯勒．人与文化［M］．北京：商务印书馆，2004：341．

[130] 张清常．内蒙古自治区汉语方音情况与普通话对应规律［J］．内蒙古大学学报，1963（2）：115-119．

[131] 佟德富．蒙古语族诸民族宗教史［M］．北京：中央民族大学出版社，2007：25-30．

[132] 内蒙古自治区测绘地理信息局，内蒙古自治区测绘学会．内蒙古历史沿革地图集［M］．北京：中国地图出版社，2018．

[133] 阿摩斯・拉普卜特．宅形与文化［M］．常青，等，译．北京：中国建筑工业出版社，2007：序．

[134] 刘沛林．中国传统聚落景观基因图谱的构建与应用研究［D］．北京：北京大学，2011：171-172．

[135] 文军，蒋逸民．质性研究概论［M］．北京：北京大学出版社，2010．

[136] 郑文武，邓运员，罗亮，等．湘西传统聚落文化景观定量评价与区划［J］．人文地理，2016（2）：55-60．

[137] 呼日勒沙．草原文化区域分布研究［M］．呼和浩特：内蒙古教育出版社，2007：170-172．

[138] 李丽．内蒙古传统建筑装饰［M］．北京：中国建筑工业出版社，2020：66-129．

[139] 阿拉腾敖德．蒙古族建筑的谱系学与类型学研究［D］．北京：清华大学，2013．

[140] 孙乐．内蒙古地区蒙古族传统民居研究［D］．沈阳：沈阳建筑大学，

2012：87-89.

[141] 张军，李蔓衢. 中东铁路历史建筑景观特征分析——以内蒙古扎兰屯市为例［J］. 华中建筑，2013（6）：122-125.

[142] 石蕴琮，等. 内蒙古自治区地理［M］. 呼和浩特：内蒙古文化出版社，1989：408-409.

[143] 内蒙古师范学院地理系. 内蒙古自然地理［M］. 呼和浩特：内蒙古人民出版社，1965：46.

[144] 肖前. 马克思主义哲学原理［M］. 北京：人民大学出版社，1994：206-209.

[145] 苏珊·朗格. 情感与形式［M］. 刘大基，付志强，周发祥，译. 北京：中国社会科学出版社，1986：42.

[146] 吕小勇，刘大平，徐冉. 传统建筑装饰语言文化特质与文化传播解析［J］. 古建园林技术，2019（2）：52-58.

[147] 崔若健. 明清时期会馆建筑的装饰艺术特色及其文化学释义——以山陕会馆建筑装饰艺术风格分析为例［J］. 艺术百家，2018（4）：170-173+196.

[148] 张抒. 从几何形看形式审美的基本特征［J］. 装饰，2007（7）：62-63.

[149] 徐华铛. 龙在古建、器具上的装饰形式［J］. 古建园林技术，2003（2）：61-64.

[150] 李世芬，赵远鹏. 空间维度的扩展——分形几何在建筑领域的应用［J］. 新建筑，2003（2）：55-57.

[151] 崔华春. 苏南地区明末至民国传统民居建筑装饰研究［D］. 苏州：江南大学，2017：92.

[152] 刘大平，顾威. 传统建筑装饰语言属性解析［J］. 建筑学报，2006（6）：49-52.

[153] 严旭丹. 中国传统图形在现代视觉设计中的应用研究［D］. 大连：大连理工大学，2007：45.

[154] 邓湾湾，杨大禹．闽南宗祠“建筑意”解析与表达［J］．新建筑，2018（6）：139-141．

[155] 鲁乐乐．呼和浩特藏传佛教建筑研究［D］．北京：北京建筑大学，2018：54．

[156] 楼庆西．千门之美［M］．北京：清华大学出版社，2011：214-216．

[157] 丁岚，吴小青．中国古典园林中的吉祥谐音装饰图案［J］．美术大观，2012（9）：64-65．

[158] 马扎・索南周扎．藏式建筑与藏族文化［J］．建筑，2015（18）：65-68．

[159] 亚里士多德．物理学［M］．徐开来，译．北京：中国人民大学出版社，1984：50．

[160] 哈罗德・拉斯韦尔．社会传播的结构与功能［M］．何道宽，译．北京：中国传媒大学出版社，2013．

[161] 包慕萍．蒙古帝国之后的哈敕和林木构佛寺建筑［J］．中国建筑史论会刊，第八辑，2012：172-198．

[162] 郭昭第．审美形态学［M］．北京：人民文学出版社，2003：1-2．

[163] 刘雁．中国古代设计艺术中的“动感”研究［D］．苏州：苏州大学，2008：47．

[164] 康定斯基．康定斯基论点线面［M］．罗世平，等，译．北京：中国人民大学出版社，2003：59．

[165] 哈尔滨建筑工程学院建筑教研室理论学习小组．“礼治”路线和中国古代建筑［J］．哈尔滨建筑工程学院学报，1975（1）：2-8．

[166] 陈凌．建筑空间与礼制文化：宋代地方衙署建筑象征性功能诠释［J］．西南大学学报（社会科学版），2016（5）：182-188．

[167] 胡哲．清“满蒙联姻”政策下公主汤沐邑的地权问题——以康熙恪靖公主汤沐邑为中心［J］．烟台大学学报（哲学社会科学版），2019（6）：80-88．

[168] 杜晓黎．恪靖公主品级・封号・金册考释［J］．内蒙古文物，2004（2）：60-64．

[169] 萧亚琴，刘静阳．浅析装饰设计中的形式美与中庸之道［J］．作家，2011（2）：215-216．

[170] 艾丽曼．从萨满教到藏传佛教——蒙古族宗教信仰变迁的历程［J］．青海师范大学民族师范学院学报，2011（1）：1-7．

[171] 王国维．人间词话［M］．北京：台海出版社，2017：65．

[172] 章采烈．中国园林的标题风景——园林楹联类析［J］．中国园林，2002（2）：67-70．

[173] 王剑峰．点击青城之屏［J］．群言，2018（1）：43-46．

[174] 刘子暄．清代喀喇沁亲王府建筑特征研究［J］．自然与文化遗产研究，2019（12）：143-147．

[175] 陈亚洲．论喀喇沁亲王贡桑诺尔布［J］．西北民族大学学报（哲学社会科学版），2005（3）：15-18.

后记

内蒙古地区传统建筑装饰文化研究是一个复杂且多元的研究课题。复杂，是内蒙古地区的文化根基于北方诸多游牧民族文化，造就了本地区建筑文化中囊括众多少数民族文化特征；多元，是在历史文化进程中，多民族、宗教文化的传入，“中原”礼制文化的辐射，加之内蒙古地区广阔的地域范围、丰富且有别的地理环境、东西向延长形区域边界等所形成的区域文化内容。现存于内蒙古地区的传统建筑装饰是本地区历史文化发展的永久见证，也是我国珍贵的历史文化遗产。全书在遵循从整体到局部、由表及里、自下而上、层层深入的逻辑框架下，以文化景观理论为基础，对内蒙古地区传统建筑装饰进行了载体、时间、空间三个维度的文化阐释，形成如下研究结论：

（1）内蒙古地区传统建筑装饰是一个多层级文化系统，涉及构成要素、组织结构、系统功能三个层级，文化系统中各层级要素既相互关联，又具有独立性特征。本书以系统论为指导，建立了文化景观视野下的内蒙古地区传统建筑装饰文化研究逻辑构架，构建出既体现建筑装饰整体共性，又关照个体差异的研究路径与框架。

（2）建筑的功能类型构成了本功能类型建筑不同于其他类型建筑的文化特质，并直接影响其建筑装饰文化特征。本书从建筑装饰载体维度，对内蒙古地区民居类、衙署类、宗教类建筑装饰的形式及特征进行系统研究，揭示出不同类型建筑装饰的文化结构。

（3）全书阐明了内蒙古地区传统建筑装饰的文化历时性变迁与空间分异规律及特征。首先，揭示出内蒙古地区传统建筑装饰的文化历时性变迁的过程与规律。内蒙古地区传统建筑装饰文化，承载了北方游牧民族从分散到统一，再到与中原文化相互交融的历史过程，滋养出丰富、包容的建筑装饰文化内容与形式，这些过程及内容交集于内蒙古地区传统建筑装饰的文化变迁过程之中。内蒙古地区传统建筑装饰的文化变迁是在经历内置因素与外来因素双重作用下，发生的一场跨越民族、地域范围，影响广泛、成果丰硕的文化变迁运动，经历了产生、发展、繁荣的文化变迁过程，呈现出渐变性、突变性，最终平衡回归的整体性文化变迁规律；其次，揭示出内蒙古地区传统建筑装饰的文化区域分异现象。首先，依据建筑装饰的文化特征及内蒙古地区传统建筑装饰文化的自身特点，制定出内蒙古地区传统建筑装饰文化区划方案；其次，在普查式调研、数据分析的基础上，构建出内蒙古地区传统建筑装饰文化区划主导因子，通过ArcGIS地理信息系统，准确标示出主导文化因子在空间上的分布与结构特征，通过地图叠合方式，同时结合其他因子，将内蒙古地区传统建筑装饰文化区域划分为三个文化区，厘清各文化区域特征；最后，对各文化区的生境基础、建筑装饰现象、区域文化特征进行分析，拓展了传统建筑装饰研究的广度与深度。

（4）基于以上研究内容，采用“分而和之”的研究路径，探究内蒙古地区丰富的建筑装饰现象背后，所蕴含的建筑装饰文化特质。分别从装饰构成、装饰文化、装饰艺术、装饰技术四个层面，揭示出内蒙古地区传统建筑装饰构成的形意契合、建筑装饰文化的植入涵化、建筑装饰艺术的审美蕴涵以及建筑装饰技艺生态适宜的文化特质。

本书在研究过程中突破以往单一学科研究、个案研究、片断研究的局限性，从文化景观理论视角，全面廓清了内蒙古地区传统建筑装饰文化的本质面貌，形成以下创新性研究成果：

（1）构建了基于文化景观理论的内蒙古地区传统建筑装饰文化研究理论构架。

（2）廓清了内蒙古地区传统建筑装饰的文化结构。以文化景观理论及文化景观构成为基础，结合建筑装饰文化特征，得出内蒙古地区传统建筑装饰文化构成体系，揭示出内蒙古地区传统建筑装饰的文化结构。

（3）发现并解析了内蒙古地区传统建筑装饰文化的时、空特征，划定出内蒙古地区传统建筑装饰文化区，揭示了内蒙古地区传统建筑装饰文化空间分异特征。

（4）揭示了内蒙古地区传统建筑装饰的文化特质。

全书从宏观、中观、微观相结合的多层次视野，深入展示和解读了位于我国正北方民族地区的珍贵文化遗产。研究过程中形成了自己的研究特色：历史过程与典型案例相结合、文化现象与文化区域相结合、文化载体与区域环境相结合，呈现出内蒙古地区传统建筑装饰文化的全面信息，为未来的继续研究提供了充实的基础。

本书在写作过程中，导师邵龙先生全程进行指导，在此深表敬意。基础资料收集过程中，得到了内蒙古自治区及各盟市相关研究机构的支持与帮助，特此感谢。感谢各地年长前辈，他们不仅提供了宝贵的历史资料，还大量口述了记忆中的历史，成为研究的重要参考。

内蒙古地域广博，历史上传统建筑的真实数量还在进一步普查，本书在研究过程中以“普查式调研、重点研究”的思路，抽取了部分主要案例进行分析，因此，研究数据尚不能涵盖内蒙古地区这份建筑文化遗产的全部内容。本书在研究过程中，将重点放在了传统建筑装饰文化现象及规律的分析方面，对地区性传统建筑装饰技术专题的研究，有待专项开展。此外，由于篇幅限制，目前书中对于建筑装饰文化现象的描述因过于追求全面而导致描述略显浅薄，使得挖掘深度受限，在后续研究中将继续深入。书中引用的大量实例，是基于不同视角选取的代表性案例，只是实地调研资料的冰山一角，由于篇幅所限，无法全部呈现。但值得欣慰的是，本书在研究过程中构建了传统建筑装饰数据库，通过论文的研究思路，将调研数据进行数字化存储，希望可以将内蒙古地区传统建筑装饰这份珍贵的文化遗产清晰、完整地保留下来，以共享于有志于此项研究的同仁。

李丽

于内蒙古工业大学建筑馆

作者简介

李丽，博士，教授，博士生导师，主要从事建筑文化遗产保护领域相关研究工作。主持国家自然科学基金项目 2 项，教育部人文社会科学研究项目 1 项，省级项目多项。发表研究成果论文 30 余篇，出版专著 1 部。